SHODENSHA
SHINSHO

海戦史に学ぶ

村 實

祥伝社新書

本書は、一九八五年に文藝春秋より単行本、一九九四年に文春文庫から刊行されたものに新たに解説を加え、新書化したものです。

まえがき（一九九四年刊行の文庫より）

一九四二（昭和一七）年一一月一四日、戦艦の「伊勢《いせ》」と「日向《ひゅうが》」が江田島《えたじま》湾に入泊していた。この日卒業する海軍兵学校第七一期生を、連合艦隊に迎えるためである。

巣立った五八一人のうち、三二九人が二年九カ月後の終戦の日を、生きて迎《むか》えることができなかった。

ときの校長は海軍中将・井上成美《いのうえしげよし》であった。先見《せんけん》の明《めい》があったことで戦後、歴史上の人物のひとりとなった校長は、

「米国は国内の豊富な資源と生産力を総動員し、今後二年間に膨大な軍備を完成してわが国に対し総反撃を企図《きと》しており、注意を要する」

と、卒業の訓示をしていたけれども、われわれのだれもが戦争は日本の勝利に終わるものと信じきっていた。

生まれてからそれまで、日本は「神国」で不敗であると教えられていたし、「無敵の連合艦隊」の声がちまたに満《み》ちていた。

「伊勢」と「日向」は卒業生を乗せて、広島湾南部の艦隊訓練地・柱島泊地《はしらじまはくち》に着く。私は戦艦「武蔵《むさし》」に着任した。

卒業まえの岩国《いわくに》海軍航空隊での航空実習で、竣工直後に航海訓練中の同艦を上空から眺めて、たらいのようなぶかっこうな艦《ふね》だなあと感じていた。水上から見る同艦の姿は優美で、幾層にもわたる防御の厚い装甲《そうこう》を実見すると、なるほど不沈艦だと感じることができた。

「武蔵」での訓練を終わって、四三年一月に空母「瑞鶴《ずいかく》」に転勤し、トラック環礁《かんしょう》に進出した。「瑞鶴」には第三艦隊司令長官・中将・小沢治三郎《おざわじさぶろう》が座乗《ざじょう》していたが、トラックでは連合艦隊旗艦「大和《やまと》」が、となりのブイに停泊していた。

艦橋《かんきょう》の望遠鏡で「大和」を眺《なが》めると、夏軍装の山本五十六《やまもといそろく》大将の白い姿が、ときどきその視野のなかに入ってきた。

「瑞鶴」では先輩の将校たちが、日本はやがてオーストラリアとインドを占領する、と気炎をあげていた。さすがにこのとき、オーストラリアを占領する計画はなかったけれども、インドに対してはセイロン島（いまのスリランカ）を占領する海軍の作戦計画が実在しており、天皇の裁可《さいか》も得ていた。

やがて日本軍はガダルカナル島から撤退し、ついで山本五十六が戦死する。四三年一一月のラバウル方面の作戦で、「瑞鶴」の飛行機隊も壊滅的な損害を受ける。

起居《きい》をともにしていた一一人の一クラスうえの搭乗員のうち一〇人が、わずか一週間の作戦のあと帰ってこなかった。ようやく帰還したひとりも、左腕を敵弾でやられている。

重大な疑念がわいてくる。連合艦隊は果たして無敵なのか？　日本は勝つのか？

そのあとのマリアナ沖海戦と比島《ひとう》沖海戦のときには、東京に転勤し、皇居に近い霞ヶ関《かすみがせき》の軍令部作戦室から、作戦記録係として作戦図に戦況を刻々と記入しながら、海戦の経過を追っていた。

マリアナ沖海戦のあと軍令部は、作戦にまったく自信を失い、比島沖海戦ではかつての乗艦であった「武蔵」も「瑞鶴」も沈んでしまった。「瑞鶴」での私の後任者は、艦長とともに戦死した。

マリアナ沖海戦のあとの作戦室で、深夜に参謀としみじみと戦況を語るとき、参謀の心を支えているのは、当時計画中であった人間魚雷「回天《かいてん》」と人間爆弾「桜花《おうか》」による、特別攻撃の戦果によっての戦勢の立て直しであった。

「回天」を考え出し、まっさきに突入していったのは、私のクラスの仁科関夫《にしなせきお》であった。「桜花」の方も、最初の作戦の搭乗員のうち最先任者は、私のクラスの三橋謙太郎《みつはしけんたろう》である。仁科は無口で剣道の強いスポーツマンで、三橋は水泳に秀《ひい》でた美男子であった。

終戦の日の八月一五日早朝、大将ハルゼーの指揮するアメリカ高速空母機動部隊は、房総《ぼうそう》半島南東洋上から東京を空襲中であった。日本が降伏しなければ比島のレイテ湾に帰航するはずで、レイテ湾に帰ったとき連合艦隊は、台湾《たいわん》から特攻攻撃をかけようとしていた。

「戦機熟《じゆく》し、諸子に進発《しんぱつ》を下令《かれい》す。

諸子のまさにほふらんとするは、年来の頑敵《がんてき》にして、過去累次にわたり、幾千の英霊が撃滅に長恨《ちょうこん》を残し、いまこれが驕慢横行《きょうまんおうこう》は、一億宿怨《しゅくえん》のこもるところなり。

ここに諸子は、決号《けつごう》作戦一億総特攻の先陣として、この宿敵を粉砕、もって敵進攻の骨幹をせん除して、決勝の一路を啓開《けいかい》せんとす。

誇りや高く任《にん》や重し。

ゆけ、大君の御楯《みたて》として生《せい》をうくる二十幾年、いまぞひっせいの精魂を傾倒してこれを必成せよ」

最後の連合艦隊司令長官となっていた小沢中将が、特攻隊に本土から台湾への進出を命じたときの訓示である（八月四日）。当時の日本人の気持の一側面を、よく示している。

とにかく天皇の決断により、戦争は終わった。

それにしても、多くの人命と財産を失い、国家を滅亡の直前にまで投げ込むような戦争に、なぜ日本は突入しなければならなかったのか。なにかが根本的に間違っていたはずである。

小沢中将が、特攻隊を台湾に進出させようと計画していたとき、モスクワにある大使・佐《さ》藤尚武《とうなおたけ》が、外務大臣・東郷茂徳《とうごうしげのり》に対して終戦の意見を打電している（七月二〇日）。

「満州事変以来日本は権道《けんどう》を踏みきたり、大東亜戦にいたりてついに自己の力以上の大戦に突入せり。……

防共協定以来のわが対外政策は完全に破綻《はたん》せり。ナチズムにくみして世界を枢軸《すうじく》・反枢軸の二勢力に分《わ》かちたることがそもそもの起こりにして、この過誤は将来にたいし明確に認識し、外交政策の根本的建て直しをなすを必要とすべし。……

すでに互角《ごかく》の立ち場にあらずして、無益に死地につかんとする幾十万の人命をつなぎ、もって国家滅亡の一歩前においてこれを食い止め、七千万同胞をとたんの苦より救い、民族の生存を保持せんことをのみ念願す」

佐藤大使の電報は、日本にとっての太平洋戦争への起因と、今後への教訓を的確に示していると思う。

日本は小さな島国だが、三万キロメートルに及ぶ世界で三番目の海岸線をもつ海洋国家である。

人それぞれの人生は、祖先から受けついだ体質・頭脳・性格などに大きく影響される。同じように国家の運命も、祖先から受けついだ国土の地球上の地理的位置・地勢・資源・天候など多くの本源的な諸条件に支配され、これらの諸条件を乗り越えて国家の運命を切り開いていくことは、不可能である。

日本本土の面積と資源は、徳川幕府時代の三〇〇〇万の人口ならいざしらず、それ以上の人口の日本人が近代的な生活を維持するためには、日本近海のシーレーンを活用しつつ、外国と貿易することを絶対的な必要条件としている。

太平洋戦争まえの日本人は、海洋国家であるとの自覚が少なかった。日本本土はイギリス本土がヨーロッパ大陸から離隔《りかく》しているよりも、さらに遠くアジア大陸から離れ、しかも周辺海域は荒れることが多いので、航海技術が進まない時代に、三〇〇年の平和な鎖国を経験した歴史が影響していたようにみえる。

満州事変からあとの日本は、海洋国家としてのコースから踏みはずれ、大陸国家的性格に変わっていく。そして一九三六（昭和一一）年には大陸国家ドイツと防共協定を結び、やがて軍事同盟関係に進んで、開国以来ともに進んできた海洋国家のイギリス・アメリカと敵対するようになる。

そして開戦直前には、ドイツのヨーロッパ大陸における一時的な大勝に目がくらみ、不用意にも海洋国家群の経済断交に陥《おちい》り、ドイツの勝利を当てにして、勝てるはずのない戦争に不敗を信じて突入していったのである。

太平洋戦争に敗れて日本人は、海洋国家としての「海」の意味を、あらためて教えられたということである。

この本の最大の目的は、日本が海洋国家であり、日本人が「海」と「海上兵力」とシーレーンの意味を理解することが重要なことを、歴史を通じて解説し論評することである。佐藤大使がモスクワから電報で述べたように、過去の誤《あやま》りを繰《く》り返さないために、それは必要不可欠なことである。

第1章では、日本が開国したときの、日本を中心とする北西太平洋の海上権力の推移を解説し論評する。

日本の国土の本源的な諸条件は、日本本土を利用できる国家が、東アジアの海域と北西太平洋の制海権をうるのに、もっとも重要な条件を手中にしたことを意味する。日本が開国するとき、ロシアとイギリスが日本の港湾の使用権をめぐって争ったのも、もちろんこの背景によっている。日本が海上兵力を失った第二次世界大戦後は、ロシアとイギリスに代わって、冷戦時代にソ連とアメリカが同じ立場に立っていたわけである。

第2章から第11章までで、日清戦争・日露戦争・第一次世界大戦・第二次世界大戦など日本が経験したすべての戦争において、日本が関与した重要な海戦とシーレーン防衛戦を解説し、論評する。

これらのすべての戦争の諸様相《ようそう》には、日本の国土の本源的な諸条件が密接にからまり合っている。現在は日本周辺のシーレーン問題が、論議の対象となるが、なにごとも事《こと》の本質を見きわめるためには、まずはじめにその事柄の歴史を検討し知っていなければならないであろう。

第12章で、第二次世界大戦終結から現在までに、地球上で海上兵力が組織的に行使された例を取りあげ、論評するとともに教訓をさぐった。

第13章では、大戦後に日本が非武装国家となり、やがてふたたび防衛力を保有するまでの歴史を海上兵力を中心に見つめ、現在の日本の武力がかかえている諸問題を論じた。

いまの日本が保有する防衛力は、いずれも同盟国アメリカの後見により発展してきたものであるが、日本の本源的な諸条件と、創設時からながい間、旧陸海軍将校が必然的にその指導的な役割を果たさなければならなかったことなどから、かなりの問題をかかえていると思う。

日本の一億二〇〇〇万の人口のうち、明治・大正生まれは少数となり、しかも戦後生まれが大部分となった。

明治・大正時代の戦争はおろか、太平洋戦争についても知識の少ない人が多くなった。陸戦と比較すると海戦についてはとくにその傾向が強い。

将来に対する最上の予見は、過去を顧《かえり》みることにある。
この本においては論評とともに、論評の基礎となる史実を、もっとも正確に、もっともわかりやすく平易に記述することに、特別の注意をはらった。

野《の》村《むら》實《みのる》

『海戦史に学ぶ』目次

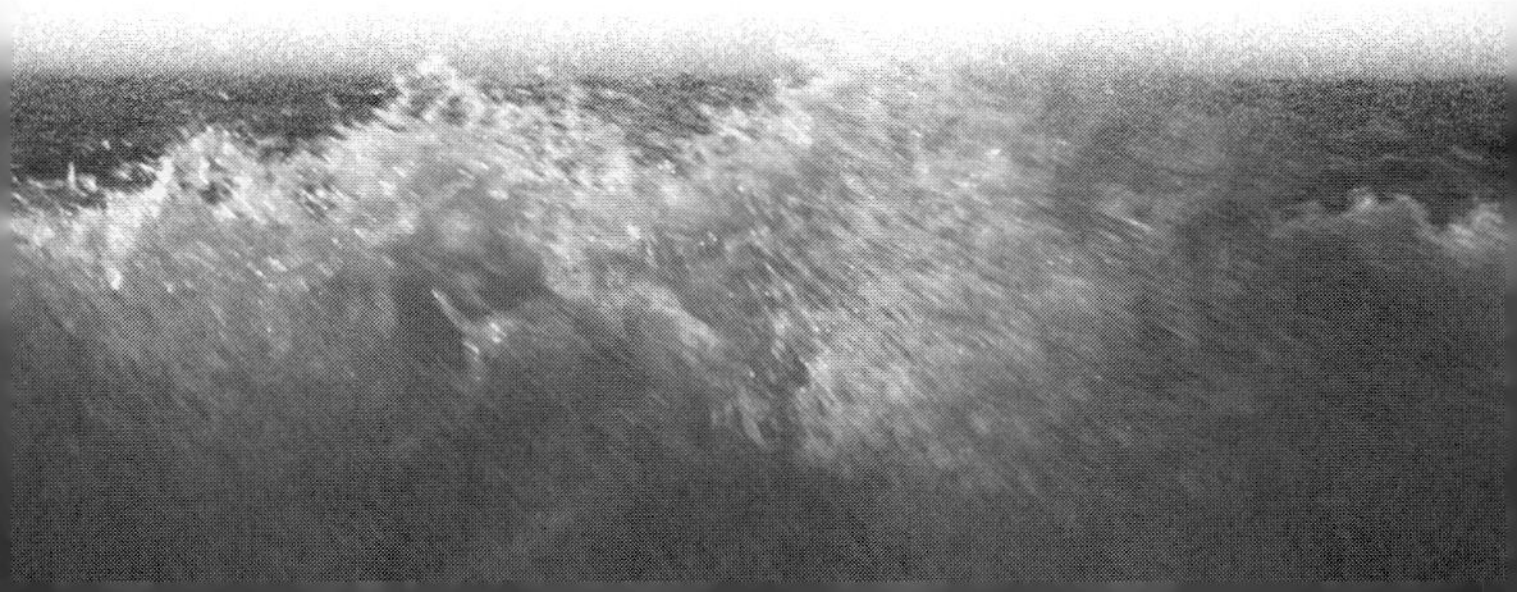

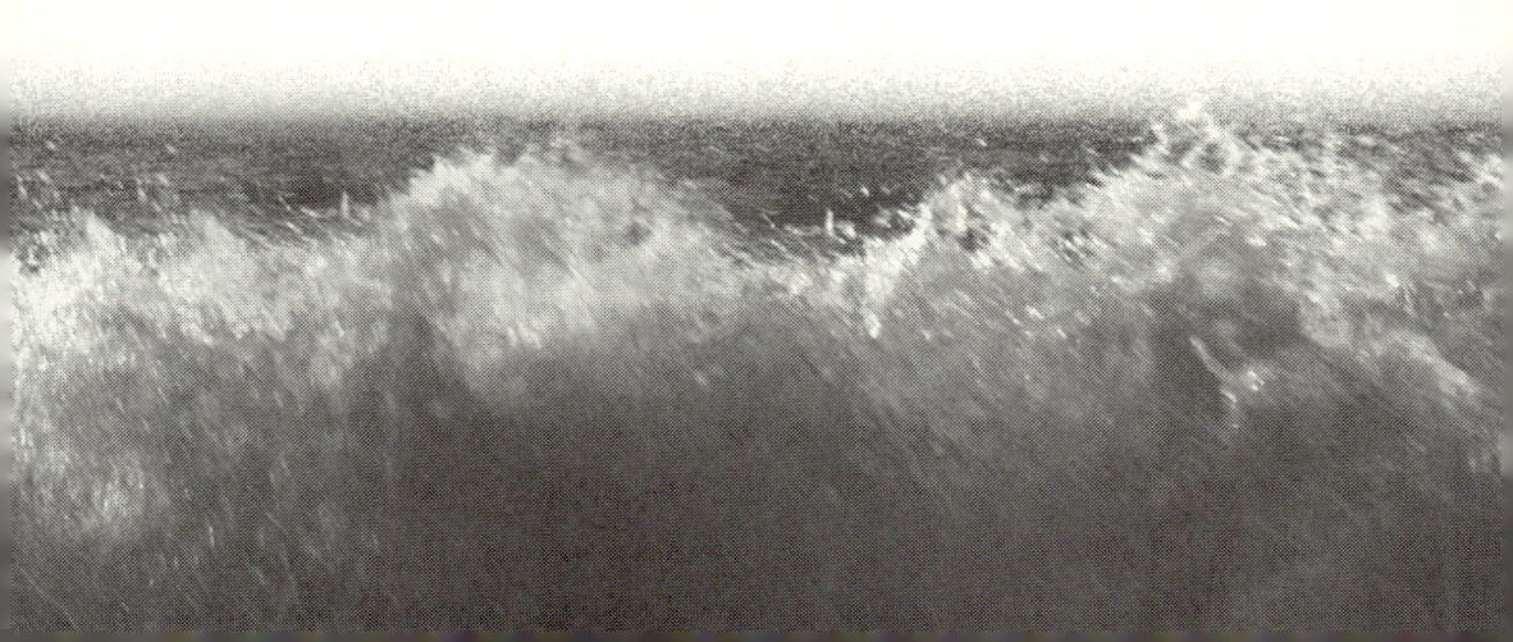

ベーリング海峡
カムチャツカ半島
ペトロパブロフスク
アバチャ湾
アリューシャン列島
クサンドロフスク
エスカイモルト
北アメリカ
宗谷海峡
マリアナ諸島
大西洋
ハワイ諸島
太平洋
パナマ運河
洋諸島
東カロリン諸島
コロンビア
ガラパゴス諸島
南アメリカ
フィジー諸島
ラプラタ河
イースター島
バルパライソ
フェエラ島
サンチャゴ
コロネル
フォークランド諸島
ケープ・ホーン

図表1 世界地図(本書関連)

図表2 単位(本書関連)

カイリ(海里)…	1カイリ=1852メートル
ヤード…………	1ヤード=91・44センチメートル
フィート………	1フィート=30・48センチメートル
インチ…………	1インチ=2・54センチメートル
ポンド…………	1ポンド=453グラム
ノット…………	1カイリを1時間で進む速度

本文デザイン……盛川和洋
図表作成…………篠 宏行

第1章

日本開国と北太平洋の海戦

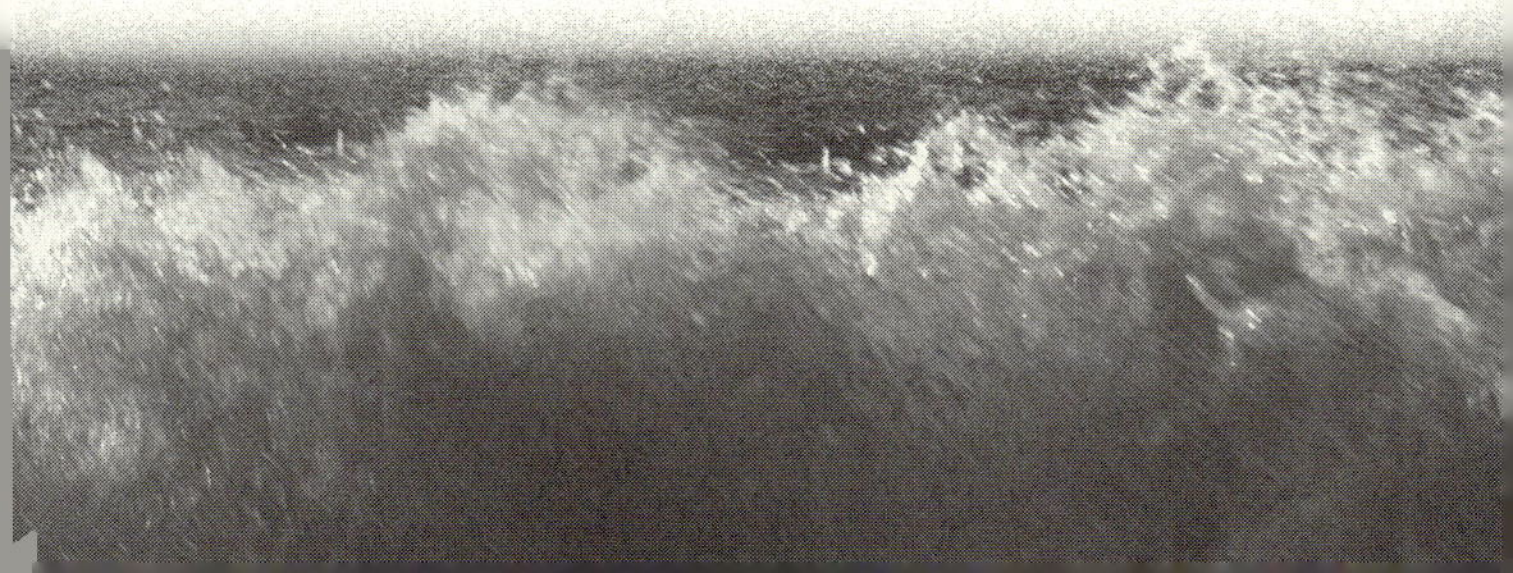

ペトロパブロフスクとニコライエフスク

ロシア人がヨーロッパからウラル山脈を越えて西シベリアに入ったのは、十六世紀であったという。寒地の生活に必要な毛皮を供給する獣類が、シベリアには多いからである。

彼らは獲物を求めて東に進んだが、オビ河・エニセイ河・レナ河などの大河の東西方向の支流は、この東進におおいに役立った。

やがて彼らは太平洋に達し、ビチウス・ベーリング（デンマーク人）は一七二五年、大帝ピョートル一世によって極東に派遣され、調査のあと三年後には、彼の名を冠《かん》した海峡を確認している。

アザラシやラッコなどの毛皮海獣は、彼らにとって絶好の獲物である。このころ、カムチャツカ半島の精査も行なわれた。

ペトロパブロフスクは、大部分を陸地に囲まれた広いアバチャ湾内の天然の良港で、結《けっ》氷《ぴょう》するけれども太平洋の海流の影響で、氷はそれほど厚くならない。

皇帝ニコライ一世は一八四七年秋、ニコライ・ニコライビッチ・ムラビエフを東部シベリア総督《そうとく》に任命した。東部シベリア総督は、カムチャツカからイルクーツクまでを管轄する。多くの歴史家が認めるように、この任命によりロシアの極東政策は、きわめて活発となった。

ムラビエフは赴任後、カムチャツカ半島を巡視して、ペトロパブロフスクをロシアの太平洋岸の艦隊根拠地ならびに要塞《ようさい》とすることに決定し、一八四九年には軍港が建設された。

それまでは、オホーツク海北岸のオホーツクが艦隊根拠地であったが、これ以後ペトロパブロフスクは、クリミア戦争・日露戦争・第一次世界大戦・第二次世界大戦を経《へ》て米ソ冷戦の時代に至るまで、つねに関係列強の強い関心を引いたのである。

そのころ東部シベリア総督は、オホーツク海西岸のアヤンに位置していたが、ロシア人たちは一八五〇年六月、アムール河（黒竜江《こくりゅうこう》）の河口付近に屯営《とんえい》を設け、ついで八月六日、河をさかのぼってニコライエフスクを建設し、国旗を掲揚《けいよう》した。

当時これらの地域は、中国（清《しん》朝）の領土であった。そのころロシアと中国の国境は、ネルチンスク条約（一六八九年）とキャフタ条約（一七二七年）によって定められていたのである。

ニコライエフスクのあるアムール河左岸が正式にロシア領土となったのは、ようやくのちのアイグン条約（一八五八年五月二八日）によってであり、沿海州《えんかいしゅう》を領有してウラジオストックの軍港を建設するのは、北京《ペキン》条約（一八六〇年一一月一四日）からあとである。

ムラビエフはニコライエフスクを建設したあと、一八五〇年から五一年にかけ、首都ペテルブルグに赴《おもむ》き、積極的なシベリア経営について政府の同意を得ようとした。

外務大臣は、ヨーロッパの政局が緊張を加えているこの時機に、中国の反抗を受けるような政策を採るべきではないと反対した。皇帝ニコライ一世の裁断が仰《あお》がれた。

皇帝は、アムール河の河口地点の占領を是認し、

「ロシア国旗がひとたび揚《あ》げられたところでは、それは決《けっ》して下ろされてはならぬ」

との有名な言葉を発した。

この言葉はその後ながく記憶され、ロシア人がつねに引用するところとなった。

ペリーとプチャーチン

ロシア人が暖かい南の土地や海にあこがれ、南の国ぐにとの貿易を熱望することは、すさまじい。

ニコライ一世は一八五二年一〇月、太平洋艦隊司令官・中将プチャーチンの率《ひき》いる艦隊を、ペテルブルグ沖あいの軍港クロンスタットから進発させて、極東に向かわせた。目的は、オホーツク海とアムール河河口を探査し、中国が欧米諸国に開いたいくつかの港の貿易にロシアも加入し、また日本を開国させて国境を定め、貿易を開くことである。

同じ年の一一月、アメリカの東インド艦隊司令官マシュー・ペリーは、遣日《けんにち》特派大使を兼ねて、ポーツマスに隣りあわせのノーフォーク港を出発した。

目的は、日本を開国させ、北太平洋で活動しているアメリカ捕鯨船《ほげいせん》の避泊《ひはく》・補給港を得て、できれば貿易を求め、また中国への太平洋横断航路の確保のための寄港地・貯炭所を設置することであった。

ペリーは、沖縄の那覇《なは》を中継地として一八五三年七月八日（嘉永《かえい》六年六月三日）、軍艦四隻《せき》を率いて浦賀《うらが》に来航した。

艦隊のうち二隻は、鉄骨木皮《てっこつもくひ》の外輪《がいりん》蒸気船で、あとの二隻は帆船であったが、日本国民を驚倒させた。

七月一一日、蒸気船ミシシッピーは東京湾内深く進航し、この報により幕府はアメリカの国書を受領することに決し、ペリーは七月一四日、久里浜《くりはま》に上陸して大統領フィルモアの親書と信任状などを手交した。

ペリーは、明春にふたたび来航して答書を受ける旨《むね》を約し、七月一七日浦賀を退去し、那覇を経て上海《シャンハイ》に向かった。プチャーチンが軍艦四隻を率いて長崎に入港したのは、この直後の一八五三年八月二二日である。

プチャーチンは、ただちに通商の交渉を求めたものの、当時の幕府の実情から要領を得ず、むなしく長崎に三カ月も停泊した。ペリーのほうが賢明であった。

そのころヨーロッパでは、ロシアは南下政策を進めて一八五三年七月、黒海《こっかい》西岸のドナウ河地域に出兵し、トルコの保護下にあった諸州を占領。これを見たイギリスとフランスはただちに、艦隊をダーダネルス海峡からボスポラス海峡方面に進出させた。

英仏の態度に力を得たトルコは一八五三年一〇月、ロシアに宣戦した。クリミア戦争の前駆となる露土《ろと》戦争である。

もし、イギリス・フランスがトルコを援助してロシアと戦争に入った場合には、太平洋方面の状況はどのようになるのか。

イギリスは当時、香港《ホンコン》・上海を基地としてシナ方面艦隊を配備し、南北アメリカの太平洋岸方面には太平洋艦隊を保持していた。イギリスよりは劣勢であるが、フランスも太平洋方面にかなりの艦隊を配していた。

日本付近にあるロシア艦隊の存在は当然、英仏官憲《かんけん》の注目するところとなる。プチャーチンは上海で情報を集めた結果、ヨーロッパでロシアが英仏と戦う場合には、極東においても英仏両国の軍艦と交戦しなければならないことを覚悟し、一八五三年一〇月一二日付の書簡をペリーに送った。書簡のなかには、

「日本を開国させる目的のため、アメリカ艦隊と自身が率いるロシア艦隊を合同させ、完全な協調を保つ」

との希望を述べられた。

しかしペリーは、ロシアの意図《いと》に疑問を抱《いだ》き、対外関係ではいっさいの同盟を避《さ》けるのがアメリカ本国の方針であるとの理由で、プチャーチンの申し出をキッパリと拒絶した。

アメリカとの同盟に失敗したプチャーチンは一八五三年一一月二三日、長崎奉行に再来を約して軍艦四隻を率いて上海に向かった。

上海に届く情報は、ますます英露開戦の切迫を伝え、上海には優勢な英仏艦船が在泊するので、開国の場合には対抗し得ないことを知ったプチャーチンは、ふたたび四隻を率いて一八五四年一月三日、長崎に入港した。

このときの交渉で幕府は、将来日本が外国と条約を締結する場合には、ロシアにも最恵国待遇を与えることを保証し、プチャーチンは二月五日、長崎を退去して、ロシアの勢力の期待できる樺太《からふと》方面に向かった。

ペリーは約束どおり一八五四年二月一一日、今度は軍艦七隻を率いて東京湾内に来航し、三月三一日（嘉永七年三月三日）、神奈川において日本として最初の和親条約を締結することに成功した。

この直前の三月二八日、英仏両国はついにロシアに宣戦し、二年間にわたるクリミア戦争が始まる。

この年の五月、総督ムラビエフは自らを指揮してアムール河を下り、やがてインペリアル湾（現在のピョートル大帝湾、ウラジオストックがある）に達し、そこで日本から来航したプチャーチンと、フリゲート艦バラス号上で会談している。

戦争が始まると、プチャーチンが長崎に行くのは、イギリス艦隊の存在から危険であった。そこでまず一八五四年九月大坂湾に入り、下田《しもだ》に回航《かいこう》するよう幕府に求められて下田に入港したが、座乗したフリゲート艦ディアナ号が同年一一月四日、地震と津波により大破《たいは》してしまった。

プチャーチンとムラビエフが熱望した日露和親条約が下田において調印されたのは、ようやく一八五五年二月七日（安政《あんせい》元年一二月二一日）である。

このあと日本で建造したヘダ号で、プチャーチンがペトロパブロフスクに到着したのは同年五月で、すでに同軍港が前年九月、英仏連合艦隊に攻撃され、ムラビエフが軍備と人員をニコライエフスクに撤退させた直後であった。

当然ヘダ号は、アムール河に入っていく。

英仏のペトロパブロフスク攻撃

イギリス・フランスのロシアに対する宣戦は、トルコ海軍が一八五三年一一月三〇日、シノップにおいてロシア海軍に大敗したことが直接の動機となった。

シノップは、黒海南岸のほぼ中央部に位置し、フリゲート艦七隻・小艦七隻のトルコ艦隊が、戦列艦六隻・フリゲート艦二隻・小艦三隻のロシア艦隊に砲撃され、逃走した蒸気船一隻のほか、すべて撃沈された。

トルコ艦隊は木造で、新式砲を持たないのに対し、ロシア艦隊の備砲には榴弾《りゅうだん》（弾体内に炸薬《さくやく》を詰める）を発射する砲が七〇門以上あり、その命中弾の破壊力によって、トルコ側が惨敗した。

ちなみにロシア艦隊を指揮したのは、提督《ていとく》ナヒーモフである。その名はのちに建造された装甲巡洋艦に与えられ、「アドミラル・ナヒーモフ」は日露戦争の日本海海戦において、遠征のロシア艦隊第二戦艦隊の殿艦《でんかん》として戦い、損傷のあと対馬《つしま》の東岸で沈んだ。同艦には金塊が積まれていたとの話があり、現在に至るまでときどき引き揚げが話題になる。

シノップの海戦のあと英仏は、その連合艦隊をボスポラス海峡を越えて黒海に進め、やがて一八五四年三月二八日の宣戦に至る。

イギリスとフランスの艦隊が連合したのは、狭《せま》い黒海内だけではなかった。太平洋上でも両国の艦隊が連合する。最初の目標は、ペトロパブロフスクの軍港の占領である。

極東にロシア艦隊が存在し、北太平洋方面にペトロパブロフスクやニコライエフスクの艦隊基地があることは、英仏両国の太平洋上の貿易に従事する船舶の航行――いわゆるシーレーンの安全にとって危険である。英仏は当然、その危険の可能性を除こうとする。

英仏の太平洋艦隊は、当時まだ独立した王国であったハワイ諸島に集結した。

イギリス艦隊は少将ダビット・プライスが指揮し、フリゲート艦二隻を含む六隻で、フランス艦隊は少将ファブレル・デスパンテが指揮し、フリゲート艦・コルベット艦各一隻を含む四隻であった。

英仏連合艦隊はプライスが指揮官となり、一八五四年七月二五日ハワイを出港し、八月二九日にはアバチャ湾外に達した。

ペトロパブロフスクには極東にあるロシア陸軍の主力が集められて七砲台が築かれ、フリゲート艦オロラ号ほか一隻の軍艦を内港に停泊させ、軍港の防備を固めていた。

連合艦隊が港に接近し、まさに攻撃行動を採《と》ろうとした八月三一日、突如としてプライスが旗艦のフリゲート艦プレジデント号の船室内で自殺した。自殺の理由は不明であるが、重責のため逆上して精神錯乱に陥ったためという。

艦隊の指揮権は、フランスのデスパンテに移り、気をとりなおした艦隊は九月一日、第一回の攻撃を行なった。

フリゲート艦三隻が陣形《じんけい》を組んで港に接近し、右翼の三砲台を砲撃して最右翼の一砲台を沈黙させたあと、陸戦隊が上陸した。しかし内港のオロラ号から、砲台奪還のためロシア水兵が急派され、上陸した陸戦隊は備砲を破壊しただけで撤退した。

この日の午後、右翼のほかの二砲台も連合艦隊に沈黙させられたが、ロシア側は夜に入ってすべての砲台の修理に成功した。攻撃は失敗に終わった。

第二回の攻撃は九月五日に決行された。艦隊の軍事会議は、プライスの遺体を陸上に埋葬したとき得たアメリカ捕鯨船から脱走したという船員からの情報により、攻撃方法を大きく転換した。

左翼方面に位置する砲台を沈黙させたあと、イギリス四二〇人、フランス二八〇人の連合陸戦隊を左翼の海岸に上陸させ、まず市街に通ずる道路に進もうとした。

ロシア兵は、市街の北方を守る陣地に姿を隠して待ち受け、前進する連合陸戦隊の真正面から正確な射撃を加えた。陸戦隊は混乱のうちに海岸への後退を命令され、それぞれの軍艦に引き返すほかなかった。

死傷者はイギリス一〇七人、フランス一〇一人に達し、陸上に三八人の死体と四人の捕虜《ほりょ》を残した。ロシア側の死傷は一〇〇人以上で、第二回攻撃も失敗に終わった。

英仏の艦隊は、ロシアの陸上防備についての情報と偵察《ていさつ》が不十分で、敵を軽視して強襲したことにより、失敗した。

艦隊は陸戦隊を収容するとただちに錨《いかり》を揚げてロシアの射撃圏外に逃《のが》れ、そのあといちおう軍港の占領を断念して九月八日、アバチャ湾を離れ、イギリス艦隊はバンクーバーに、フランス艦隊はカリフォルニアに引き揚げた。

結果を知った英仏の海軍省は、近い将来にこの要塞を陥落させるよう強硬な命令を発し、イギリスは一八五四年一一月、少将ヘンリー・ウイリアム・ブルースを新しく太平洋艦隊の司令官に発令した。

イギリス艦隊の日本進出

日本列島は、西太平洋のシーレーンを攻撃する場合にも防衛する場合にも、絶好の地理的位置を占め、良い港湾にも恵まれる。それは日本の開国の時点でも現在でも、まったく変化がない。

プチャーチンに指揮されるロシアの軍艦が日本に出入りすることは、イギリスの神経をいらだたせるものであった。

イギリスのシナ方面艦隊司令官・少将サー・ジェームス・スターリングは一八五四年八月二五日、旗艦《きかん》ウィンチェスター号に座乗し、軍艦四隻を率いて上海港外のウースンを出港し、長崎に向かった。

この来日は本国政府の命令によるものではなく、艦隊指揮官の責任で行なわれ、長崎港外に姿を現わしたのは一八五四年九月七日である。

スターリングは、ロシア軍艦がいないことを慎重に確かめたあと港内に入り、長崎奉行に対しクリミア戦争の勃発《ぼっぱつ》を告げ、ロシア軍艦が日本を作戦の根拠地とすることを防ぐため、イギリス艦船が自由に日本に入港する許可を求めた。

すでにペリーによって、アメリカとの和親条約が調印されていたが、長崎奉行は幕府に報告して訓令を得たあと一〇月九日、上陸したスターリングと会談し、

「日本は英露のいずれにも特殊の便宜《べんぎ》を与えることなく局外中立を守る。日本の港内はもちろん、沿岸での交戦を許さない」

と告げたあと、スターリングの提示した協定草案を検討し、結局、一〇月一四日になって日英の約定《やくじょう》が調印され、日本はイギリス艦隊が長崎・箱館《はこだて》の二港に寄港することを認めた。

スターリングの、海上作戦に必要な軍事的要求はいちおう満たされたと言える。スターリングは日本に対し、同盟国であるフランスの艦船も右の二港に入港できることを要求したが、日本側によって拒否された。

スターリングの調印した約定は、イギリス政府によって承認され、先発のフリゲート艦シビル号艦長・大佐エリオットの指揮する軍艦三隻は一八五五年四月七日、香港を発して対馬海峡を通って日本海に入り、箱館に入港した。もちろん、ここを根拠地としてロシア艦隊に

対抗するためである。

やや遅れて同年五月末までには、スターリングの直率《じきそつ》するシナ方面艦隊の主力も箱館に入港し、日本沿海の制海権はイギリス艦隊の手中《しゅちゅう》に帰《き》した。

デカストリー湾での英露艦隊

樺太の西部海岸ほぼ中央に、アレクサンドロフスクの要衝《ようしょう》がある。デカストリー湾は、この要衝の対岸の沿海州にあり、半径約二〇カイリの半円形をなして、日本海に開ける。

ペトロパブロフスクへの軍需品・補給物資は、ニコライエフスクからアムール河をさかのぼってマリンスクに運ばれ、そこから短い陸路でデカストリー湾に移され、あとは海路宗谷《そうや》海峡を通って輸送されていた。

湾内にそそぐ河流によって、三つの浅い三角州《さんかくす》があり、湾内中央の小島と市街の間には、絶好の錨地《びょうち》がある。

タタール（間宮《まみや》）海峡はすでに一八〇八年、間宮林蔵《りんぞう》によって発見され、樺太が半島ではなく島であることが日本では確認されていたが、その後も樺太がアジア大陸の半島であると考える航海者がかなりいた。

東部シベリア総督ムラビエフは一八四九年九月三日、この方面を調査した軍艦バイカル号艦長ネベルスコイから、樺太が島である事実を報告された。

樺太が半島であれば、アムール河へはオホーツク海からしか入ることができないが、島であるなら結氷することのない日本海の北部から、河へ出入できるのである。

ロシア側ではこの事実は、ごく少数の人にしか知らされず、厳重に秘密が保たれた。

ムラビエフはとくに、イギリスがこれを知ってアムール河方面に勢力を延《の》ばすのを恐れていたのである。

一八五四年九月に二回にわたり、英仏連合艦隊の攻撃を撃退したあとペトロパブロフスクは、再来するであろう敵に備えてさらに防備を固めていたが、翌五五年の冬が過ぎようとするとき、ムラビエフはついに賢明な決断を下した。要塞の配備を撤収し、住民を引き揚げるよう命じたのである。

砲台の大砲や弾薬はオロラ号ほか一隻の軍艦と運送船に積まれ、兵員と在住民を搭載した艦隊は一八五五年四月一七日、氷の海を雪ともやを利用してアバチャ湾を離れた。

宗谷海峡を西航してデカストリー湾に到着し、婦女子などを上陸させた。五月二〇日である。

イギリスのシナ方面艦隊の先発隊となって箱館に進出したエリオットは、同地に九日間停泊したあと、ロシア艦隊を求めて日本海北部に行動し、五月二〇日午前十一時、デカストリー湾内のロシア艦隊を発見した。

エリオットの艦隊は、フリゲート艦シビル号、コルベット艦ホルネット号、帆船ビターン号から成り、ロシア側の在泊艦は、フリゲート艦オロラ号、コルベット艦オリベザ号、ほかに軍艦一隻と運送船三隻であった。

ロシア側にとって、イギリス艦隊の出現は不意打ちであった。ロシア艦隊はあわてて出港の用意をしたが、エリオットはホルネット号に乗り、偵察のあと三〇〇〇メートル足らずの距離から大砲二門の発砲を命じた。これに対しロシアのコルベット艦も撃ち返し、弾丸は英艦の近くで水柱をあげた。

ロシア艦も長《ちょう》射程の大砲を有《ゆう》することを知ったエリオットは、湾内が不案内で戦闘が危険であると考え、まだタタール海峡の知識がなかったので、デカストリー湾の南方で監視すればロシア艦隊を逃《に》がすことはないと信じた。

そこで、そのころ箱館に到着する計画であったスターリングの本隊の援助を得ようとして五月二三日、ビターン号を報告に帰航させ、自身は他の二艦でもってデカストリー湾南方海域で監視態勢に入った。

ところでエリオットは、湾内のロシア艦隊がペトロパブロフスクから撤退してきたものであると正しく判断したが、そのころ新しい指揮官ブルースの率いる一二隻の英仏の太平洋連合艦隊は、ペトロパブロフスクを目指して北上していた。そして一八五五年五月三一日、人影もなく荒廃した市街を発見する。

一方、エリオットは五月二八日、ふたたびデカストリー湾に入って敵艦隊の動静をうかがったところ、これまた湾内に敵艦隊がいないことを知って驚く。

ロシア艦隊は北上してタタール海峡を通過し、無事アムール河に入ったのであるが、エリオットは南方に敵艦隊を求めて捜索し、報告により箱館から北航してきたスターリングの本隊と会合したのは、六月七日であった。

もちろん、スターリング指揮下の艦隊がいくら探しても、ロシア艦隊を見つけることはできなかった。

北太平洋の制海権と結末

イギリス海軍省からシナ方面艦隊に配付した海図には、アムール河へ日本海から通ずる水路があるかもしれないとの注意が、付記されていた。

海軍省はスターリングに対し、水路調査が不十分であったことを責めたが（一八五五年一二月八日付）、それはあとの祭りであった。

ペトロパブロフスクのブルースの艦隊は、上陸して砲台などを完全に破壊し、前年の攻撃で捕虜となっていた二人を救助した。そのあとブルースは、まだロシアの領土であったアリューシャン列島とアラスカ方面を巡航し、ロシアの軍備がないことを確かめた。

スターリングのシナ方面艦隊とブルースの太平洋艦隊は、それぞれフランス艦隊の協力を得て、日本海北部・オホーツク海・千島《ちしま》列島・カムチャツカ半島・アリューシャン列島・北アメリカ西海岸を捜索し、ロシア艦隊が存在しないことを確認し、北太平洋の制海権を完全に握った。

ロシア艦隊はアムール河をさかのぼり、クリミア戦争が終わるまで身を潜《ひそ》め、ふたたびイギリス・フランスの艦隊と遭遇することはなかった。

下田でディアナ号を難破《なんぱ》させたプチャーチンが、条約を締結したあとヘダ号でアムール河に入ったことはさきに記《しる》した。しかしほかの大部の乗員二七六人は、ブレーメン自由市のグレタ号でアヤンに入港しようとした一八五五年八月一日、イギリス軍艦バラクータ号に発見されて捕《とら》えられ、大部分は捕虜として香港に送られた。

スターリングが北太平洋の捜索を終わって箱館に帰航したのは、一八五五年八月二八日であった。旗艦ウィンチェスター号以下一一隻のイギリス艦船が箱館に集合し、ほかにフランス軍艦一隻も加わっていた。

ヨーロッパでは、黒海の制海権はロシアからイギリス・フランス側に移り、クリミア半島先端のセバストポリ要塞の攻防が、一八五四年九月から激戦をくりかえし、英仏はようやく一八五五年九月八日、これを陥落させた。

講和が成立したのは一八五六年三月三〇日のパリ条約によってで、ダーダネルス・ボスポラス両海峡の閉鎖が確認され、黒海は中立化されて、ロシアの南下政策はくじけた。

極東での休戦交渉は一八五六年六月、デカストリー湾で行なわれ、連合艦隊の大部がインペリアル湾に投錨《とうびょう》している七月一日、和平成立の公報が届いた。

評価と教訓

樺太北部の海域は世界の地理学上、北極や南極を除《のぞ》くともっとも遅くまで不鮮明であった。それがクリミア戦争中の英露艦隊の遭遇という軍事的事件によって、いっきょに明白となった。

日本はこの戦争中、まずアメリカに、ついでイギリスに、さらにロシアに向かって開国したが、地球上でほとんど最後に国際社会に加入していったことになる。

クリミア戦争中の北太平洋の海戦は、ヨーロッパにおける列強の争いや協調が、すぐに極東や太平洋に波及することを示し、世界がひとつになったことを証明した。

近現代の国家の生存と発展の基礎は多くの場合、貿易や物資の輸送に依存することが大きく、いわゆるシーレーンの確保が重要となる。シーレーンが脅《おびや》かされる場合には、とくに民間ベースの船舶の運航はほとんど不可能となる。

クリミア戦争においてフランスの援助を受けるイギリスは、北太平洋方面においてロシアに対して圧倒的な兵力を保有し、海戦そのものは小規模で勝利を収めたとは言い難いが、制海権を確立して太平洋の全シーレーンを安泰にすることができた。

ロシアは、その領土であるアラスカが、イギリスによって奪われることを恐れ、中立地域として宣言し、アメリカに売却を申し入れ、のちに（一八六七年）アメリカ領土となるキッカケを作った。

沿海の海戦には地理的知識が不可欠となるが、ロシアは北太平洋の探検・調査には伝統があり、この面ではイギリスよりは有利で、アムール河を利用して艦隊を全滅から救うことができた。

クリミア戦争ではヨーロッパで、ロシアの南下政策が阻止されたものの、極東ではかえって戦争のあとロシアは、アムール河左岸を正式に入手し（一八五八年）、ついで沿海州を領土とするのである（一八六〇年）。

そして艦隊根拠地となる軍港は、オホーツク→ペトロパブロフスク→ニコライエフスク→ウラジオストックと進められる。ウラジオストックに軍港が建設されるのは一八七二年である。

クリミア戦争のあとの世界は、イギリスとロシアの対立の時代と大観《たいかん》でき、日本はこの世界へ中立政策を保持しつつ加入していったわけである。

ところで日本が開国のときに、ヨーロッパ列強の植民地とならずに独立国として国際社会に加入できたのは、イギリス海軍の態度に負うことが大きいことを知らなければならない。

前述のように、イギリスの日本に対する接近は、クリミア戦争を遂行するために必要な純粋に軍事的な要求から実行されたものであった。

このイギリスの日本に対する基本的な考え方は、その後も変化していない。

「ロシアのアムール方面における行動に、とくに注意せよ」

「日本政府がロシアに領土を割譲《かつじょう》しないよう警戒し、阻止せよ」

これは、初代の駐日公使オールコックが江戸に着任するとき（一八五九年六月）、本国政府から訓令《くんれい》された最大の使命であった。

クリミア戦争において、ロシア・イギリスほか列強は、日本の港湾の価値を痛いほど知らされた。

ロシアはやがて、現実の行動にでた。

一八六一年三月一三日、ロシア軍艦ポサドニク号が対馬の尾崎《おさき》湾に来航する。

ついで四月一三日には芋崎浦《いもざき》にいかりを入れ停泊し、船体修復を口実《こうじつ》に営舎を立て、井戸を掘って永住のかまえを見せた。

対馬藩の退去要求には耳をかさず、江戸から派遣されてきた外国奉行・小栗忠順《おぐりただまさ》の説得にも応じない。

ロシアが対馬を占領しようとする企図は、まず明白であった。

オールコックがこの事態を見過ごすことは、その責任からも不可能である。

海軍中将ジェームス・ホープの指揮するシナ方面艦隊が、あわただしく日本に来航して神奈川に入港する。

やがてホープは、軍艦二隻を率いて長崎を経て対馬に急行する（八月二八日着）。

ロシア側がイギリスの武威に屈《くっ》し、ポサドニク号が芋崎浦を退去したのは、同年九月一九日であった。

このときオールコックは、イギリスがロシアに代わって対馬を領有するのが望ましいとの意見であった（一八六一年八月八日付の外務大臣ラッセルあて意見書）。

しかしホープが、対馬占領にぜったい反対の態度を示した。

「イギリスが日本領土を占領すれば、これを先例として列強は、争って日本領土の占領に参加するだろう。

諸列強にとっては、日本を分割して小領主の多くの国ぐににすることは、容易なことである。

自分の考えでは、イギリス政府は、日本の領土占領を望んでいないし、列強が占領するのを阻止しようとしているはず」

本国の海軍省あてホープ意見書の核心である（一八六一年一〇月三一日付、海軍省から外務省あて報告）。

ホープの意見はイギリス政府によって採用され、結果として日本は、開国のときに列強の植民地として分割されることをまぬかれたのである。

ホープの意見も、日本人への愛情のためではなかった。当時イギリスは、貿易の相手国としての日本を無視しており、関心はもっぱら中国との貿易にあった。ホープの意見の背景には、対馬を占領しても中国貿易のためには役立たない、との考え方が見えるのである。

冷戦時代の日本も、開国のときの英露対立の世界と同じように、アメリカとソ連の対立のなかで生きていた。

米ソの緊張が頂点に達したときには、宗谷海峡を管制するために、ソ連軍が北海道北部に着陸や上陸作戦を決行するだろう、などと新聞紙上に公然と記述された。

反対に、アメリカ軍が樺太南部に上陸するだろうとの記事も散見されたのである。

とにかくわれわれ日本人は、生まれた国土が、地勢的に北西太平洋の制海権を維持・確保するのに死活的に重要な位置を占めている事実を、つねに自覚している必要があろう。

歴史がそれを示している。国際連合か、またはそれに代わる地球的な規模の権威が実質的に確立されて、人類がさらに進歩して平和な世界に住めるまでは……。

第2章

日清戦争と黄《こう》海《かい》海戦

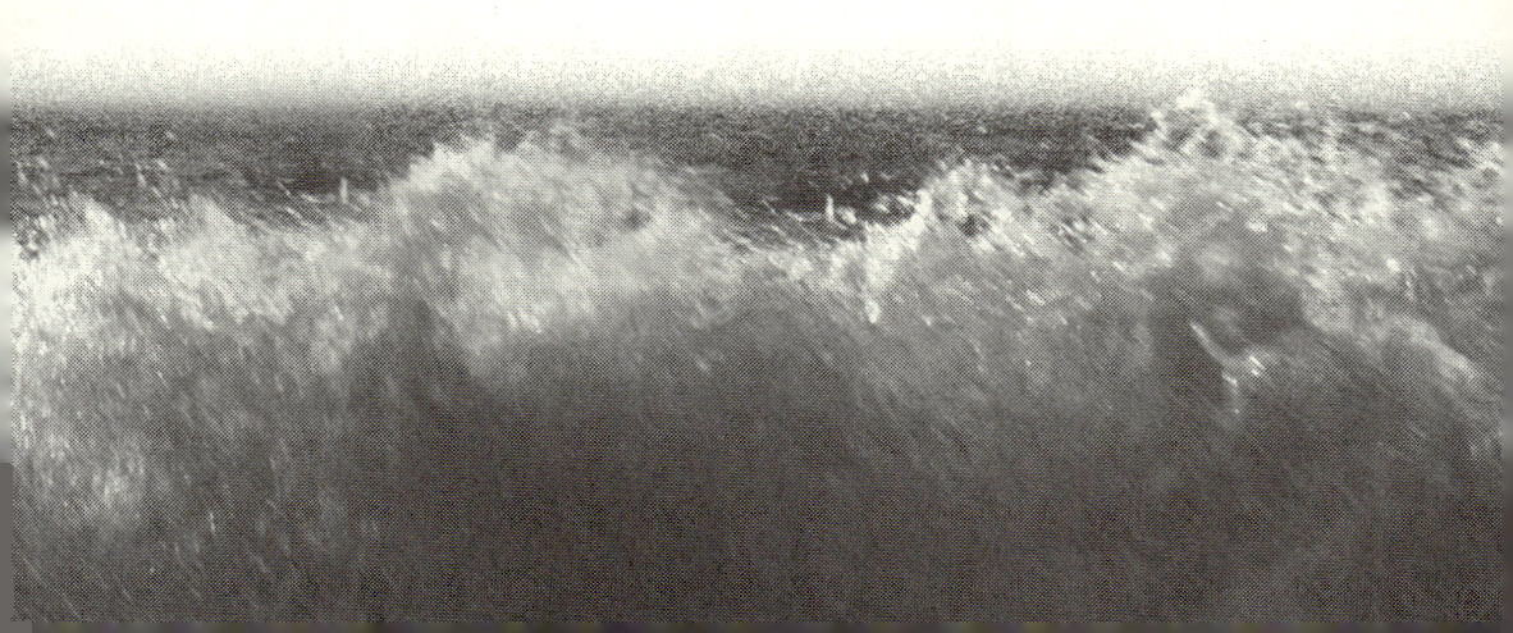

高陞《こうしよう》号の出港

イギリス国旗を船尾に掲《かか》げた汽船高陞号は一八九四（明治二七）年七月二三日、大沽《タークー》を出港した。この海港は、北京の郊外や天津の街なかを流れて渤海湾《ぼっかいわん》にそそぐ永定河《えいていが》の河口近くにある。

同船は二一三四総トンの貨客船で、船長はイギリス人のゴールズワージー。清国兵約一一〇〇人・砲一四門のほか、若干の兵器類を搭載しており、目的地は京城《けいじょう》の南方七〇キロに位置する牙山《がざん》の港であった。

牙山にはすでにその年の六月から三回にわたり、数千の清国兵が海路派遣されて駐留していた。四月から五月にかけて朝鮮の全羅《ぜんら》・忠清《ちゅうせい》両道から起こった東学党《とうがくとう》の暴民から、「属《ぞく》邦《ほう》」を保護するという名分である。

これに対し朝鮮を「独立国」とする日本は、たまたま帰国中であった駐朝鮮公使大鳥圭介《おおとりけいすけ》を、横須賀《よこすか》から通報艦「八重山《やえやま》」に乗せて仁川《じんせん》に急行させ、公使が六月一〇日に京城に入るときには、仁川在泊中の軍艦六隻の連合陸戦隊四〇五人が護衛した。

陸戦隊は、新鋭の海防艦「松島《まつしま》」副長によって指揮され、「松島」「八重山」のほか、巡洋艦「千代田」「大和」「筑紫《つくし》」、砲艦「赤城《あかぎ》」の乗員から成っていた。

陸戦隊が帰艦したのは、巡洋艦「高雄《たかお》」に護衛された運送船の和歌浦丸によって、第五師団・第九混成旅団の先発の歩兵一個大隊が仁川に到着し、六月一三日に京城に入ってからである。

混成旅団の残部《ざんぶ》も六月二七日、巡洋艦「浪速《なにわ》」に護衛された運送船八隻によって仁川に到着し、牙山の清国兵と京城の日本軍が、するどくにらみ合う形となった。ちなみに「浪速」艦長は大佐・東郷平八郎《とうごうへいはちろう》である。

仁川沖の京畿湾《けいきわん》で行き合う日本と清国の軍艦は、互《たが》いに兵員を戦闘配置につけて砲側に伏せさせ、表面は素知《そし》らぬ顔で国際礼式のラッパを吹いて敬礼をかわすようになる。

この状況で日本海軍は七月一九日、常備艦隊と西海《さいかい》艦隊で連合艦隊を編成した。日本海軍史上はじめての連合艦隊で、司令長官は中将・伊東祐亨《いとうゆうこう》である。

ハワイや中国南部に海外派遣中の軍艦は帰朝し、非役《ひやく》中の軍艦は修理の完成を急ぎ、船団護衛の一段落した軍艦も多くは佐世保《させぼ》軍港に集まり、清国海軍との決戦に備えた。

海軍軍令部長は連合艦隊の新編に先んじて七月一七日、佐賀出身の中将・中牟田倉之助《なかむたくらのすけ》から鹿児島出身の中将・樺山資紀《かばやますけのり》に代わっていた。樺山は枢密《すうみつ》顧問官からで、予備役《よびえき》から異例の現役復帰の就任で、海軍でははじめてのことである。

この人事の裏には、海軍省官房主事・大佐・山本権兵衛《やまもとごんべえ》の積極的な動きがあったと言われ、山本のカリスマ的な影響は、すでにこのころから顕著《けんちょ》であった。

一方、日本側の戦争への決意が固いことを知った清国は、軍隊に出師《すいし》準備を命じ、提督・丁汝昌《ていじょしょう》の指揮する北洋《ほくよう》艦隊を山東《さんとう》半島北東部の威海衛《いかいえい》に集中して戦備を急ぎ、日本海軍との対決に備える。

このような切迫した情勢での高陞号の大沽出港であった。この船は、ロンドンにあるインドシナ汽船会社の代理店ジャーディン・マジソン・カンパニーの所有船で、清国政府に雇用され、戦争となった場合には船体を清国に引き渡して、外国船員は退去する契約がなされていた。

船名はもちろん、清国に雇用されてからのもので、その航行には砲艦「操江《そうこう》」がつきそっていた。

豊島《ほうとう》沖海戦と高陞号撃沈

高陞号と「操江」は七月二五日朝、京畿湾に入る。これを迎えるため牙山港にあった巡洋艦「済遠《さいえん》」「広乙《こうおつ》」が出動した。

清国艦二隻が牙山湾を出て京畿湾南部の小島である豊島を過ぎたとき、南方から近づく日本の巡洋艦「吉野《よしの》」「秋津洲《あきつしま》」「浪速」と遭遇した。

日本の三艦は、連合艦隊の艦隊区分による第一遊撃隊で、少将・坪井航三《つぼいこうぞう》が指揮している。連合艦隊にはほかに、伊東の直率する本隊と、西海艦隊司令長官・少将・相浦紀道《あいうらのりみち》の指揮する第二遊撃隊があり、七月二三日に大挙して佐世保を出撃し、まず全羅道西北端の群山《ぐんさん》沖に進出したのである。

それまで日清の軍艦が行き合ったときには礼式《れいしき》をかわしたのだが、このときはどちらも戦闘準備を完了し、清国艦は坪井の少将旗に対して礼砲を発せず、距離三〇〇〇メートルになったとき、まず「済遠」が発砲し、すぐに「吉野」がこれに応じた。七月二五日午前七時五十二分、日清戦争のはじまりである。

砲煙と霧のため、接近した乱戦となったが、勝敗は数分のうちに決した。「済遠」は西方に向かって逃走し、「広乙」は東方の陸岸に向かったあと座礁《ざしょう》し、火薬庫爆発があって生存者はイギリス軍艦に救助された。

第一遊撃隊は「済遠」を追ったが、ちょうどこのとき高陞号と「操江」が戦場に近づいてきた（図表3参照）。

「操江」は「済遠」からの信号を受けて、ただちに西方に引き返して逃げ、高陞号のみが直進してくる。

高陞号は「浪速」のすぐ近くを通過して仁川港口に行きそうになるので、清国兵の搭載を疑った艦長の東郷は、空砲を放って投錨を命じた。午前九時十五分である。

第一遊撃隊の三艦はバラバラに距離が開いていた。「吉野」と「秋津洲」は逃走する二艦をなおも追い、「浪速」が高陞号の臨検《りんけん》に当たった。

結局、「済遠」は撃破されつつも逃げきり、「操江」は午前十一時四十分に降伏のあと、「秋津洲」乗員によって捕獲された。

イギリス国旗のもとにある高陞号の立場と軍事輸送の性質は、臨検士官・大尉・人見善五郎《ひとみぜんごろう》によって確認された。人見は船長ゴールズワージーに対し「浪速」に従って航行するよう命じ、船長はこれを受け入れた。

人見が帰艦して東郷に報告し、「浪速」が信号で船長に錨を揚げるよう命ずると、船長は「談ズル所アラントス」と信号するとともに、短艇《たんてい》の派遣を請《こ》うた。

ふたたび人見が高陞号に行くと、船内はすこぶる不穏で、船長は、清国兵の指揮官が大沽を出るときには開戦の宣言がなかったので、このまま大沽に引き返すことを強く要求し、「浪速」の命《めい》に従うことが不可能であると言う。

人見の報告を聞いた東郷は、高陞号船員に「船ヲ見捨テヨ」と信号し、「浪速」のマストに危険を示す赤旗を掲げたあと、魚雷と大砲を発射した。

第一発の砲弾が命中し、清国兵は先を争って海中に飛び込み、勇敢な一部の兵士は「浪速」を銃撃した。午後一時十五分、高陞号は船尾から沈み始め、同四十六分には完全に姿を没《ぼっ》した。

東郷は短艇二隻を降ろして、船長ほかイギリス人二人を救助した。高陸号事件として国際的な波紋を広げる。

図表3 豊島沖海戦

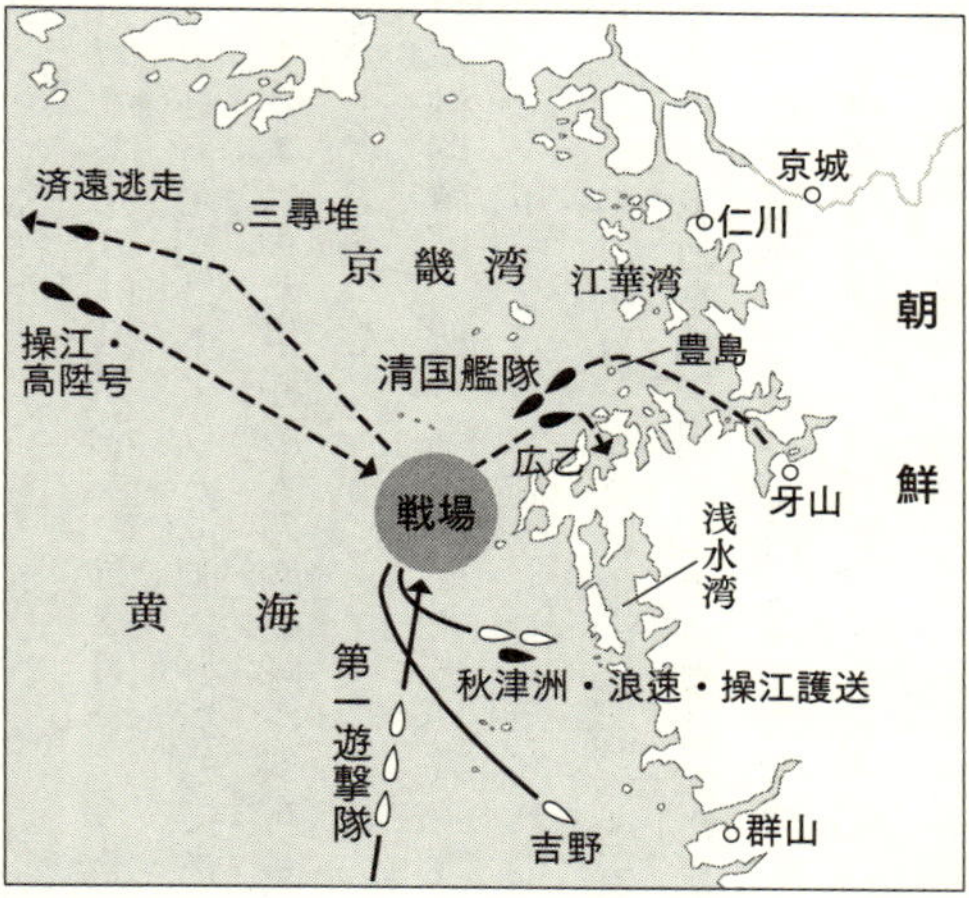

高陸号事件の解決

日清戦争当時はまだ、開戦前に宣戦布告または最後通牒《つうちょう》を発するという条約がなかった。この条約が成立したのは日露戦争後の一九〇七（明治四〇）年である。

日清戦争は豊島沖海戦の「済遠」の発砲により始まったが、日本が宣戦布告を詔勅《しょうちょく》の形で発したのは八月一日であった。

宣戦布告に先んじて日本の軍艦がイギリス国旗を揚げた商船を撃沈したというので、日英とも世論は驚き、日本海軍を攻撃し、日本政府はイギリスとの間に係争問題になるのではないかと恐れた。

当時イギリスは世界最大の海軍国で、香港を母港としてシナ方面艦隊が厳然と駐留し、どちらかと言えば日本よりも清国に好意的であった。

イギリスはまた世界最大の商船隊を保有し、上海を中心として中国・日本を含むシーレーンでの王者であった。

日本は開戦時、四一七隻、一八万一八一九総トンの船舶を持っていたが、日本の輸出入品の多くは、イギリスの船舶によって運ばれていた。

日本の作戦計画は、早期に清国艦隊を撃滅して黄海・渤海の制海権が獲得できる場合には、陸軍の主力を輸送船団により渤海湾に送って、北京・天津《てんしん》の直隷《ちょくれい》平野で大決戦を行なう。日清の艦隊がどちらも敵を撃滅できない場合には、陸軍を連続して朝鮮に送り、朝鮮から清国軍を撃退する。日本艦隊が撃滅されればもちろん、日本内地で専守防衛を行なうほかはない、というものである。

戦勝のためには海上の決戦に勝利を収めることと、陸軍兵とその補給物資を海上輸送する船舶を用意することが絶対の必要条件であった。

もちろん、開戦時の船舶の多くは陸軍に徴用《ちょうよう》された。しかし、それだけでは足《た》りない。できるだけ多くの船舶を外国から購入し、また新造船を進水させる必要がある。

現実に日清戦争中、一〇一隻、一七万四七九七総トンの船舶が購入され、または進水した。

船舶を購入して陸軍輸送の船団を組むためにも、また日本の戦争遂行に必要な輸出入品を運ぶためにも、日本はイギリスから悪意をもたれては戦争に勝てない。

高陞号が臨検されたときにはすでに戦争が始まっており、臨検により交戦国の一方である清国のために軍事輸送に従事していると認められて、捕獲審検所で審検を受けるため「浪速」に続行を命ぜられたのであるから、同船はその命令に服従する義務があった。当時の戦時国際公法からも、この適法な命令に従わない場合には、撃沈されてもやむを得ない。

連合艦隊司令部は、東郷の処置が当然であるとして問題にしなかったし、調査のため佐世保に派遣された法制局長官も、その処置が正当であったとの報告書を提出した。

イギリスでも、国際公法学の大家《たいか》であるオックスフォード大学のホランド博士ならびにウエストレーキ博士が、「浪速」の行為は間違っていないとの論文を発表するに及んで、一時は激越《げきえつ》となった世論も、時間とともに落着きを見せてきた。

結局、イギリス政府は、船舶所有者のインドシナ会社に対日賠償要求をしないよう勧告し、日本政府に対してもなんらの要求をしなかった。

日本は緒戦の海戦で、さい先良い勝利を収め、東郷はその名を世界に挙げた。

決戦不成立と輸送船団

伊東の連合艦隊は群山沖に仮泊《かはく》しつつ、早期に清国艦隊と決戦する機会を望んだが、敵が進出してこないのを知ると、艦隊の全力をもって威海衛に出撃し、敵を誘出してこれを撃滅しようとした。

先行する水雷艇《すいらいてい》隊が威海衛砲台に接近したのは八月一〇日午前二時過ぎ。夜明けには主力も港内を偵察できる位置まで進んだ。しかし、敵の主力は不在であった。砲台と撃ち合っただけである。

このとき丁汝昌は、主力を率いて、鴨緑江《おうりよくこう》方面に出動中であった。牙山にあった清国陸軍部隊は豊島沖海戦後、京城から出撃した日本陸軍に敗れた。陸上の戦局は平壌《へいじょう》方面に動き、清国は鴨緑江方面への軍隊輸送を急いでいたのである。

丁汝昌は急を聞いて八月一三日には威海衛に帰航しているので、伊東がさらに偵察と捜索を続ければ、決戦の機会が得られた公算《こうさん》が大きい。

清国艦隊を撃滅するまでは、陸軍部隊を艦隊が護衛して朝鮮に送る必要がある。まず中将・野津道貫《のづみちつら》の第五師団であり、ついで中将・桂太郎《かつらたろう》の第三師団、さらに両師団を指揮する大将・山県有朋《やまがたありとも》の第一軍司令部があった。

威海衛から帰ってからの群山沖の艦隊の仮泊地（隔音群島）は潮流が急で、防御施設もない。伊東は主基地を全羅道南岸の長直路《ちょうちょくろ》に下げ、前進基地を忠清道西岸の浅水湾《せんすいわん》と定めた（図表４参照）。

艦隊が長直路に位置するまでに、第五師団の八八三四人が釜山《プサン》に、二二七八人が東岸の元山《げんざん》に上陸していた。ほかに馬匹《ばひつ》も含まれていたが、これらは一七隻の運送船で運ばれ、野津師団長は釜山に上陸した。

しかしすぐに、釜山や元山から京城に兵員・軍需品を輸送するのがきわめて困難なことがわかり、陸軍は海路により仁川への輸送を望んだ。当然のことである。

こうして八月下旬から黄海海戦の直前まで、長直路に集合する陸軍の輸送船団を仁川まで護衛するのが、連合艦隊の主要任務となる。

第五師団の歩兵第一〇旅団の運送船一一隻は、第二遊撃隊に護衛されて八月一九日に長直路に到着し、そこから本隊・第一遊撃隊に護衛されて、八月二三日には仁川に上陸を完了する。

第一軍司令部と第三師団の輸送は、陸軍運送船二七隻を本隊・第一遊撃隊・第二遊撃隊が護衛し、合計五〇余隻の大縦陣《じゅうじん》となり、日本では史上はじめての壮観さであった。京畿湾に入ったのは九月一二日である。

このころ清国では、豊島沖海戦で敗れた海軍を陸軍兵が冷笑する傾向があり、丁汝昌は日本艦隊を撃破して黄海の制海権を握りたいと考えていた。しかし、日本艦隊が威海衛を砲撃した八月一〇日、中国政府は丁提督に厳命して、山東半島先端と鴨緑江口を結ぶ線から東に出ることを禁じていた。

日清ともにこの時期、艦隊は陸軍部隊を輸送・護衛するのを主任務とし、やがて平壌の攻防戦とともに黄海海戦が生起《せいき》する。

決戦への出撃と会敵《かいてき》

明治天皇の親裁《しんさい》する大本営は九月一五日、皇居から第五師団司令部のあった広島城内に進出した。

この日は第五師団主力が平壌の総攻撃を始めた日と一致し、大本営はかねてからこの攻撃のときには、海軍が海上から応援することを希望していた。

海軍軍令部長の樺山資紀は、大本営では海軍上席参謀の地位にあるが、戦況視察のため「八重山」に乗艦して九月六日に長直路に到着し、それ以後は仮装巡洋艦「西京丸《さいきょうまる》」に転乗して連合艦隊司令部に随行していた。

海軍の指揮系統からは奇妙な行動で、伊東ほかを督戦《とくせん》するような形である。日本海軍の発展途上で、まだ慣例の成立しないときの特異な現象である。

図表4 黄海周辺

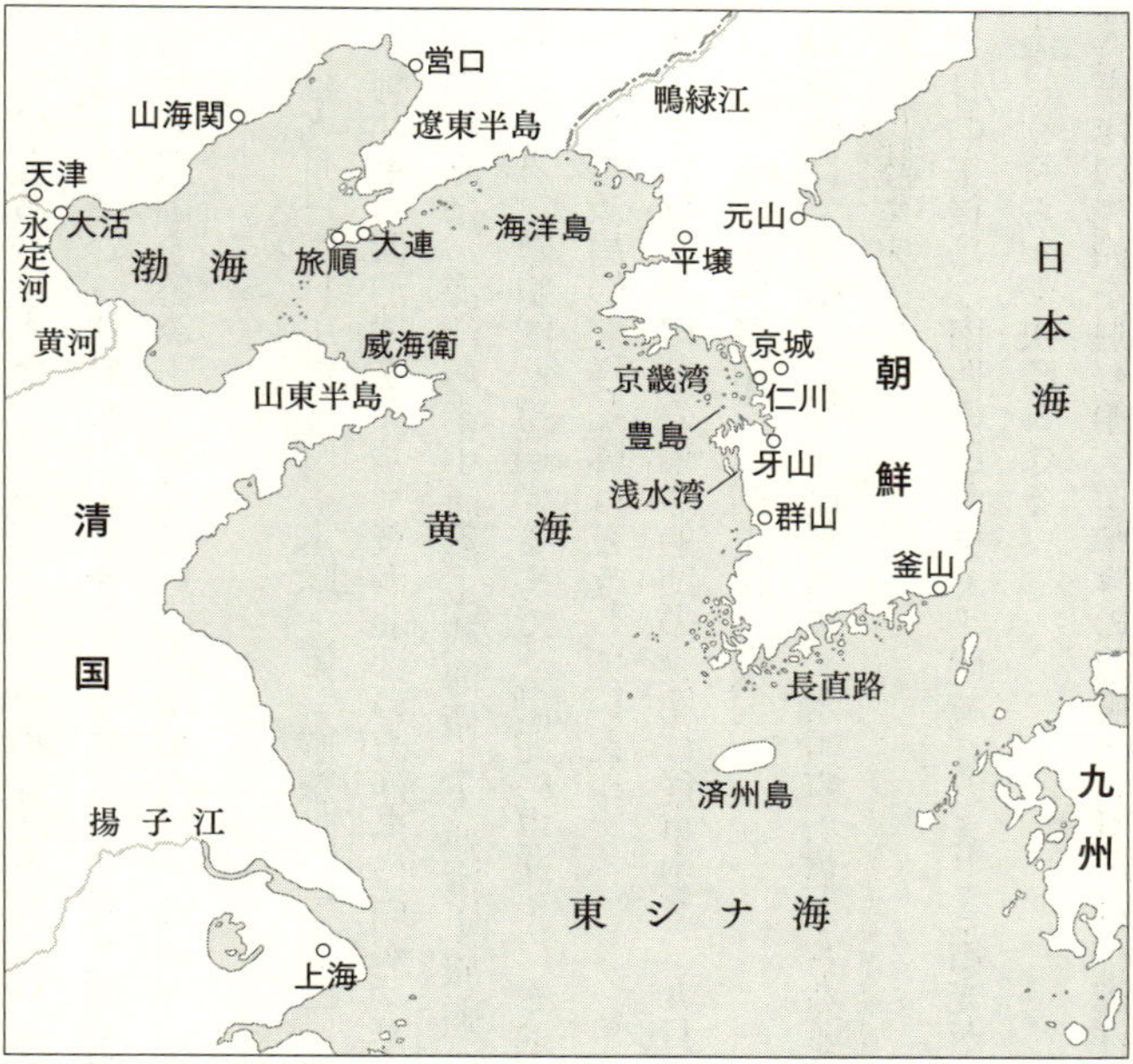

山県は樺山に、平壌攻撃にさいして海軍の応援を改めて希望し、樺山も清国艦隊が大《だい》同江《どうこう》に来ているのではないかと疑った。大同江は平壌を貫流したあと西朝鮮湾にそそぐ。

伊東は樺山の諮議《しぎ》に応じ、大同江に向かうため連合艦隊の大部《たいぶ》を率いて九月一四日、豊島海域の仮泊地（カロリン湾）を出撃。翌日の午後早く、チョッペキ岬北東の仮泊地に錨を入れた。

威海衛と大同江に派遣した偵察艦の報告によると、清国艦隊の姿はどちらにもなく、情報によると鴨緑江方面にいる公算が大きい。

樺山はふたたび、決戦のための出撃を主張し、伊東も同じ見解であった。このとき連合艦隊の将兵も戦闘を望み、士気《しき》は高い。海軍軍人はどこでも、地味な船団護衛よりも海戦を欲する。

伊東は九月一六日午後五時、本隊・第一遊撃隊・「赤城」「西京丸」の一二隻を率いてチョッペキ岬北東の仮泊地を発し、黄海北部の海洋島《かいようとう》に向かった。

行動の計画は、海洋島→小鹿島《しょうろくとう》→威海衛→大連湾《だいれん》→旅順口《りよじゅん》→大沽→山海関《さんかいかん》→営口《えいこう》→威海衛と回航する。敵艦隊と遭遇するまで、渤海の奥深くにも進もうとするのである。

このとき丁汝昌の北洋艦隊はどうしていたか。

大連から鴨緑江河口への輸送船団の護衛に従事中で、九月一六日午後、伊東が仮泊地で錨を揚げたころ、小鹿島南方に錨を投じた。

この艦隊は、軍艦一二隻・砲艦四隻・水雷艇六隻からなる清国艦隊の主力で、一六日夜中に陸兵の揚陸《ようりく》を完了した。

一六日の午後は、南西の風が強く小雨で、ときどき雷光があった。明《あ》くる一七日、風と雨は止《や》み、うららかな快晴となる。

連合艦隊の先頭を進む第一遊撃隊の旗艦「吉野」は、海洋島を過ぎて小鹿島に向かい戦闘訓練をしていたとき、一〇二三《ヒトマルフタサン》（編集部註、以下同＊午前10時23分のこと。以下、単位のない四ケタの数字は時刻を表す）、北東の水平線上に一条の煙を認める。やがて煙は数条となり、清国艦隊であることを確認する。

伊東はかねての計画どおり、第一遊撃隊・本隊の順に単縦陣をつくり、「赤城」「西京丸」を左側の非戦闘側に移して、全員を戦闘配置に就《つ》け、各艦はマストに大軍艦旗を揚げた。一七日一二〇五である。

一方、北洋艦隊の各艦も一〇〇〇、日本艦隊の煙を発見し、旗艦「定遠《ていえん》」に座乗する丁汝昌は、ただちに出港を命じて日本艦隊に向かう。こちらはかねての計画どおり横陣《おうじん》をつくり、マストに大黄竜《だいこうりよう》旗《き》を揚げて進撃する。

日清戦争中のただ一つの決戦となった黄海海戦のはじまりである（図表5参照）。

「定遠」「鎮遠《ちんえん》」と凸横陣《とつおうじん》

清国艦隊の中核は、世界にその名を知られた戦艦「定遠」「鎮遠」であった。

一八八一年にドイツで建造され、三〇センチの主砲四門を砲塔《ほうとう》内に装備し、七二二〇トンの強大艦である。

開戦前の一八九一年、丁汝昌は両艦ほかを従えて日本の各港を訪問し、日本人の多くはその示威《しい》に恐れをなした。

両艦の二連装砲塔は両舷側《げんそく》に一基ずつ置かれ、四門とも射撃できるのは艦首方向だけである。ほかの清国艦隊の軍艦の多くも艦首方向の砲力を重視して建造されていた。

軍艦が帆船から蒸気船に代わり、最初の海戦は一八六六年にアドリア海でイタリアとオーストリアの艦隊が戦った「リッサの海戦」である。

この海戦でオーストリア艦隊は、横陣で敵艦隊に突入し、艦首砲と衝角《しょうかく》でイタリア艦隊を破った。

黄海海戦の清国艦隊は、軍艦の建造も戦術も、二八年前のリッサの海戦の戦訓を守っていた。

日本艦隊に向かって進撃する北洋艦隊は、中堅に「定遠」「鎮遠」を置き、左翼に巡洋艦「来遠《らいえん》」「致遠《ちえん》」「広甲《こうこう》」「済遠」を、右翼に巡洋艦「経遠《けいえん》」「靖遠《せいえん》」「超勇《ちょうゆう》」「揚威《ようい》」を従えていた。

巡洋艦「広丙《こうへい》」と海防艦「平遠《へいえん》」、それに水雷艇二隻は、やや離れて北方海域に行動し、ほかの砲艦・水雷艇は運送船の護衛に従事した。

海戦参加の清国艦隊の総トン数は三万五〇〇〇トン余、大砲は口径《こうけい》二一センチ以上が合計二一門、以下が一四一門。大口径砲の数は日本艦隊にまさる。

清国艦隊の軍艦の大部分は、艦形も速力もまちまちで、しかも信号法典が不完全で、一艦隊として行動することが困難であった。

戦闘の基本戦術は、できるだけ各艦が旗艦の運動に従い、形式が同一の諸艦で協同して、つねに艦首方向を敵艦に向けて砲撃力を発揮し、好機をとらえて衝角戦術を採用することであった。

横陣で進む北洋艦隊の速力は七ノット。両翼の各艦が遅れ気味で、凸横陣をなしていた。

図表5 黄海海戦

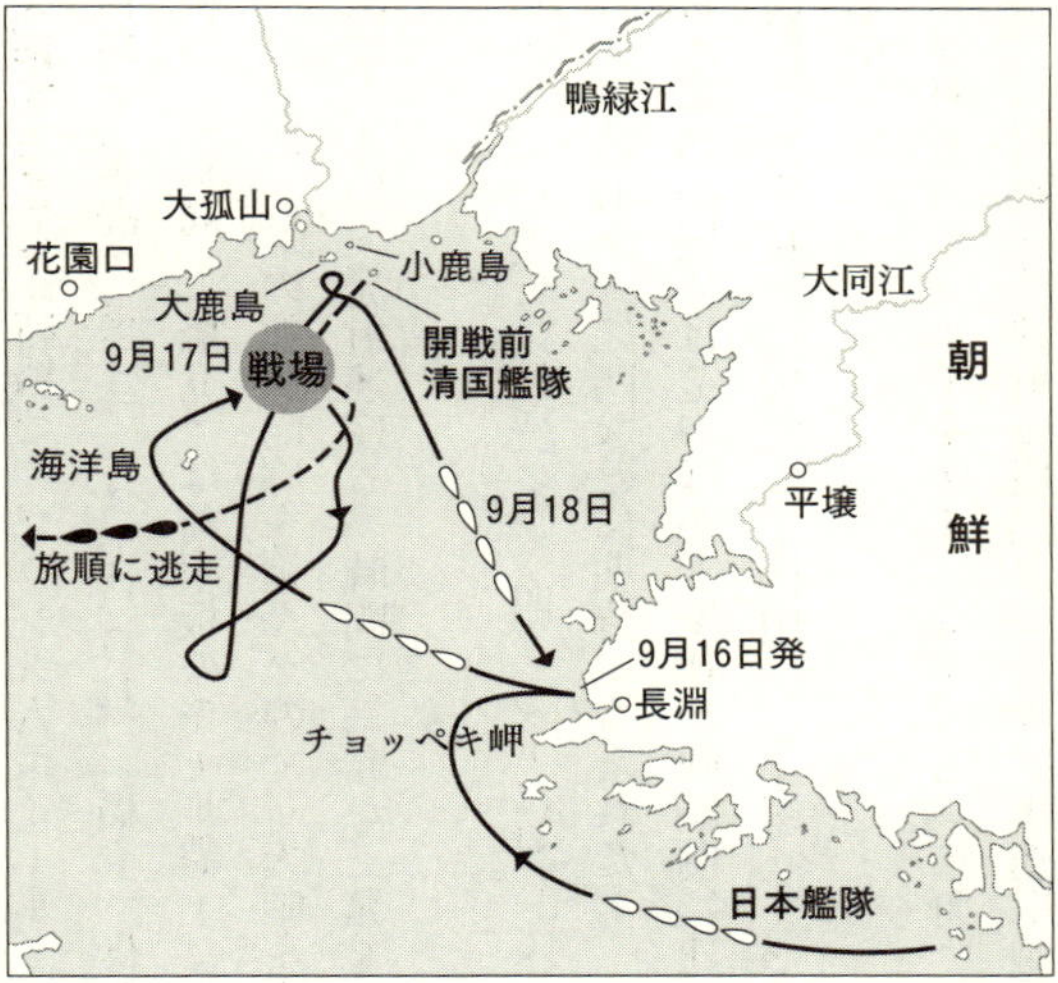

三景艦《さんけいかん》と単縦陣

日本艦隊の中核は、三景艦と呼ばれた海防艦「松島」「厳島《いつくしま》」「橋立《はしだて》」である。

三艦はもっぱら「定遠」「鎮遠」に対抗するために建造されたもので、各艦が両艦よりも大きい三二センチの大砲一門を装備することが特徴で、フランス人エミール・ベルタンが設計した。

「松島」「厳島」はフランスで造られ、「橋立」は横須賀で国産された。大砲は「松島」が後《こう》甲板《かんぱん》の、「厳島」「橋立」は前甲板のキール線上にある。三艦は開戦の前年に揃《そろ》った。

四二七八トンの艦に巨砲を積んだので、大砲を旋回すると艦体が傾斜し、発砲の反動がきわめて大きい。発射速度も一時間に二発か三発で、現実に黄海海戦中にあまり役立たなかった。

しかし「定遠」「鎮遠」の一四ノットに対して一六ノットと優速で、両舷側に装備した一二センチ速射砲一二門などに期待がもたれた。

日本艦隊の期待はそのほか、優速で両舷側に速射砲を装備した新しい巡洋艦群にあった。「吉野」「高千穂《たかちほ》」「浪速」「千代田」がイギリスで造られ、「秋津洲」が横須賀で国産されている。

いずれも一八ノットを越え、なかでも「吉野」は二四ノットを記録した世界に誇れる快速艦で、一五センチ速射砲四門と一三センチ速射砲八門などを装備していた。

開戦前に佐世保港外で陣形運動の訓練をしたとき、令達《れいたつ》は手旗《てばた》と旗流《きりゅう》の信号によるほかなく、敵情は司令部の視界内に限られる当時の実情では、旗艦先頭の単縦陣がもっとも効果的であるとの結論となった。

単縦陣は陣形運動がやりやすく、また三艦の主砲も全艦の速射砲も、正横《せいおう》方向に砲撃力を発揮しやすい。

清国艦隊めがけて一〇ノット以上の速力で突進する連合艦隊は、坪井の座乗する「吉野」に続く「高千穂」「秋津洲」「浪速」の第一遊撃隊が白波をけたて、伊東の座乗する「松島」に続く「千代田」「厳島」「橋立」とコルベット艦「比叡《ひえい》」「扶桑《ふそう》」の六艦の本隊が、これを追う。

コルベット艦は一三ノット、砲艦「赤城」は一〇ノットしか出せない。これらの軍艦の低速と「西京丸」の存在が、やがて日本側の戦闘を混乱させることになる。

海戦参加の日本艦隊の総トン数は四万トン余、大砲は二一センチ以上が合計一一門、以下が二〇九門。大口径砲の数は清国に劣《おと》るが、速射砲の数ではだんぜんまさっている。

単縦陣の優勢

清国艦隊は日本艦隊の煙を見つけたとき、午前の作業を終わって昼食の用意にかかっているときであった。

一方、伊東は敵を発見すると、まず昼食を命じ、ついで総員を戦闘配置に就けた。

彼我《ひが》二二隻の軍艦が黒煙をたなびかせ、色あざやかな大戦闘旗をマスト高くひるがえし、あまたの信号旗をかかげながら接近する景観は、あたかも祭日の儀式のようであった。

坪井は厳正な単縦陣を保って敵の中堅に向け進む。距離一万二〇〇〇メートルになったとき、伊東は坪井に「右翼」を攻撃するように命じた。

伊東の意図は、艦首に見える「広丙」「平遠」ではなく、右に見える敵の主力を攻撃せよとの意味であったが、坪井はこれを敵主力の右翼を攻撃せよとの意味にとった。

伊東は「松島」の後艦橋に位置し、参謀長・大佐・鮫島員規《さめしまかずのり》、参謀・大尉・島村速雄《しまむらはやお》ほかを従えて指揮していたが、右に行くと思った第一遊撃隊がやや左に変針したので驚く。

信号の言葉が不十分であったことが原因だが、通信力不足のため訂正することなく本隊も第一遊撃隊に随動し、まず敵の右翼を攻撃することとなる。

距離五八〇〇メートルになったとき、「定遠」の第一弾により海戦の火ぶたが切られた。一二五〇で、すぐに清国の各艦がこれにならう。多くは第一遊撃隊の近くに弾着し、命中弾はなかった。

第一遊撃隊は自重《じちょう》し、五分後に距離三〇〇〇メートルとなってはじめて砲火を開いた。「吉野」は敵の右翼の「揚威」「超勇」を、「高千穂」と「秋津洲」は「定遠」「鎮遠」を、「浪速」は敵の右翼の三艦を主目標とした（図表6参照）。

続く本隊も敵の前面を左から右に航過し、各艦の右舷《うげん》砲台の独立打方《うちかた》を行ない、「松島」

は距離三五〇〇メートルで発砲。各艦は猛烈な近接射撃により二〇〇〇メートル以下まで距離をつめて撃った。

この近接射撃により、日本の砲弾は連続して命中する。午後一時過ぎには、「揚威」「超勇」がいずれも大火災を発して運動の自由を失った（図表7参照）。

清国の「定遠」「鎮遠」ほかは、ときとして衝角戦術のため猛進したが、速力が足らずに成功せず、陣形はしだいに乱れる。日本の各艦への命中弾は散発的で、火災はすぐに消しとめられた。

日本の単縦陣の自由な高速運動に対し、清国はただ日本の運動に従って、陣形を守りつつ日本艦に艦首を向けるに過ぎず、戦闘の主導権は完全に日本側にあった。

日本の劣速艦の苦戦

清国の陣形の最左翼にあった「済遠」は、豊島沖海戦で逃げたときと同じ大佐・方伯謙《ほうはくけん》が艦長であったが、日本の砲撃が始まるとすぐに旅順に向かって逃走を始めた。やがて隣の「広甲」もこれにならう。

清国の右翼に回り込んだあと第一遊撃隊は、主隊の砲撃をさまたげないよう、大きく左に転回し、主隊はそのまま右に転回して敵の背後に回る。

図表6　黄海海戦・艦隊の動き①

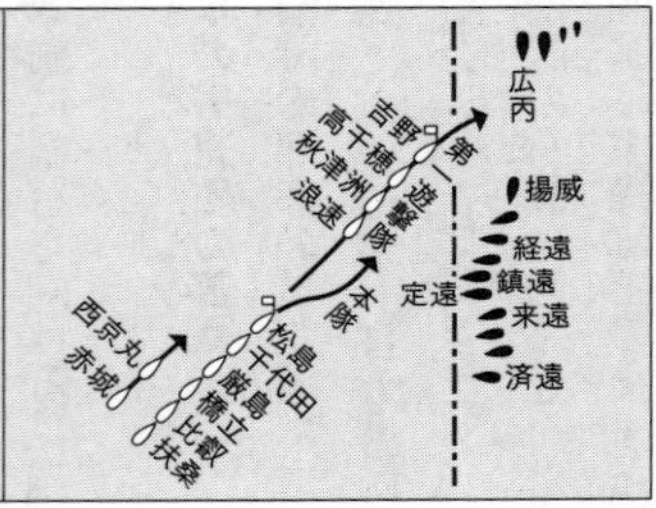

図表7　同・艦隊の動き②

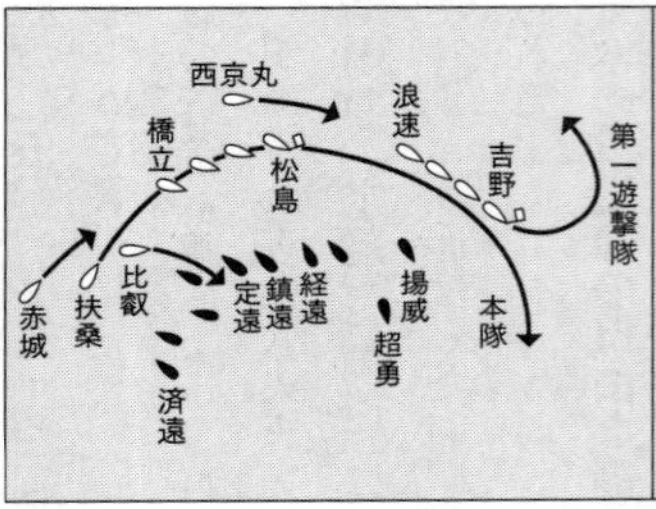

ところで劣速の「比叡」は、砲撃しつつ敵艦に迫ったが、前続艦の「橋立」から、一三〇〇メートルも遅れ、「定遠」と「来遠」が急に変針して衝突を試《こころ》みてきた。時刻は一三一四のころである。

このため「比叡」は最大戦速で敵艦の間に突入し、「定遠」からは一〇〇〇メートル、「来遠」から四〇〇メートルの近距離に近づき、「来遠」の発射した魚雷は危《あや》うく艦尾七メートルのところをぬけていった。

「比叡」はこのあと、清国艦の集中攻撃を受けながら重囲を脱し、「扶桑」の後尾に向かったものの、マストの軍艦旗は破れ、命中した三〇センチ榴弾のため後部下甲板が破壊されるなどの大損害を受け、軍医長・主計長を含む二〇人が戦死し、三五人が負傷した（図表8参照）。

「赤城」は一三〇九に砲撃を開始して「定遠」「鎮遠」と砲撃を交《か》わした。しかし、劣速のため本隊に続行することができずに孤立に陥り、「鎮遠」「来遠」などの追撃射撃を受け、艦長・

図表8　同・艦隊の動き③

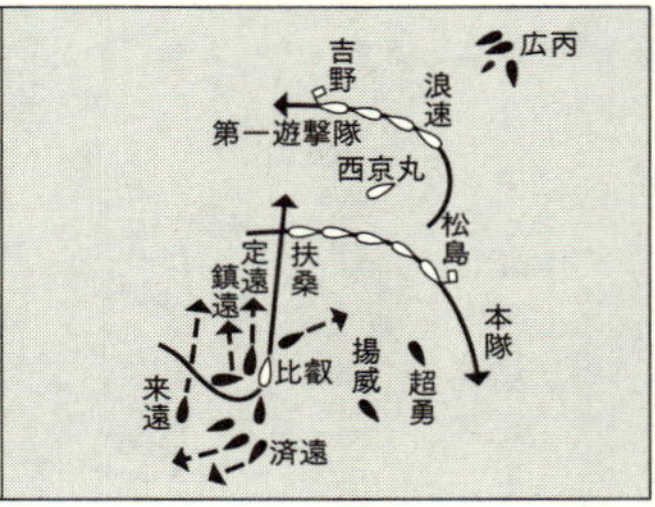

図表9　同・艦隊の動き④

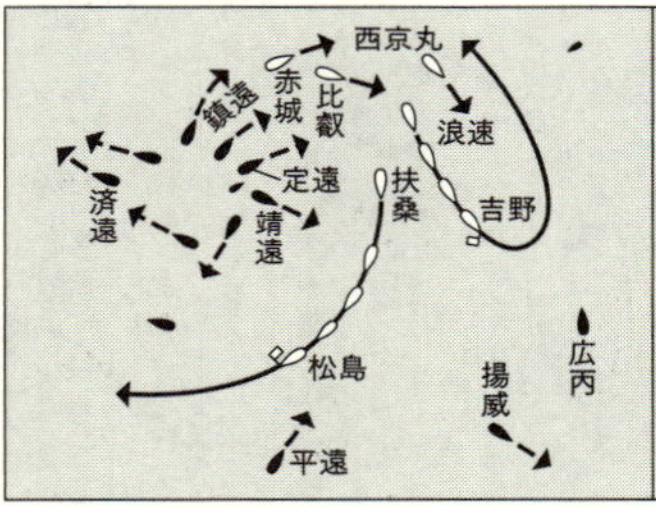

少佐・坂元《さかもと》八郎太《はちろうた》は戦死し、航海長・大尉・佐藤《さとう》鉄太郎《てつたろう》がこれに代わった。一三二五である。

「比叡」と「赤城」はなおも清国の追撃を受け、これを見て「西京丸」は一四一五、「比叡・赤城危険」との信号を掲げた。これを見て第一遊撃隊は左に大回頭《かいとう》し、両艦と清国艦の中間に入ろうとして急行する（図表9参照）。

「赤城」の艦尾砲が発射した弾丸は一四二〇、追撃する「来遠」の甲板に命中して大火災となり、清国艦はこれを救うため減速して同艦の周囲に集まり、ようやく虎口《ここう》を脱《だつ》することができた。

軍令部長が乗艦する「西京丸」も、勇戦したものの多くの命中弾を受け、かじを故障して自由な運動ができず、一四四〇からは清国の陣形外にあって行動中の「平遠」「広丙」および水雷艇の襲撃を受けた。

大尉・蔡廷幹《さいていかん》の指揮する水雷艇「福龍《ふくりゅう》」は、艇首発射管の魚雷二個により「西京丸」を雷撃した。魚雷は左舷《さげん》すれすれに

図表10 同・艦隊の動き⑤

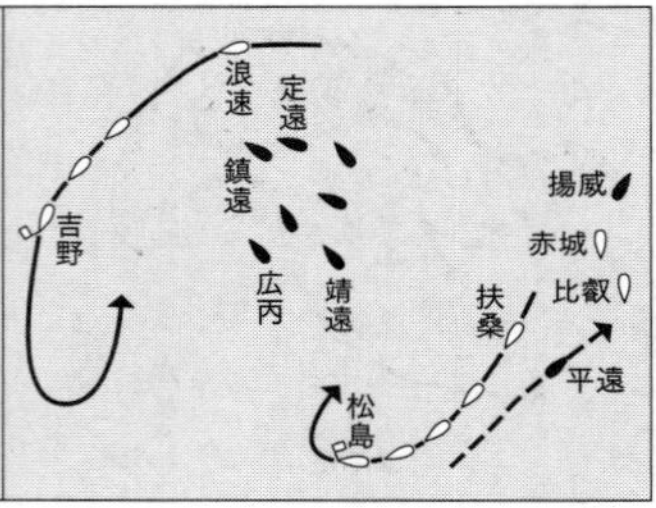

図表11 同・艦隊の動き⑥

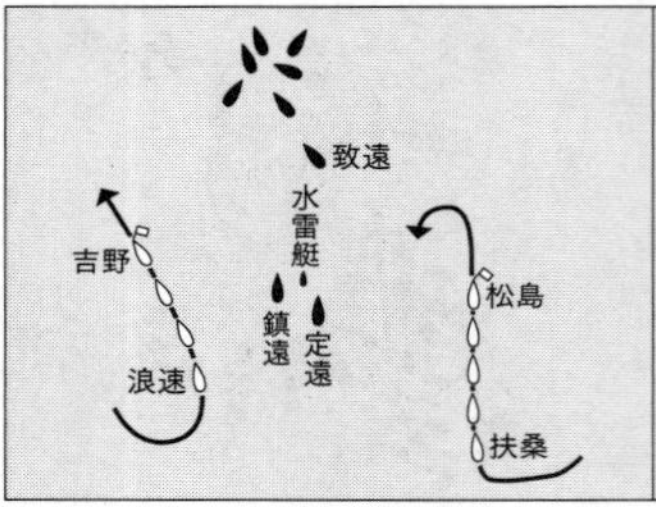

かわり、続いて四〇メートルの近距離から旋回発射管により発射した魚雷一個は、あまり近いため「西京丸」の艦底を通過した。

魚雷が命中すればもちろん、樺山の生命は危険であっただろう。

こうして「比叡」「赤城」「西京丸」の三艦は、戦闘力を失って仮泊地に向かうほかなかった。

混戦・乱戦と追撃中止

「比叡」「赤城」の危急を救おうとして左に大回頭した第一遊撃隊は、清国艦を左に見つつ、反対側に出て敵を右に見る本隊と、六〇〇〇メートルを隔《へだ》てて、敵をはさみ撃ちする形となった（図表10参照）。

「松島」は三二センチ砲による命中弾を「鎮遠」の前部に与えたが、新たに戦闘に加入した「平遠」の二六センチ弾を、反航しながら左舷に受けた。

図表12 同・艦隊の動き⑦

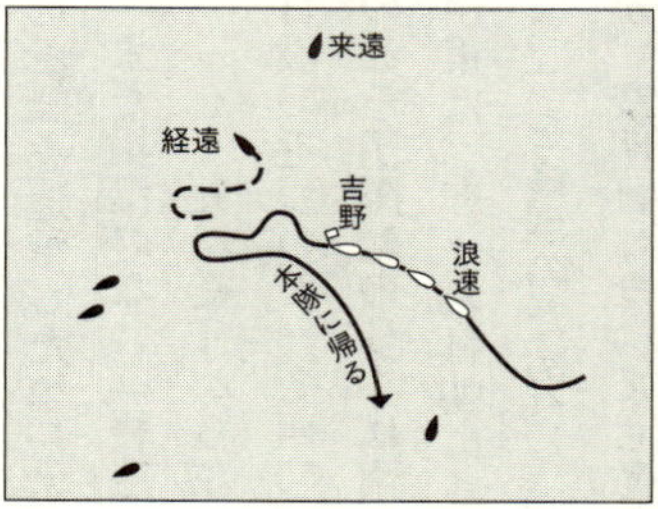

日本の集中攻撃により清国の陣形はますます乱れ、「平遠」「来遠」「揚威」は火災にかかり、「広丙」は陸地に向かって逃走する。

　第一遊撃隊と本隊は、敵の陣形を航過したあとふたたび内側に反転し、第一遊撃隊は逃走する「済遠」「広甲」「来遠」「経遠」「靖遠」を追い、本隊は戦場に残る「定遠」「鎮遠」に砲火を集中した（図表11参照）。

「超勇」はもっとも早く一三三〇、左に傾いて沈没。本隊が「定遠」「鎮遠」に砲火を集中していた一五三〇、さきに第一遊撃隊に衝角戦術を試みて多くの命中弾を水線下に受けて傾斜していた「致遠」が、艦首から沈んで艦体を直立させ、スクリューを空中に回転させながら海中に没した。何度も火災になった「揚威」は、戦場北方の陸岸に乗りあげた。

　さて、日清の中核艦同士の対決はどうなったか。

丁汝昌の旗艦「定遠」はすでにマストを折られ、前甲板に火災を起こしていたが、伊東の旗艦「松島」は一五三〇、「鎮遠」からの三〇センチ砲弾を左の前部砲台に受け、付近の装《そう》薬《やく》が引火して爆発し、艦内には火災が発生して三〇人が戦死し、艦隊軍医長を含む六八人が負傷した。使用可能な大砲は一二センチ砲六門だけとなった。

「松島」の火災は一六〇〇に鎮火したが、旗艦の能力を失ったので、伊東が主隊の各艦に独《どく》断専行《だんせんこう》するよう命じたところ、弱小な二番艦「千代田」が先頭で二巨艦に向け突進する。伊東は危険を感じてこの命令を取り消した。

ついで伊東は、「定遠」「鎮遠」を撃沈する手段として、第一遊撃隊を合同させようとして「本隊ニ帰レ」と遠距離信号を掲げたが、通信力不足のため第一遊撃隊を呼びもどすことができなかった。しかし現実には、両艦はほとんど残弾がなく、戦闘力を失っていたのである（後述参照）。

逃走艦を追撃した第一遊撃隊は、火災を起こしたり、あるいは陸岸に逃げる敵艦を捨て、まだ損傷のない「経遠」を一四ノットで急追して砲撃した。同艦は火災のあと左に傾斜し、一七三五、艦首から左に転覆《てんぷく》して、右のスクリューを水面上に露出しながら沈んだ。

日没の近づいた一七四〇、伊東は第一遊撃隊に本隊復帰を命じ、日本の追撃は終了した。このころ清国艦の多くは南方に針路《しんろ》を取り、威海衛に向かうようであった（図表12参照）。

伊東は、翌一八日朝に威海衛沖で残存の清国艦隊を要撃しようとし、一七日午後八時、「松島」を修理のため呉《くれ》に回航させ、旗艦を「橋立」として、敵艦の想像航路と並行《へいこう》に進んだが、夜明けになっても敵艦を一隻も認めなかった。清国艦隊が避退したのは旅順であった

（図表5参照）。

伊東がふたたび戦場に引き返したのは、一八日午後一時。大鹿島から鴨緑江方面にかけて数条の煙を認めたものの、船体を確認して攻撃することなく止んだ。第一遊撃隊と本隊が、大同江河口を経てチョッペキ岬の仮泊地に帰還したのは、一九日午前七時である。「比叡」「赤城」「西京丸」は先着していた。

評価と教訓

清国は、豊島沖海戦で「広乙」が座礁して「操江」が捕獲され、黄海海戦で「超勇」「致遠」「経遠」が沈没して「広甲」「揚威」が座礁した。七艦で一万一〇〇〇余トンとなる。旅順に逃れた「定遠」「鎮遠」「来遠」は大損害を受け、「済遠」「靖遠」「平遠」「広丙」も修理を必要とし、ただちに巡航できるものは一隻もなかった。

これに対し日本は、「松島」が大損害を受けたものの、「比叡」「赤城」「西京丸」のほかはほとんど損害はなく、ただちに出動が可能であった。

こうして黄海の制海権は日本側の手に帰し、やがて第二軍の遼東《りょうとう》半島・山東半島上陸となり、日清戦争の勝敗が決定する。

もちろん上陸作戦には制海権のほか船舶が必要で、日本の全船舶のうち六四パーセントに当たる一三〇隻・二二万七〇〇〇総トンが軍事用に徴用されている。

黄海海戦は、衝角戦術が完全に時代遅れになったことを立証した。また、日本で一〇発以上の命中を受けたのは「松島」「橋立」「比叡」「赤城」「西京丸」で、最大の「赤城」でも三〇発であるのに対し、清国は「広丙」を除くすべてが一〇発以上の命中弾を受け、沈没・座礁の五隻を除いても「定遠」「鎮遠」「来遠」「靖遠」には、一〇〇発以上が命中した。

これは、日本の戦術・訓練が優《すぐ》れていたことを示すとともに、イギリスで建造された巡洋艦群の速力・砲力の優秀性を示すものである。

両海戦でまっさきに逃走した「済遠」艦長方伯謙は、責任を問われて銃殺されたが、日本の士気が清国よりも高かったことは明白である。軍歌になった場面が多いのも、これを立証していよう。

劣速の「比叡」が陣形に加わったのは、まずやむを得ないとしても、弱小の「赤城」「西京丸」が敵との接戦に入ったのは、戦史の権威者の秋山真之《あきやまさねゆき》も批評しているとおり、不適当であったと考える。味方の戦術運動を不自由にし、益《えき》よりも害《がい》の方が多い結果となっている。

黄海海戦でもっとも問題としなければならないのは、日本の追撃が不十分であったことである。

もともと清国艦隊は政府の怠慢《たいまん》により、会敵のまえから弾薬不足であった。戦闘の末期には「定遠」「鎮遠」にはほとんど弾丸がなくなり、多くの大砲は沈黙し、または発射がゆるやかになり、「鎮遠」のごときはわずかに残弾三発となって、戦闘力を失っていたが、日本は気づかなかった。

また、第一遊撃隊の追撃中止も早すぎ、もし同隊が編隊を解《と》いて敗残艦をもう少し追撃すれば、さらに多くの艦を撃沈できたと信じられる。これは、「鎮遠」に乗って海戦に参加したアメリカの海軍少佐マクギフィンの見解でもある。

日本は、追撃中止時の清国艦の針路と、夜間に敵が旅順に入港するのが困難であるとの考え方から、威海衛の方向に追撃戦を計画したが、マクギフィンは「近くて修理に便利な旅順を捨てて、遠い威海衛に行くはずがない」と述べている。これも日本が判断を誤ったわけであろう。

鴨緑江方面には海戦後、清国の砲艦・水雷艦・輸送船団が残っていた。運送船は鴨緑江をさかのぼっていたが、日本はこの方面の制海権を得たのであるから、七月一八日からあともうすこし徹底した追撃戦を行なえば、清国の国力をさらに早くくじくことができたであろう。

ところで、太平洋戦争で日本が惨敗した理由の一つに、陸軍と海軍の対立があったことを認めない人はいないが、この対立の源流を探っていくと、この日清戦争の前後に達する。

この戦争における陸海軍のすべての作戦は、広島に進出した大本営によって指導された。

大本営は天皇の親裁するものではあったが、その編成に禍根《かこん》があった。

戦争まえの平時《へいじ》組織では、陸軍の統帥《とうすい》事項を担当するのは、参謀総長を長とする参謀本部であり、海軍の統帥事項を担当するのは、海軍軍令部長を長とする海軍軍令部であった。

ところが日清戦争の大本営では当時の関係諸規定により、幕僚《ばくりょうちょう》長には陸軍の参謀総長が就任し、陸軍上席参謀には参謀本部次長が当たり、海軍軍令部長は海軍上席参謀の席に就いた。

明らかに陸主海従《りくしゅかいじゅう》の考え方で、海軍は一段下に見られていた。黄海海戦時の大本営幕僚長は陸軍大将・有栖川宮熾仁《ありすがわのみやたるひと》親王、陸軍上席参謀は陸軍中将・川上操六《かわかみそうろく》、海軍上席参謀は前述のとおり海軍中将・樺山資紀である。

当時の陸軍は創設時にフランスに習い、普仏《ふふつ》戦争でフランスがドイツに敗れたことが原因となって、やがて一八八五（明治一八）年にはドイツ式に転ずる。

ドイツは、陸軍を重要視しなければならない大陸国家の大陸軍国である。このドイツの考え方を受けついだ日本陸軍には、

「陸軍と海軍を協力一致させるためには、一方を主幹とし他方を補翼《ほよく》としなければならな

い。

主幹・補翼を確定する標準は、その軍隊の存廃《そんぱい》が国家の存亡に関する軽重をもってすべきである。

この標準からすれば、陸軍が主幹で海軍が補翼であるべきことは、子供でもたやすく理解できる」

との思想があり、大本営はこのような考え方を背景として編成されていた。

当時の日本海軍は、海洋国家で大海軍国のイギリスを模範として創設時から発展してきており、陸主海従の思想に反感を持ち、大本営の編成に対しても不満が潜在していた。

しかしこの不満は、戦争中の大本営幕僚長がずっと皇族であった関係もあり、表面化することなく戦争を乗り切ることができた。ちなみに熾仁親王が一八九五（明治二八）年一月に死去したあと、小松宮彰仁親王《こまつのみやあきひと》（陸軍大将）がこれを継《つ》いでいる。

海軍側の不満は、戦後になって日清戦史を編纂《へんさん》する過程で表面化してしまったらしい。戦史ははじめ、陸海軍を一本として国家的に編纂するよう考えられた目次も残っているのだが、海軍側が陸主海従の考え方に反発したらしく、現在残っている戦史はすべて陸軍・海軍別々のものである。

山本権兵衛が海軍大臣に就任してから、海軍側の不満を解決しようとの動きが起こってきた。

大本営の幕僚長を陸軍の参謀総長に固定するのを止めて、「特命を受けた将官《しょうかん》」にしようとするのである。

すなわち戦時に大本営を編成する場合に、参謀総長・海軍軍令部長はそれぞれ陸軍・海軍の首席幕僚となり、このふたりの上位に、

「陸海軍の意見を調和し、裁断することのできる徳望・才能・決断力を有する人を臨時に大本営の幕僚長に仰ぐ」

との改定案である。

この改定案は、当時の陸海軍の実情から、きわめて自然な良案であったと思う。

日本の地理的状況や陸海軍の勢力比から、海軍を陸軍の下風に立たせることがすでに物理的に不可能になっている以上、陸海軍にまたがる最高人事は、そのときの状況に応じて陸海軍の中から最適任者を選定するのがよい。

この方法を採用すれば、現実問題としては陸軍の人数が海軍よりも圧倒的に多いので、陸軍出身者が海軍出身者よりも大本営の幕僚長に就任する公算が高く、陸軍出身者が幕僚長になっても海軍側は不満を持たなかったであろう。

しかし、この改定案に当時の陸軍大臣・桂太郎以下が強く反対した。

黄海海戦で、イギリスで建造された巡洋艦群を主勢力とする日本艦隊は、ドイツで建造された「定遠」「鎮遠」を主勢力とする清国艦隊を撃破して勝利を収めたけれども、国家の軍事組織のうえでは、イギリス式の日本海軍が、ドイツ式の日本陸軍を説得することに失敗したのである。

この改定案が出されたのは日清戦争から四年を経過した一八九九（明治三二）年であるが、それから数年間は宙《ちゅう》に浮いたままで、ロシアとの開戦の切迫した時機を迎える。日露戦争に入るにさいし、海軍側に不満の大きい日清戦争当時の「大本営編成」をそのまま適用することは、すでに不可能な状況に立ち至っていた。

せっぱつまった元帥府《げんすいふ》が、明治天皇に意見を奏上《そうじょう》した。元帥府といっても、なかみは陸軍の山県有朋・大山巌《おおやまいわお》のふたりだけである。

その解決法は、適当ではなかった。

参謀総長と海軍軍令部長をともに並立《へいりつ》させて、陸軍と海軍の幕僚長とするのである。新しい戦時大本営条例が公布されるのは、一九〇三（明治三六）年一二月二八日となる。この改定で、戦時における日本の陸軍と海軍の二元《にげん》統帥組織が確定し、定着してしまった。

山県と大山も、二元統帥の危険性を知っていたのだが、統帥の一元性を保持する手段として、軍事参議院という会議組織を考えていた。

緊急事態が連続して生起する戦争で作戦を指導するのに、会議組織などが適切に対応しうるはずがなく、その後の歴史がこれを立証した。

日露戦争での陸海軍の対立はそれほどでもなかったが、昭和に入ると顕著さを加え、太平洋戦争では収拾のできない状況となった。

その国家に与えた損害は、はかり知ることができない。

それにしても、大陸国家ドイツに習った陸軍と、海洋国家イギリスに習った海軍とは、まるで血液型が異なるように、相互に輸血することもできないように発展してしまった。

現在の日本の陸・海・空の自衛隊は、いずれもアメリカに習って発展してきている。この点ではかつての陸海軍よりも条件が良い。

過去の失敗を繰り返さないよう願わずにはおれないわけである。

第3章

日露戦争のシーレーン防衛

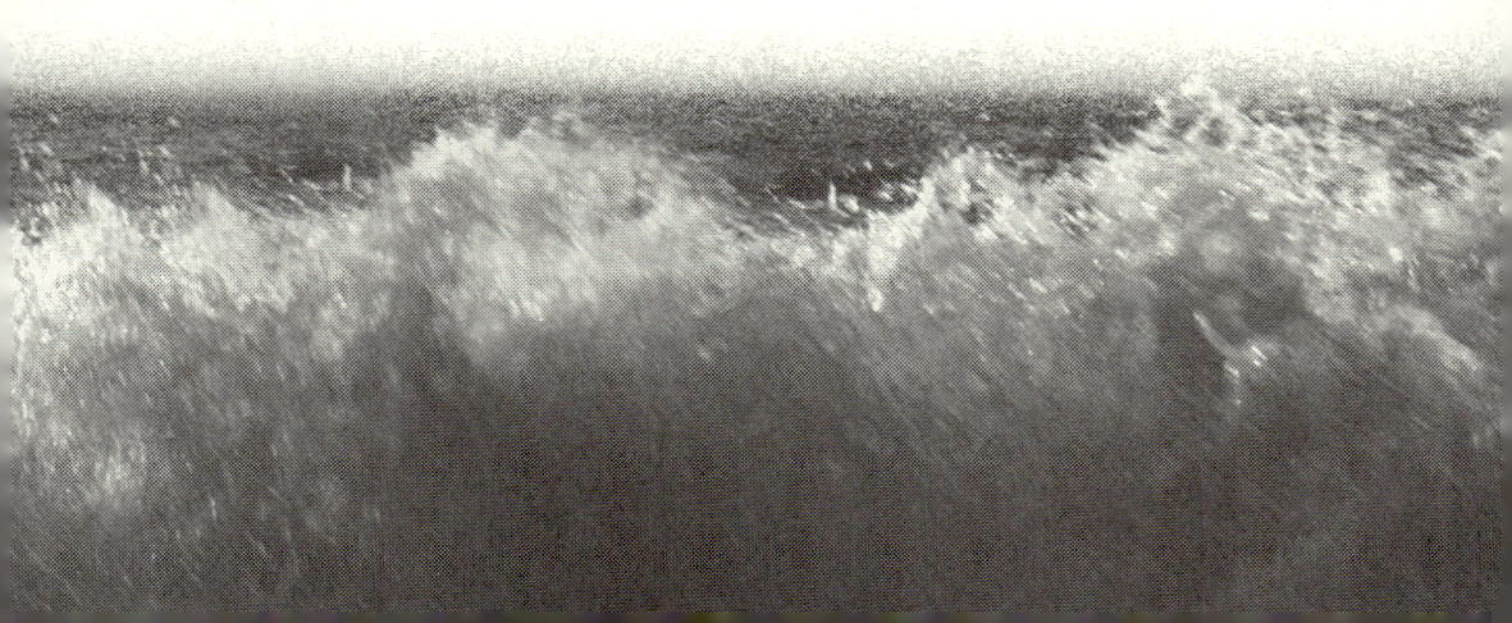

浦塩《ウラジオ》艦隊の初出動と函館《はこだて》のパニック

一九〇四（明治三七）年二月八日から九日にかけての深夜、日本の連合艦隊の駆逐隊は、旅順港外に停泊するロシア太平洋艦隊の主力を夜襲し、また二月九日午後には仁川沖海戦が起こり、日露戦争が始まった。

宣戦の詔勅が発せられたのは、二月一〇日である。

汽船奈古浦《なごのうら》丸（一〇八四総トン）は二月一〇日午後十時十分、米四〇〇〇俵と乗客四人を乗せて、山形県酒田《さかた》港を出港し、北海道に向かった。目的地は小樽《おたる》である。

二月一一日午後十時三十分、ちょうど青森県でもっとも日本海に突出している艫作崎《へなしざき》の正横付近にきたとき、同船は国籍不明の軍艦四隻と遭遇した。

船長は、もよりの陸地まで一〇カイリ以上あるので、逃げられないと観念して総員を甲板上に集め、そのまま進行したところ、やがてロシアの軍艦であることが判明し、進退きわまり速力を減じた。当日は南東の風が強く、波が高かった。

ロシア軍艦は空砲一発を放って奈古浦丸を停止させ、日本船であることがわかると四隻で同船を包囲し、船を見捨てるよう信号したあと、実弾数発を発砲した。

船員と乗客はかろうじて救命艇二隻に移乗したが、砲撃で負傷した船員二人が移乗のときに海中に転落して死亡した。

二隻の救命艇は陸地に向かって漕《こ》ぎ、現場から逃れようとしたものの、ロシア軍艦二隻が左右から徐行しつつ発砲し、やむなく救命艇はロシア軍艦一隻に漕ぎよせ、人員は艦上に収容された。

船長はこのとき、奈古浦丸が船尾より沈み始め、直立して沈没したのを確認している。そのとき同じ海域で、酒田港を出港して同じく小樽に向かっている全勝丸（三二三総トン）も、ロシア軍艦に発見されて砲撃され、傾斜した。

しかし同船は、撃沈をまぬかれ二月一一日夜、渡島《おしま》半島南西端の白神《しらかみ》岬に近い福島港にたどりついた。

ロシア軍艦が全勝丸（載貨《さいか》は玄米）を見逃したのは、ロシア艦隊の出動を広く日本国民に知らせるためであったという。

鱸作崎の海軍望楼《ぼうろう》は、ロシア艦隊を見つけて大本営に報告し、福島の村長は奈古浦丸の沈没と全勝丸の被害を函館支庁に届けた。函館要塞司令部は、ロシア艦隊が二月一一日夜に津《つ》軽《がる》海峡を通過し、一二日朝には小樽・函館を攻撃するかもしれないと、大本営から警告された。

このような情報は、警察や公私の諸機関から、一般国民に伝わり、函館市民はパニック状態に陥り、それが静まったのは二月一三日夕刻に陸軍部隊が到着し、翌一四日に戒厳令《かいげんれい》が施行されてからであった。

さて、ロシア側の状況を見ておこう。開戦のとき、ウラジオストック港には、ロシア太平洋艦隊の支隊があり、その兵力は一等巡洋艦「ロシア」、同「グロモボイ」、同「リューリック」、二等巡洋艦「ボガツイリ」、仮装巡洋艦「レーナ」および水雷艇一八隻であった。

司令官は「ロシア」に座乗する大佐レイツェンシテインで、旅順のロシア艦隊主力が日本の駆逐隊に襲撃されたのを知ると、二月九日に砕氷船《さいひょうせん》を使用して航路を開き、「ロシア」以下四隻の巡洋艦を率いて、津軽海峡方面に第一回の出撃をする（図表13参照）。目的は、日本の連合艦隊を牽制《けんせい》し、日本の沿岸に出没して、シーレーンを脅かすことである。

浦塩艦隊は、天候が険悪となったため、ながく日本の沿岸で行動することを断念し、奈古浦丸の乗員三七人・乗客四人を「グロモボイ」に収容して、二月一四日午後三時、母港へ帰着した。

日本のシーレーン

一八九四（明治二七）年に日清戦争が始まったとき、日本は四一七隻の船舶を保有したが、小型船が多くその総トン数は一八万総トンに過ぎなかった。

この戦争中に、陸軍部隊の輸送などのために合計一〇一隻の船舶を購入または進水させ、これにより約一七万総トンを加えた。

しかし、日清戦争前後に日本の開港場に入港する船舶の大部分は外国船で、イギリスの船舶がもっとも多かった。日本の輸出入の貿易貨物も、大部分は外国船によって運ばれていた。

日本政府は日清戦争後、海運の対外自立を目指してこの業界に手厚い政府補助を行ない、日本の海運業は日露戦争までに飛躍的に発展した。

日露戦争が始まったとき日本は、五九〇隻・六三万総トンの船舶を保有した。日本の開港場に入港する船舶の四〇パーセント近くが日本船となり、ほぼイギリスの船舶の割合と肩を並べた。また、貿易貨物の四〇パーセント近くが日本船により運ばれるようになった。

日本の沿岸航路や中国・台湾への近海航路も整備され、北アメリカへの遠洋航路や上海・香港を通ってヨーロッパに至る定期航路も持つようになった。

ところで日露戦争が始まると、日本陸軍を北朝鮮・遼東半島などに上陸させ、その後方補給を確保することが重要な課題となり、また海軍作戦の補助としても、民船《みんせん》の使用が不可欠となる。

多くの船舶が、陸海軍によって徴用された。その状況を示そう。

開戦時保有　五九〇隻　六三万三七四二総トン
戦争中に購入・進水　一八二隻　三四万二六〇〇総トン
陸海軍徴用　二六六隻　六八万一一八〇総トン

すなわち、船舶の総トン数の約七割が軍事用に使用されたわけである。

日本にとり重要なシーレーンは民需用から軍事用に変わり、もっとも太いものは日本内地から、対馬海峡・黄海を北上するシーレーンとなった。

戦争中といえども、国民生活と国内産業を維持するため、島国である日本の沿岸航路が重要であることは言うまでもない。貨物をもっとも安全に安価に運ぶ手段は、やや時間がかかるけれども、たいていの場合、海上輸送である。

多くの船舶を徴用したので、貿易貨物の大部分は外国船で運ぶほかなかった。開港場に入港する船舶の五〇パーセントがイギリスの船舶となり、日本船の割合は一〇パーセントに低落した。

国際航路はイギリス・ドイツ・アメリカなどの外国船が中心となったけれども、そのシーレーンの確保が戦争遂行上、不可欠であったことはもちろんである。

日露海軍の作戦方針

ロシア太平洋艦隊は、一九〇一（明治三四）年に策定された対日作戦方針に基《もと》づいて、早くから戦備を整《ととの》え、作戦計画を定めた。

艦隊の任務は、渤海・黄海・南朝鮮海域の制海権を保持することである。このため艦隊主力を旅順に置き、日本軍の黄海進入を阻止して朝鮮への揚陸を防ぎ、艦隊支隊をウラジオストックに配備して、日本のシーレーンを攻撃し、日本沿岸に脅威を与え、これにより日本の連合艦隊を牽制して分割することである。

前述の浦塩艦隊の第一回出撃は、このような作戦方針に完全に沿うものであった。

ところで、中将・東郷平八郎を司令長官とする連合艦隊は、開戦初頭に仁川で、ロシアの派遣艦隊を全滅させ、旅順港外の敵主力を夜襲したあと、同港の閉塞《へいそく》作戦を行なうなどして、敵の主力艦隊の封鎖に努力し、なんとか黄海の制海権を保持し、陸軍部隊の輸送と揚陸が可能となった。

浦塩艦隊に対する警戒としては、中将・片岡七郎《かたおかしちろう》の指揮する旧式艦艇から成る第三艦隊（はじめは連合艦隊に属しない独立艦隊）が、対馬の竹敷要港《たけしきようこう》を根拠地として、対馬海峡の防衛に任じた。

片岡は、第五戦隊（二等巡洋艦四隻）・第六戦隊（三等巡洋艦四隻）・水雷艇隊四隊（水雷艇一四隻）などの艦艇で、昼夜にわたって海峡を監視させ、ほかに第七戦隊（砲艦・海防艦など一〇隻）を朝鮮南岸海域に行動させてロシア船舶を捕えるとともに、付近海面を航行する陸軍運送船の保安に任じた。

しかし、第二線艦艇からなる第三艦隊の陣容では、浦塩艦隊の日本のシーレーン攻撃に対して弱体であることが、すぐに判明した。

浦塩艦隊の第二回出撃は、一九〇四年二月二四日である。第一回と同じく巡洋艦四隻の兵力で、元山港と北朝鮮の日本海沿岸海域を偵察したあと、三月一日に帰投《きとう》する。

日本の大本営は、浦塩艦隊の第二回出撃を確認すると、第一回出撃のときの函館のパニックや海運業界の動揺の状況にもかんがみ、連合艦隊の一部をウラジオストック方面に出動させて、敵を威圧することが必要であると考えた。

そこで大本営は、朝鮮北西岸に進出している東郷に対し、その決行を命令し（一九〇四年二月二九日）、独立していた第三艦隊を連合艦隊に編入した。

東郷は大本営の命令を、中将・上村彦之丞《かみむらひこのじょう》が指揮する第二艦隊主力を出動させて実行しようとした。

日本の浦塩威圧と金州丸事件

大本営の希望したウラジオストック方面威圧の作戦は、上村の指揮する一等巡洋艦五隻(第二戦隊)、二等巡洋艦二隻(第三戦隊)が、黄海方面から長駆《ちょうく》して急行し、浦塩港外の結氷区域の薄氷海面から、造船設備などを目標として砲撃を加えた。一九〇四年三月六日の午後であった。

在泊中の浦塩艦隊は、準備を整えて錨をあげたけれども、混雑があって港外に出るのが遅れ、日没のためすでに沖合に出ていた上村と交戦するには至らなかった。

上村は翌三月七日、ふたたび浦塩港に接近して偵察と威嚇《いかく》運動を行ない、そのあと元山・佐世保を経て、旅順方面の作戦に復帰した。

これらの上村のウラジオストック方面への第一次出動は、結果的には効果が不十分であった。

大本営は東郷に対し、好機があればさらに同方面への威圧作戦を行なうよう希望した。

上村の第二次出動は、できれば浦塩艦隊を撃滅することを期《き》し、また遼東半島に集中するロシア陸軍を、ウラジオストック方向に牽制しようとするものであった。

大きな兵力が使用された。一等巡洋艦五隻(第二戦隊)を中核とし、ほかに巡洋艦五隻・駆逐艦四隻・水雷艇七隻・通報艦一隻・特務艦一隻があり、さらに艦隊運送船の金州丸も加わった。

作戦は、元山を主基地として実行され、上村がもっともウラジオストックに接近したのは四月二四日である。

しかし上村は、濃霧のため攻撃ができず、再興を期して元山に帰ったとき、浦塩艦隊の第三回出撃と金州丸の変事を知る。日露の艦隊は、霧のなかで行き違ったのである。

浦塩艦隊の第三回出撃は、新着任の司令官・少将エッセンの指揮するもので、巡洋艦の「ロシア」「グロモボイ」「ボガツイリ」と水雷艇二隻から成り、元山付近の偵察と函館の砲撃を目的とした。

ロシアの二隻の水雷艇は四月二五日、元山港に進入して、汽船五洋丸（六〇一総トン）を魚雷で撃沈した。

このあとエッセンは、水雷艇に対して母港に帰航するよう命じて、自《みずか》らの巡洋艦三隻で津軽海峡に向かおうとしたところ、同日午後十一時ごろ、単独航行中の金州丸と遭遇し、これを撃沈し、予定を変更して四月二七日、ウラジオストックに帰投した。

金州丸は、上村の本隊と同行して浦塩作戦を行なうのが不適であったため、元山で陸軍一個中隊を乗船させ、水雷艇四隻に護衛されて利源（元山の北東八〇カイリの港）におもむき、陸軍部隊を上陸させて、同地域に出没するというロシアの騎兵斥候《せっこう》への威嚇と偵察を行なったあと、陸軍部隊を収容し、荒天《こうてん》のため水雷艇が避泊したので、独行して元山に帰ろうとしていたのである。

上村は四月二六日午後、元山港外に到達したが、ただちに浦塩艦隊の追尾と金州丸の捜索に出動する。だが目的を果たさず、予定されていた浦塩港外への機雷敷設を行なったあと、五月四日に鎮海湾《ちんかいわん》に帰着している。

金州丸の監督官・陸軍中隊長・船長ほかの関係者は、あるいは抑留《よくりゅう》され、あるいは自殺・戦死し、あるいは短艇で朝鮮沿岸に逃れ、浦塩艦隊の名はふたたび、日本国内をふるえあがらせた。

対馬海峡の悲劇

浦塩艦隊による日本のシーレーン攻撃を封殺しようとする、二次にわたる日本のウラジオストックへの威圧作戦は、不成功に終わった。

一九〇四（明治三七）年五月以後、浦塩艦隊に対し、対馬海峡を防衛する任務は、上村の第二艦隊が受け持った。

それまでこの任務を負っていた片岡の第三艦隊は、遼東半島への陸軍揚陸の支援にまわる。

浦塩艦隊の第四回出撃は、旅順・浦塩の艦隊を合した太平洋艦隊司令長官・中将ベゾブラーゾフ直率のもとに行なわれた（図表13参照）。将旗《しょうき》を「ロシア」に揚げ、「グロモボイ」「リューリック」の三隻で、目的は対馬海峡の日本陸軍のシーレーンを襲うことである。

六月一二日に出撃し、果たして一五日に、護衛艦のいない陸軍運送船・和泉丸（三二二九総トン）、同じく常陸丸（六一七五総トン）、同じく佐渡丸（六二二六総トン）を攻撃し、佐渡丸のみは危うく沈没をまぬかれたものの、ほかの二隻を撃沈する戦果を挙げた。

常陸丸・佐渡丸は、それぞれ陸軍部隊一千余人を乗船させて宇品《うじな》を出港し、遼東半島に向かうところで、和泉丸は、遼東半島から宇品に帰る途中であった。

沈没船の関係者は、一部は砲撃により戦死・負傷し、一部はロシア軍艦に収容され、一部は日本の海岸にたどりつき、大部は水死した。常陸丸上の近衛《このえ》後備歩兵第一連隊長・中佐・須知源次郎《すちげんじろう》（輸送指揮官）は軍旗を焼却したあと、笑顔を見せながら自刃《じじん》した。

上村は、浦塩艦隊が海峡に進入したとき対馬の泊地《はくち》に在泊中で、敵発見の報告でただちに全力で出動し、敵を追ったが、濃霧と、浦塩艦隊が遠く北海道方面へ迂回《うかい》して帰投したので（六月二〇日）、日本海西部を捜索していて攻撃の機会がなかった。

浦塩艦隊の第五回出撃も、中将ベゾブラーゾフが直率するもので、第四回出撃のときの巡洋艦三隻に、仮装巡洋艦「レーナ」と水雷艇八隻が加わっていた（図表13参照）。

図表13 ウラジオ艦隊出撃図

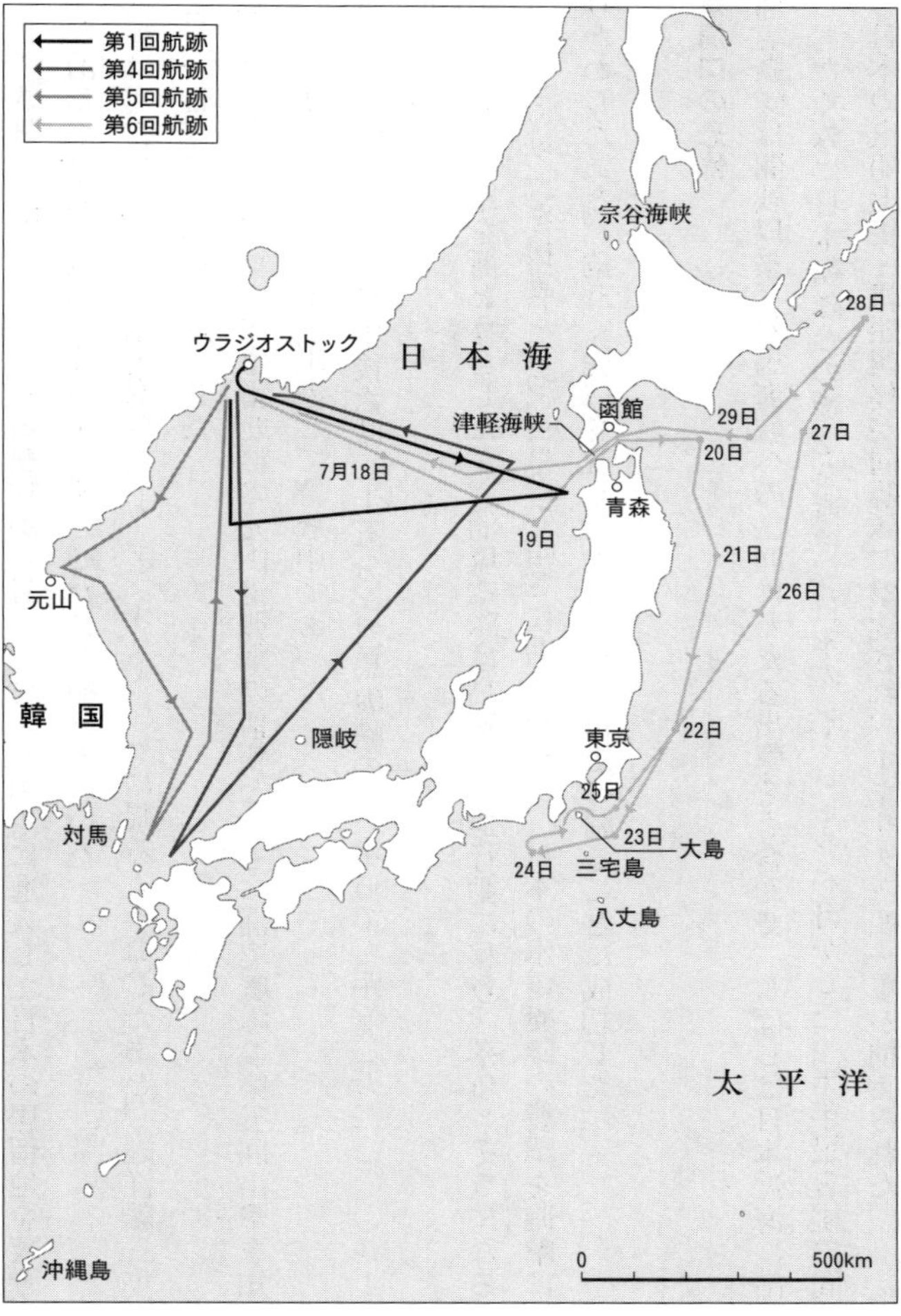

六月二八日に出撃し、まず水雷艇隊が六月三〇日、元山港に進入して日本の居留地を攻撃し、在泊した汽船・帆船の乗員を退船させたあと船体を焼いた。

敵将は、「レーナ」と水雷艇群に、ウラジオストックに帰るよう命じたあと、巡洋艦三隻で七月一日、対馬海峡に進入した。

このとき上村は、ロシア水雷艇群の元山港襲撃の情報とともに浦塩艦隊の第五回出撃を知り、前日朝に対馬の要港を出港して警戒中であった。

日露の艦隊は七月一日午後六時三十五分、対馬海峡の東水道《ひがしすいどう》で、距離二万二〇〇〇メートルで遭遇した。

上村は敵の退路を断《た》とうとしたが、浦塩艦隊は高速で避退《ひたい》行動に移り、落伍《らくご》しそうになる「リューリック」を援護しつつ、日没の暗さに助けられて、日本の水雷艇隊の襲撃を砲撃によりかわしたあと、危うく虎口を脱して七月三日、母港に帰ることに成功した。

東京湾口の恐怖

浦塩艦隊は開戦以来、対馬海峡への二回にわたる出撃をも含んで、しばしば日本近海に出没し、たくみに日本艦隊との遭遇を避け、日本のシーレーンを脅かした。半年足らずの間に、日本の汽船七隻・帆船四隻が同艦隊に撃沈され、イギリス汽船一隻が捕えられた。

しかし、第五回の出撃までは、出撃海域が日本海方面に限られていたのに、第六回出撃では日本の太平洋岸のシーレーンが、ひどく脅かされるに至ったのである（図表13参照）。

第六回の出撃は、少将エッセンの指揮するもので「ロシア」「グロモボイ」「リューリック」からなり、七月一七日に出港してまず津軽海峡に向かった。

エッセンは七月二〇日早朝、海峡を東に流れる海流に助けられて高速力（二二ノット）で津軽海峡を突破し、太平洋に出た。

そこから日本のシーレーンを攻撃しつつ大胆にも東京湾口まで南下し、七月二三日から二五日にかけて、御前崎《おまえざき》・石廊崎《いろうざき》・野島崎《のじまざき》などの沖合で遭遇する船舶をつぎつぎに臨検して攻撃し、北方に去った。

七月二〇日から二五日の間に、浦塩艦隊に臨検された船舶は合計一二隻に達し、そのうち七隻が撃沈され、一隻が捕えられ、四隻が解放された。撃沈された船舶のなかには、イギリス船・ドイツ船各一隻が含まれる。捕えられた船舶は、イギリスとドイツの船であった。

エッセンは、東京湾口で行動したあと、宗谷海峡を通ってウラジオストックに帰ろうとしたが、濃霧と石炭の不足に悩まされて、予定を変更して七月三〇日、ふたたび逆流の津軽海峡を西航し、海峡防備の弱体な日本軍艦とは視界内に入っただけで交戦はなく、八月一日、全世界を驚かせつつ無事に母港へ帰ることに成功した。

参考のために、このとき浦塩艦隊が発見して臨検した船舶をリスト・アップし、その状況と結果を示しておこう。国籍を特記しないものは日本船で「帆船」と記すもののほかはすべて汽船である。

1、高島丸（三一八総トン）
七月二〇日午前、下北《しもきた》半島北方。乗員は短艇で退去し、あと撃沈。
2、サマーラ号（トン数不詳、イギリス船）
七月二〇日午前、北海道恵山《えさん》岬沖。空船《からぶね》でヨーロッパへ帰る途中、解放。
3、喜宝丸（帆船・一四〇総トン）
七月二〇日午後、青森県尻屋崎《しりやざき》東方。撃沈。
4、共同運輸丸（一四七総トン）
七月二〇日午後、尻屋崎東方。婦人・子供を乗せており解放。
5、第二北生丸（帆船・九一総トン）
七月二〇日午後、尻屋崎東方。撃沈。
6、アラビア号（二八六三総トン、ドイツ船）
七月二二日午前、福島県塩屋崎《しおやさき》東方。ポーランドから横浜《よこはま》へ向かう途中で、鉄道材料などを没収し、「グロモボイ」から回航員を出し、宗谷海峡を経てウラジオストックへ回航。

7、ナイトコマンダー号（四三〇六トン、イギリス船）
七月二四日午前、静岡県御前崎南方。ニューヨークから香港・上海を経て横浜へ向かう途中で、鉄道材料を積み、乗員を収容して撃沈。

8、自在丸（帆船・一九九総トン）
七月二四日午後、伊豆《いず》半島南方。撃沈。

9、福就丸（帆船・一三〇総トン）
七月二四日午後、伊豆半島南方。撃沈（乗員は収容）。

10、図南丸（二二六九総トン、イギリス船）
七月二四日午後、伊豆半島南方。マニラから香港を経て横浜へ向かう途中で、砂糖・米を積み、解放。

11、テア号（一六一三総トン、ドイツ船）
七月二五日午前、千葉県野島崎《のじまざき》南方。小樽から多度津《たどつ》へ向かう途中で、魚類を積み、撃沈。

12、カルカス号（六七四八総トン、イギリス船）

七月二五日午前、野島崎東方。カナダのビクトリアから、香港・横浜を経てヨーロッパへ向かう途中で、機械類などを積み、「リューリック」から回航員を出して、ウラジオストックへ回航。

浦塩艦隊が臨検した船舶を、あるときは撃沈し、あるときは捕えて回航、あるときは解放しているのは、当時の慣例的な戦時国際法により、船舶の国籍・出港入港地・搭載貨物（戦時禁制品かどうか）の証明の状況により、それぞれ異なるわけである。

ナイトコマンダー号は、規定からいえばロシアが捕獲すべき船舶であったが、同船の石炭がウラジオストックへ回航するのには不足で、乗員を収容したあと撃沈されたわけである。

日本国内に衝撃を与え続ける浦塩艦隊の出撃を知って、日本海軍はこれを捕捉《ほそく》しようとして必死になった。

大本営は、浦塩艦隊が太平洋岸を西航して東シナ海・黄海に入り、旅順艦隊と合同するかもしれないと考え、対馬にある上村に対し七月二四日午後一時、第二艦隊を率いて宮崎県都《と》井《い》岬に急行するよう命じた。

上村はそのあとも大本営の命令により、九州・四国・関東南方洋上を行動し、浦塩艦隊が津軽海峡を西航したときには、伊豆七島方面にあった。

大本営の考え方に反し東郷は、浦塩艦隊が津軽海峡を西航するものと予想したもののようで、上村に対し七月二四日、津軽海峡西口に直進して敵の帰途《きと》をさえぎり攻撃するよう命じた。

上村は同日、大本営の命令により午後三時に対馬の要港を出港して都井岬に向かって南下しているとき、午後八時に東郷の命令を受領したが、そのまま大本営の命令・指示により行動を続けた。

敵将エッセンは帰航途上で、津軽海峡西口で日本の第二艦隊と交戦することを覚悟していたが、日本の大本営の誤判断により救われる結果となった。

浦塩艦隊の撃破とシーレーン保全

東郷の連合艦隊主力に封鎖されて旅順にあったロシア太平洋艦隊主力は、一九〇四（明治三七）年八月一〇日、日本の封鎖を破ってウラジオストックに逃れようとし、大挙して出撃した。

これを知ったウラジオストックにあるロシアの浦塩艦隊司令長官・中将スクルイドロフは、司令官・少将エッセンに対して、「ロシア」「グロモボイ」「リューリック」を率いて主力を援助するよう命じ、エッセンは八月一二日、母港を出撃して対馬海峡に向かった。第七回の出撃である。

ロシアの主力艦隊は八月一〇日に、東郷と黄海海戦を戦って敗れ、大部は旅順に帰港し、一部は南方洋上などに逃れたが、エッセンはそれを知らずに八月一四日早朝、対馬海峡に近づいた。

黄海海戦の結果により東郷は、対馬にある上村に出撃を命じ、第二艦隊主力は八月一一日対馬から出撃し、対馬海峡を厳守しつつ八月一四日早朝には、朝鮮南東岸の蔚山《ウルサン》沖にあった。

上村の直率する一等巡洋艦「出雲《いずも》」「吾妻《あずま》」「常磐《ときわ》」「磐手《いわて》」の第二戦隊四隻は、一四日午前四時五十分、「ロシア」を先頭とする浦塩艦隊と夜明けとともに視界内に入った。距離一万メートルあまり。

既述のとおり浦塩艦隊は第五回出撃のとき、対馬東水道で上村と視界内に入り逃走に成功したが、そのときはすでに夕刻で、浦塩艦隊は日本艦隊の東北方にあって、距離は二万メートルを越えていた。

しかし、八月一四日の遭遇のときは、夜明けで一万メートルと近距離で、しかも日本艦隊は浦塩艦隊の北方にあってウラジオストック側に位置し、両艦隊とも南下中の遭遇である。

エッセンは速力を増し、東方に急旋回したあと北東に逃れようとしたが、北方に位置する優速の上村と必然的に砲戦となり、乱戦に入る。

激しい砲撃戦が午前五時二十三分から三時間にわたって続き、「リューリック」がまずかじをやられて落伍し、エッセンは他の二艦でもって四度にもわたり「リューリック」を援護しようとして反転を繰り返したが、ついに断念して北方に逃れた。

この蔚山沖海戦の後半には二等巡洋艦「浪速」「高千穂」（第四戦隊）も加勢したので、上村は北へ逃れる「ロシア」「グロモボイ」を午前十時過ぎまで追ったが、「出雲」の弾薬欠乏との報告を聞くと、追撃を断念して、「リューリック」の完全な撃沈を得策と考えて南下した。

「リューリック」では、副長がまず負傷し、ついで艦長が戦死し、かわった水雷長も負傷したあと航海長（大尉）が指揮に任じた。

艦が絶望的なのを知った航海長は、四個のキングストン弁を開いて総員退去を命じ、「リューリック」は一四日午前十時三十分、艦尾から左舷に横転して沈んだ。蔚山の東方四〇カイリであった。

上村が現場に到着したときは、すでに「リューリック」が沈没したあとであった。漂流していた乗員の大部は日本の軍艦に救助された。

上村が追撃を断念した「ロシア」「グロモボイ」も、大きく撃破されていた。エッセンは上村が追撃を打ち切ったのを「意外」と感じた。上村があとしばらく追えば、両艦を撃沈できた公算がある。

両艦の将校の五〇パーセントが戦死し、下士官兵の二五パーセントが死傷していた。両艦は上村と離れたあと海上に停止し、水線部と喫水《きつすい》部の破孔《はこう》をふさいで、八月一六日にようやく母港に帰りつくことができた。

ウラジオストックの工廠《こうしよう》は、「ロシア」「グロモボイ」の修理に努め、一九〇四年一〇月下旬にいちおう完成したものの、一一月上旬に「グロモボイ」が暗礁《あんしよう》に触れて、再度の修理が必要となった。造船所の職工・材料も不足がちになって、やや完全な「ロシア」だけがときどき出港するだけで、浦塩艦隊の士気と行動は、ふたたび日本のシーレーンを脅かすまでにならなかった。

評価と教訓

日露戦争開戦当時の日本艦隊の勢力は、戦艦六隻・一等巡洋艦六隻・二等巡洋艦以下一二隻、ほかに駆逐艦・水雷艇などを加えて総排水量二三万三〇〇〇余トンである（特務艦船を除く）。

これに対しロシア太平洋艦隊の勢力は、戦艦七隻・一等巡洋艦四隻・二等巡洋艦以下一〇隻、ほかに砲艦・駆逐艦などを加えると総排水量は一九万一〇〇〇余トンで、日本側が優勢であるものの それほどの差がない。

日本にとっては既述のとおり、対馬海峡・黄海を北上して陸軍部隊を朝鮮北西岸と遼東半島に揚陸するシーレーンの確保が至上の課題であったので、連合艦隊の大部が旅順のロシア艦隊の封鎖作戦に従事すると、必然的に浦塩艦隊の日本のシーレーン攻撃に対する対応には、兵力不足となった。

この日本側の作戦目的に対応する兵力不足が、浦塩艦隊の活動を許した第一原因であった。もちろん、浦塩艦隊を指揮した太平洋艦隊司令長官・中将ベゾブラーゾフ、それに巡洋艦戦隊司令官・少将エッセンなどが、きわめて優秀な指揮官であったこともその背景にある。

西ヨーロッパの先進海軍国は昔から、戦時には味方のシーレーンを守り、敵国のシーレーンを攻撃することを当然のこととして発展してきた。

鎖国政策が行きづまって、とつぜん国際社会に仲間入りした日本は、急激に海軍勢力が大きくなったものの、シーレーンの攻防についての経験が皆無《かいむ》で、その認識も貧弱であったと言わなければならない。

開戦初期に弱体な第三艦隊で浦塩艦隊に対応しようとし、その第二回出撃を知って急いで第二艦隊を黄海方面から転用したことなどは、このシーレーン攻防についての経験の欠如と無関係ではない。

日本海軍のシーレーン攻防についての認識の不足は、浦塩艦隊の活動を許した第二原因となった。

ところで日本海軍は、浦塩艦隊によるシーレーン攻撃に対する防衛について、つねに対馬の竹敷要港を本拠として、監視と間接護衛のみに重点を置いていた。

しかし、たとえば重要な陸軍部隊を搭載する常陸丸・佐渡丸などの運航は、ある程度の船団を組ませ、危険海域においては海軍艦艇で直接護衛することが必要であったと思う。当時の海軍の兵力を検討しても、このことは可能であったと考える。

もちろんそのためには、陸軍が独自の考えで陸軍船を運用するのではなく、陸海軍間で十分な調整をしなければならない。

太平洋岸を東京湾口まで南下した浦塩艦隊の第六回出撃は、「ロシア」乗組将校の手記によると、「日本の陸軍部隊を搭載した一二隻の運送船が、巡洋艦二隻・戦艦一隻に護衛されて、韓国に向かい横浜を出港する」との情報を受けて、司令長官ベゾブラーゾフが司令官エッセンに出撃を命じた結果であると考えられている。

エッセンが、東京湾口でまず西方の御前崎から回り込み、野島崎へ向け東航している行動は、この情報について首肯《しゅこう》させるものがある。それにしてもこの行動は、浦塩艦隊の自信と士気の高さをうかがわせる。

浦塩艦隊第六回出撃による日本の世論の混乱は、太平洋戦争開戦時に、連合艦隊司令長官・山本五十六が、ハワイ作戦を強硬に主張する一つの理由となった。

山本は、ハワイ作戦を決行せずに、アメリカ艦隊が日本を急襲するような場合には、日本国民の士気が低下するのをどうすることもできないと述べ、「日露戦争浦塩艦隊の太平洋半周における国民の狼狽《ろうばい》はいかなりしか、笑事にはなし」と、当時の海軍大臣あての手紙に書いた。

日本のシーレーンは、蔚山沖海戦で浦塩艦隊を大きく撃破したことにより、きわめて安全となったが、日露戦争開戦後といえども、極東海域のロシアのシーレーンは、かなりの程度で残っていた。

ロシアの貿易港は、ウラジオストックとニコライエフスクが主要なものであった。なかには日本の封鎖を破って、旅順に出入する密輸船も珍しくなかった。

ロシアの戦争遂行に必要な物資を、イギリス・ドイツ・アメリカ・ノルウェー・フランスなどの船舶が、日本艦隊をしり目にロシアの港に運んでいたのである。

ウラジオストックへ入港する船舶は、多くが宗谷海峡を通り、津軽海峡・対馬海峡を通るものもあった。小型船はタタール海峡（間宮海峡）を利用することもできた。

日本海軍は、ロシアの港に入る外国船の情報をかなり入手していたが、一九〇五（明治三八）年初頭に旅順が陥落《かんらく》するまでは、海軍兵力が不足し、これらのロシアのシーレーンに手をつけることがほとんどなかった。

旅順陥落後は、第二艦隊を函館方面を根拠地として作戦させるなどして、戦争終結までに約四〇隻のこれらの船舶を臨検して捕えている。ロシアのシーレーンに対する日本艦隊の行動が、ロシアの戦争遂行能力を低下させたことは、疑問の余地がない。

さて、ロシアのバルチック艦隊が来航して、ウラジオストックに入ろうとしたとき、東郷の指揮する連合艦隊が日本海海戦で敗れたとしたら、その結果はどのようになったであろうか。

一等巡洋艦三隻・二等巡洋艦一隻の浦塩艦隊に対しても、日本は手を焼いた。日本の連合艦隊が敗れ、バルチック艦隊（ロシア太平洋第二艦隊となる。それまでの太平洋艦隊は太平洋第一艦隊と呼ばれるようになった）がウラジオストックに位置すれば、日本のシーレーンは壊滅し、満州の日本陸軍は後方を断たれて孤立し、日本の国民生活と国内産業が崩壊して、日露戦争が日本の敗戦に終わったことは、確実であろう。

ところで日露戦争当時は、シーレーンの攻防はもっぱら水上艦艇によるものであった。敵艦隊を撃滅した方が、完全に優位に立つ。

しかしその後、潜水艦・航空機が急速に発達し、水上艦艇だけを考えていては、シーレーンの攻防を正しく評価できない。

太平洋戦争当時の日本海軍には、日露戦争のときの教訓から、敵艦隊撃滅思想のみが強く尾を引いていた。

日露戦争後の潜水艦・航空機の発達に伴《ともな》って教訓を修正し、とくに第一次世界大戦のシーレーン攻防の歴史から学ぶところが少なかったことが、太平洋戦争の開戦と敗戦の双方に、大きく影響している。

第4章

日本海海戦

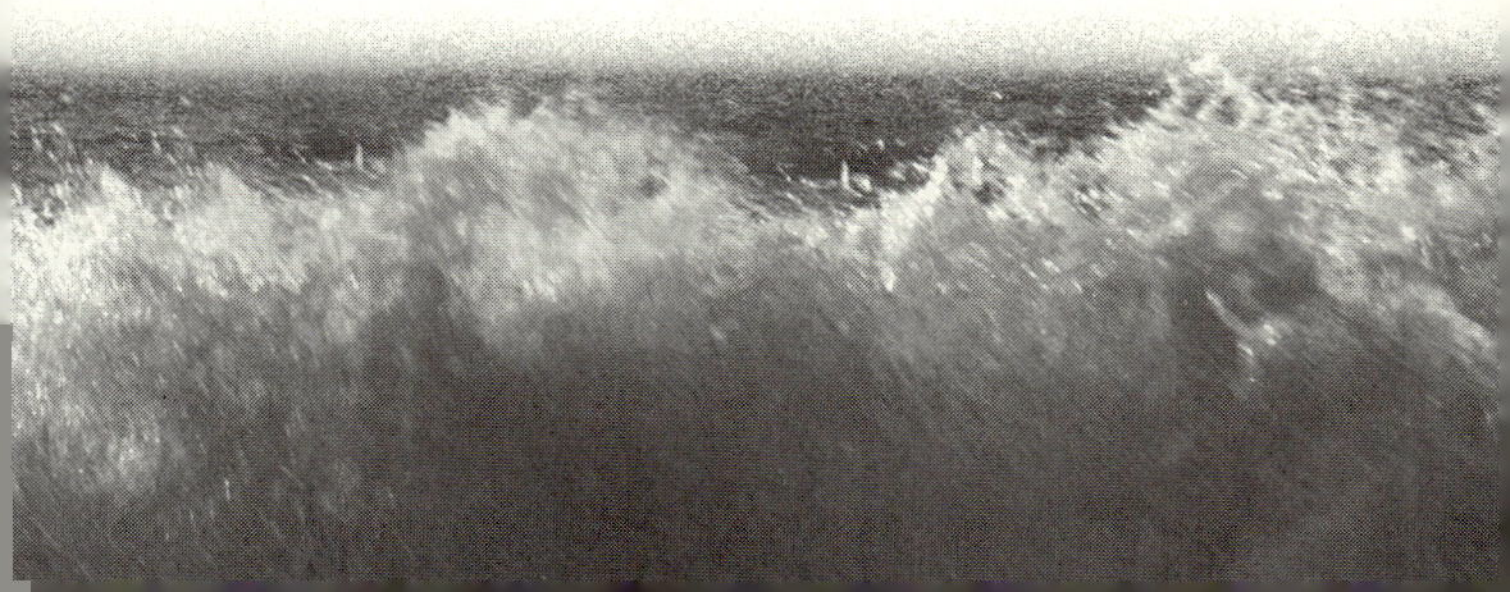

六・六艦隊

日本海軍は太平洋戦争開戦のとき、戦艦「大和」「武蔵」の砲戦力に大きく期待していた。それは当時の世界の海軍国の第一級の戦艦がすべて、軍縮条約時代の規定により四〇センチの口径の主砲を装備していたのに対し、「大和」型の主砲は四六センチで、弾丸の威力が格段に大きいからである。

このほかにもう一つ、日本海軍が「大和」型に望みを託する理由があった。一九一四（大正三）年に開通したパナマ運河は、幅員《ふくいん》一一〇フィート、水深約四五フィートで、閘門《こうもん》の有効幅は一〇八・二五フィートであり、アメリカの戦艦はすべてパナマ運河を通航できるように、最大幅を運河の幅員内に制限して建造されていた（歴史上、パナマ運河を通航できないアメリカ戦艦は一隻も建造されていない）。

ところが「大和」型の最大幅は三八・九メートルもあり、アメリカが四六センチの主砲を搭載する戦艦を建造しようとすれば、その戦艦はもちろん、パナマ運河を通過できない。太平洋と大西洋に艦隊を維持しなければならないアメリカ海軍は、「大和」型に応ずる戦艦を造ると、南アメリカ南端かアフリカ南端を回って戦艦を移動させる必要が起こり、建艦政策上、とうてい日本に対抗することができないであろう、と考えられていたのである。

この日本海軍の期待が、戦艦主兵の時代から航空機主兵の時代に変わった結果、むなしく敗れたのである。

ところで日清戦争後、帝政ロシアの日本への圧迫が強まり、ロシアに対抗する軍備が必要となってきたとき日本海軍首脳部が考えたのは、スエズ運河を通航できないような大戦艦を六隻建造して、ロシア海軍と対決することであった。

当時ロシアの造船所や修理施設は、大部分がバルチック海方面に、一部が黒海方面にあり、太平洋艦隊の主基地である旅順や支基地であるウラジオストックへは、スエズ運河を通って軍艦が派遣され、急速な艦隊の増強が行なわれていた。

スエズ運河は一八六九（明治二）年に開通し、水深七・九メートル、幅員二二メートルであった。一八八五年以降拡張工事が行なわれ、日露戦争前には水深九・〇メートル、幅員六五～八〇メートルになっていた。

パナマ運河では幅員が焦点となったが、スエズ運河では水深が焦点であった。

日本海軍は日清戦争後、戦前に予算が通過している一万二〇〇〇トン級の「富士《ふじ》」「八島《やしま》」に加えて、一万五〇〇〇トン級の新計画戦艦四隻を建造した。

「富士」「八島」は一八九七（明治三〇）年に、これに続く一万五〇〇〇トン級の「敷島《しきしま》」「朝日《あさひ》」は一九〇〇年、「初瀬《はつせ》」は一九〇一（明治三四）年、のちに連合艦隊旗艦となる「三笠《みかさ》」は一九〇二（明治三五）年に、それぞれ完成した。

「三笠」の平均喫水は八・三メートルとなり、スエズ運河を安全に通航することは不可能であった。

日露戦争が始まったとき、日本はこれら新鋭の六隻の戦艦を主力とし、これと密接に協力する一万トン級の一等巡洋艦（装甲巡洋艦と呼ばれることも多い）六隻を保有した。一等巡洋艦の「浅間《あさま》」「常磐」は一八九九年、「八雲《やくも》」「吾妻」「出雲」は一九〇〇年、「磐手」は一九〇一年に完成した。

日本は日露戦争を「六・六艦隊」で戦って勝利を収めたとよく言われるが、それはこの完成後間《ま》もない戦艦六隻・一等巡洋艦六隻を意味している。

ちなみに当時は、最新鋭の軍艦は外国に注文されており、「八雲」がドイツ、「吾妻」がフランスで建造されたほか、あと一〇隻はすべて、イギリスの造船所で建造されている。

ロシアが開戦時保有した最大の戦艦は、一万三〇〇〇トン級の「スウォーロフ」型四隻であり、後述するとおり太平洋第二艦隊の主力となって東航してきたとき、スエズ運河を通航することができないで、遠くアフリカ南端の喜望峰《きぼうほう》を回らなければならなかった。

太平洋戦争のときの「大和」「武蔵」とは異なり、日露戦争のときの六・六艦隊の政策は、大成功であった。

スエズ運河・喜望峰

ロシアは日露戦争開戦時、太平洋艦隊に戦艦七隻を保有し、すべて旅順に置いた。最大なのは「ツェサレウィッチ」で、一万二〇〇〇トン級で日本の新鋭戦艦には及ばなかった。装甲巡洋艦は四隻を旅順に、三隻をウラジオストックに配備した。

旅順艦隊は開戦直後から日本の連合艦隊に封鎖され、ウラジオストックの巡洋艦群がたびたび日本のシーレーンを脅かしたけれども、蔚山沖海戦で撃破されて勢力を失い、一九〇五（明治三八）年元日に旅順が降伏するとともに、太平洋艦隊はほぼ全滅した。

これよりさきロシアの首脳部は一九〇四年四月三〇日、バルチック海にある本国艦隊で太平洋第二艦隊を編成し、東洋へ回航作戦を行なうと発表し、五月二日には、海軍軍令部長心得侍従《じじゅう》将官・少将ロジェストウェンスキーを現職のまま、第二艦隊司令長官に発令した。それまでの太平洋艦隊は太平洋第一艦隊となった。

太平洋第二艦隊は、建造中の軍艦を完成させ、練習航海を終わり、運送船などを集めて編成ができると、首都ペテルブルグに近い軍港クロンスタットを出て九月一一日、フィンランド湾口の軍港レーウェリに集結した。

艦隊派遣に熱意を燃やす皇帝ニコライ二世は、そこで全艦隊を検閲《けんえつ》して激励し、艦隊はさらに拡張工事中の新しい軍港リバウに回航して出撃準備を完了し、一〇月一五日朝、気が遠くなるほど遠く苦しい遠征の途《と》についた。

皇帝は艦隊出港三日後の一〇月一八日、侍従将官でもあるロジェストウェンスキーを中将に進級させた。それはまさに皇帝の艦隊であったが、帝政ロシア末期の艦隊の下層部にはすでに革命思想も入っており、必ずしも士気が高かったとは言えない。

日本の軍艦が襲撃するとのうわさにおびえていた第二艦隊は、北海《ほっかい》を通過中にイギリスの漁船群を誤って砲撃する国際的事件を起こしたあと、一〇月末から一一月はじめにかけて、順次、モロッコのタンジールに到着した。

第二艦隊には七隻の戦艦がいた。

一万三〇〇〇トン級の「スウォーロフ」「アレクサンドル三世」「ボロジノ」「アリヨール」の四隻と、一万二〇〇〇トン級の「オスラービア」、それに一万トン級の「シソイ・ウェリーキー」「ナワリン」の二隻である。

喫水の深い戦艦は、スエズ運河を通ることができない。けっきょく艦隊は二分された。

一万トン級の戦艦二隻を中心とする支隊は少将フェルケルザムが指揮して、スエズ運河を通り、マダガスカル島に向かった。

喫水の深いあと五隻の戦艦を中心とする本隊は、ロジェストウェンスキーが直率して、アフリカ西岸の各地で主としてドイツの石炭船から補給を受けつつ喜望峰を迂回し、マダガスカル島東方を北上した。

主隊と支隊が再会合したのは、一九〇五年一月九日、マダガスカル島北西岸に位置するノシベ島の錨地であった。

ロシア艦隊・最後の出港

旅順にある太平洋第一艦隊が健在なときに、遠征の第二艦隊が日本近海に到着すると、ロシアの両艦隊の勢力は約三五万トンとなり、日本の約二三万トンをかなり上回り、日本艦隊は腹背《ふくはい》に敵の脅威を受けて苦しい作戦となる。

この事態を恐れる日本は、多大の犠牲をいとわず旅順の攻略を急いだが、旅順が落ちて太平洋第一艦隊が全滅すると、第二艦隊の前途は急に暗くなった。

日本は旅順の封鎖作戦中、戦艦「初瀬」「八島」をロシアの敷設《ふせつ》した機雷で失ったけれども、開戦前にイタリアの造船所で建造中のアルゼンチンの一等巡洋艦（七〇〇〇トン級）二隻を購入することに成功し、この「春日《かすが》」「日進《にっしん》」が開戦後しばらくして横須賀に到着したので、触雷《しょくらい》沈没の二隻の代艦《だいかん》とすることができた。

六・六艦隊はいぜんとしてほぼ健在で、ロシア太平洋第二艦隊を待ち受けていた。

ロシアの首脳部では、第二艦隊の遠征続行に論議があり、ロジェストウェンスキー自身も、訓練が不十分でときにはストライキまがいの行動をとる乗員でもって、日本艦隊を撃破するのが至難であることを自覚していたけれども、本国首脳部は遠征の続行を命じた。皇帝としては、帝国をささえるには、第二艦隊が日本近海の制海権を獲得し、満州にある日本の野戦軍の補給路を断つことがぜったいに必要であった。

皇帝はさらに、第二艦隊に編入できなかった残余の艦船でもって第三艦隊を編成し、一九〇五年二月一五日リバウを出港させ、少将ネボガドフを指揮官として第二艦隊を追及させた。

九〇〇〇トン級の戦艦「ニコライ一世」を中心とする第三艦隊は、全艦船がスエズ運河を通過できた。最初の目的地はノシべであった。

満州における奉天《ほうてん》会戦と関連して、ロシアの首脳部は第三艦隊の合同に先んじて第二艦隊の東航を命じ、ロジェストウェンスキーは三月一六日、ノシべ錨地を出港して、フランス領インドシナの良港カムラン湾に向かった。

第二艦隊はインド洋上で、どこにも寄港せずにしばしば洋上に停止し、給炭船から石炭を補給して四月五日、マラッカ水道に入って四月一四日、カムラン湾の外港に投錨した。

当時は日英同盟条約があり、イギリスは中立状態であったけれども、もし日本がロシア以外の第三国から攻撃されるような場合には、イギリスは日本側に立って戦う義務を負っていた。

フランスはロシアの同盟国で、イギリスと同じように中立国であった。ロシア艦隊に好意を寄せてはいるものの、中立国の義務に違反してロシア艦隊を援助することは、はばかられた。

第二艦隊はながくカムラン湾に入港していることができず、同湾北方四〇カイリに位置し、高い山々に囲まれたバン・フォン湾に四月二六日、入泊した。ここが最後の寄港地となった。

第二艦隊を追及していた第三艦隊は、スエズ運河を越えて四月二日、フランス領ソマリアのジブチに到着したが、シナ海に向けて進航するよう命令を受け、インド洋北部を横断して五月一日マラッカ海峡に入り、五月四日にシンガポール沖を通るとき、バン・フォン湾で第二艦隊に合同するよう陸上のロシア官憲から命令を伝えられた。

第三艦隊は湾外に出て漂泊しつつ、第三艦隊を待ち、両艦隊は五月九日、洋上で合同した。

第三艦隊は五月一〇日、第二艦隊は五月一一日、それぞれバン・フォン湾に入泊し、最後の戦備をととのえたあと五月一四日朝、いよいよ対馬海峡に向かって進発した。

八隻の戦艦を保有し、運送船を含めて五〇隻の大艦隊であった（以下、この艦隊を太平洋第二艦隊と総称する)。

目的は、ウラジオストックに入港し、同基地を活用して日本のシーレーンを脅かすことであった。

待ち受ける日本艦隊

ロシアの太平洋第二艦隊の遠征に伴い、ロシアは東南アジアの諸港で軍需品を集めて輸送し、またこの方面のロシア官憲の活動も活発であった。

日本の大本営はロシアの動きを牽制するため、一九〇四年一二月から翌年一月にかけて、まず仮装巡洋艦の香港丸と日本丸をシンガポール、スマトラ、ジャワ、ボルネオ方面に巡航させ、また巡洋艦「新高」を中国南部・台湾・比島方面に派遣した。そして、大部隊が行動しているよう偽装して、偽電をスマトラ島北端のサバンあてに発電したりした。

さらに二月から三月にかけては、中将・出羽重遠《でわしげとお》が、巡洋艦「笠置《かさぎ》」「千歳《ちとせ》」、仮装巡洋艦アメリカ丸と八幡丸、給炭船・彦山丸を率いて、馬公《まこう》、海南島《かいなんとう》、バン・フォン湾、カムラン湾、シンガポール、ボルネオなどを巡航して偵察した。

日本艦隊のこれらの行動は、ロシア側を刺激して神経過敏にさせた。多くの誤った風評も流れて、遠征艦隊の警戒を不必要に厳重にさせるなど、日本側にきわめて有利に作用した。

旅順陥落後の日本の基本方針は、艦隊の整備を万全にして、そのほぼ全力を鎮海湾に置き、敵の太平洋第二艦隊の行動を監視して、機《き》に応じて敵を撃破することである。鎮海湾できたるべき海戦に備えて訓練に励《はげ》み、日本海海戦に臨《のぞ》む連合艦隊の編成をここで示しておくことが必要であろう。

日露戦争のときは太平洋戦争のときと異なり、各戦隊に固有の司令官が発令されているわけではなく、司令官は艦隊司令長官に付属し、ときに応じてその指揮権を発動していた。

第一艦隊

司令長官（連合艦隊司令長官・旗艦「三笠」）　大将・東郷平八郎

　参謀長　少将・加藤友三郎《かとうともさぶろう》

　　首席参謀　中佐・秋山　真之

司令官（旗艦「日進」）　中将・三須宗太郎《みすそうたろう》

司令官（第三戦隊を指揮・旗艦「笠置」）　中将・出羽　重遠

第一戦隊

　戦艦「三笠」「敷島」「富士」「朝日」

　一等巡洋艦「春日」「日進」

通報艦「竜田《たつた》」

第三戦隊

二等巡洋艦「笠置」「千歳」「音羽《おとわ》」「新高《にいたか》」

第一駆逐隊・駆逐艦五隻

第二駆逐隊・駆逐艦四隻

第三駆逐隊・駆逐艦四隻

第一四艇隊・水雷艇四隻

第二艦隊

司令長官（旗艦「出雲」）　中将・上村彦之丞

参謀長　大佐・藤井《ふじい》　較一《こういち》

首席参謀　中佐・佐藤鉄太郎

司令官（旗艦「磐手」）　少将・島村　速雄

司令官（第四戦隊を指揮・旗艦「浪速」）　中将・瓜生《うりゅう》　外吉《そときち》

第二戦隊

一等巡洋艦「出雲」「吾妻」「常磐」「八雲」「浅間」「磐手」

通報艦「千早」

第四戦隊
　二等巡洋艦「浪速」「高千穂」
　三等巡洋艦「明石《あかし》」「対馬《つしま》」
第四駆逐隊・駆逐艦四隻
第五駆逐隊・駆逐艦四隻
第九艇隊・水雷艇四隻
第一九艇隊・水雷艇三隻

第三艦隊
司令長官（旗艦「厳島」）　中将・片岡七郎
　参謀長　大佐・斎藤《さいとう》孝至《こうし》
司令官（旗艦「橋立」）　少将・武富《たけとみ》邦鼎《くにかね》
司令官（第六戦隊を指揮・旗艦「須磨《すま》」）　少将・東郷《とうごう》正路《まさみち》
司令官（第七戦隊を指揮・旗艦「扶桑」）　少将・山田《やまだ》彦八《ひこはち》
第五戦隊
　二等巡洋艦「厳島」「鎮遠」「松島」「橋立」
　通報艦「八重山」

第六戦隊
三等巡洋艦「須磨」「千代田」「秋津洲」「和泉《いずみ》」
第七戦隊
二等戦艦「扶桑」
一等砲艦「高雄」「筑紫」
二等砲艦「鳥海《ちょうかい》」「摩耶《まや》」「宇治《うじ》」
第一五艇隊・水雷艇四隻
第一〇艇隊・水雷艇四隻
第一一艇隊・水雷艇四隻
第二〇艇隊・水雷艇四隻
第一艇隊・水雷艇四隻
付属特務艦隊
司令官（旗艦・台中丸《たいちゅうまる》）　少将・小倉鋲一郎《おぐらびょういちろう》
仮装巡洋艦・水雷母艦・仮装砲艦・工作船・病院船など二四隻

丁字《ていじ》戦法

日本海海戦において東郷が、「東郷ターン」とも俗称される「丁字戦法」を採用して大勝したことはよく知られているが、この戦法はそのとき東郷が考えついたものではなく、日露戦争前からすでに連合艦隊の「戦策」のなかで規定されていた戦法であった。

明治三七（一九〇四）年一月九日付の連合艦隊戦策中の、その部分を見ておこう。

1、第一戦隊は、もっとも攻撃しやすき敵の一隊を選び、その列線《れっせん》に対して左記のごとく丁字をえがき、なるべく敵の先頭を圧迫するごとく運動し、かつ臨機、適宜の一斉《いっせい》回頭を行ない、敵に対し丁字形を保持するに努《つと》むるものとす。

2、第二戦隊は、第一戦隊の当たれる敵を叉撃《さいげき》または挟撃《きょうげき》するの目的をもって、敵の運動に注意し、あるいは第一戦隊に続航し、あるいは反対方向に出て、左図に示すがごとくなるべく第一戦隊とともに、敵字をえがく方針をもって、機宜《きぎ》の運動をとり、わが両戦隊の十字火をもって敵を猛撃するに努むるものとす。

この戦策は、東郷の司令長官への発令とほぼ同時に、海軍大学校兵術教官から連合艦隊作戦参謀に転じ、やがて首席参謀に昇格した秋山真之の起案したものであるが、第二戦隊が加わる場合の戦法を、丁字戦法を発展させて乙《おつじ》字戦法と称していた。

当時の軍艦の主砲の砲塔や舷側の副砲は、キール線方向に砲撃力を集中することができず、最大の火力を集中できるのはキール線の正横方向であった。

丁字・乙字戦法は、運動の容易な指揮官先頭の単縦陣で、砲撃力を発揮するのにもっとも有利な戦法である。

旅順艦隊が脱出しようとしたとき生起した黄海海戦（一九〇四年八月一〇日）では、東郷の直率する第一戦隊は、敵がウラジオストックに向かうことを見抜けずに、丁字戦法の採用に失敗し、また上村の第二戦隊は対馬海峡にあって乙字戦法を実用する機会がなかった。

ロシア太平洋第二艦隊の東航に備え、連合艦隊司令部は一九〇五年四月一二日付で、その戦策を改定した。戦法の基本は、

「単隊の戦闘は丁字戦法、二隊の協同戦闘は乙字戦法に準拠するものとす」

とされて、変化がなかった。

連合艦隊戦策は、そのあと四月二一日と五月一七日、五月二一日の三回、追加や修文があるが、二〇ノット以上の優速艦から成る第三戦隊は、ロシアの新式快速巡洋艦（「スウェトラーナ」「イズムルード」など）を攻撃して撃滅する任務を与えられている。

ロシア艦隊の砲火集中戦法

日本の丁字戦法に対しロシア艦隊は、どのような戦法を採ろうとしたか。

ロジェストウェンスキーは、マダガスカル島にいた一九〇五年一月二三日、戦法についての基本命令を発出したので、示しておく。

1、敵の艦隊もし縦陣に在《あ》るときは、その先頭より数え、横陣に在るときはその右翼より数えて、敵軍艦の番号を信号により指示すべし。しかるときはこの番号に向かい、なるべく全戦隊の砲火を集中すべし。

2、もし特別に信号をもって示さざるときは、旗艦にならい敵の嚮《きょう》導艦《どうかん》もしくは旗艦に向かい、なるべく砲火を集中すべし。

ロシア艦隊も日本艦隊と同じように、指揮官先頭の単縦陣で、戦艦隊の砲撃力を日本の主要な軍艦に集中しようとしていたが、日本側の丁字戦法のほうが、より検討の深い論理的なものであったことは、争われない。

丁字戦法の採用には、日本側はロシア側よりも優速であることが必要である。

ロシアの戦艦「スウォーロフ」型は一八ノットで、「ニコライ一世」などはせいぜい一五ノットであり、しかもロシア艦隊は本国のリバウ軍港を出てから長い期間、まったくドックに入る機会がなかった。

日本の六・六艦隊は、戦艦がすべて一八ノットを越え、一等巡洋艦が二〇ノットを越えている。しかも旅順陥落後、すべての軍艦がドックに入って艦底を洗った。

さらにロシア艦隊は劣速のうえ、足手まといの運送船などを伴っている。この点日本艦隊は、日本近海で満《まん》を持《じ》し、きわめて優位な立場にあったわけである。

千慮《せんりよ》の一失《いっしつ》

五月一四日にバン・フォン湾を出撃した太平洋第二艦隊は、翌日には戦闘に備えて艦砲《かんぽう》射撃を施行し、五月一九日にはルソン海峡を通過して太平洋に出た。

ついで五月二二日午後、沖縄本島と宮古島《みやこじま》の間で、南西《なんせい》諸島線を突破していよいよ東シナ海に入った。

ロジェストウェンスキーは二二日午前、仮装巡洋艦「テレーク」と「クバーニ」を艦隊から分離し、日本本土の東方洋上を航行するよう命じた。もちろん、艦隊の対馬海峡通過を秘し、日本を牽制するための陽動《ようどう》作戦である。

この企図は、当時の日本側の実情からすると、きわめて適切な処置であった。

しかし、両艦の艦長の勇気が足りなかった。あまりにも本土から離れて航行したため、日本側にまったく発見されず、したがって陽動作戦の効果を挙げずに、のちにそのまま本国に帰っている。

第二艦隊はルソン海峡通過に先んじて五月一八日、洋上に停止して石炭補給を行なったが、南西諸島線を越えたあと五月二三日、ふたたび洋上に停止して石炭を満載した。

この石炭満載は極端なもので、ある艦のごときは積載量の二倍に達したという。

各艦の喫水線は大きく下がり、決戦当日の戦闘で、速力・射撃・応急処置などに不利を及ぼしている。

なおロシア側にとって不幸なことに、「オスラービア」に座乗する司令官フェルケルザムが、かねて病気のところ、この五月二三日、ついに死去した。

この事実は、士気の低下を恐れて、艦隊内でかたく秘《ひ》された。

ロジェストウェンスキーは五月二五日午前八時、上海の東方六〇カイリの地点で、役目を終えた運送船六隻を仮装巡洋艦二隻に護衛させて、上海港外のウースンに離した。

これはロシア側にとって、千慮の一失であった。

このとき日本側は、ロシア艦隊の位置がまったくわからず、津軽海峡方面に回ったと判断する者が多く、鎮海湾を捨ててまさに津軽海峡西口に向かおうとの論議が白熱し、回航準備を進めていた。

ウースンに到着した運送船の情報は、日本側に貴重な判断資料を与えるのだが、ロジェストウェンスキーは、役目を終えた運送船を、対馬海峡通過が完成するまで洋上に留《とど》めておくべきであった。

さて運送船六隻を離してやや身軽になった太平洋第二艦隊は、そのまま対馬海峡（東水道）を目ざした。

日本の水雷艇の夜間襲撃を恐れて、日本の沿岸を日中に航行しようとし、五月二七日正午の艦隊の位置を対馬海峡中央と定めた。

さて、このときの太平洋第二艦隊の編成を示す必要があろう。

司令長官・中将　ロジェストウェンスキー、参謀長・大佐　コロン

第一戦艦隊

司令長官直率（旗艦「スウォーロフ」）

戦艦「スウォーロフ」「アレクサンドル三世」「ボロジノ」「アリヨール」

第二戦艦隊

司令官・少将　フェルケルザム（会戦《かいせん》前に旗艦「オスラービア」で病歿《びょうぼつ》）

戦艦「オスラービア」「シソイ・ウェリーキー」「ナワリン」
装甲巡洋艦「ナヒーモフ」
第三戦艦隊
司令官・少将　ネボガドフ（旗艦「ニコライ一世」）
戦艦「ニコライ一世」
装甲海防艦「アプラクシン」「セニャーウィン」「ウシャーコフ」
巡洋艦隊
司令官・少将　エンクウィスト（旗艦「オレーグ」）
第一巡洋艦隊
防衛巡洋艦「オレーグ」「アウローラ」
装甲巡洋艦「ドンスコイ」「モノマーフ」
第二巡洋艦隊
防護巡洋艦「スウェトラーナ」
巡洋艦「アルマーズ」「ジェムチウグ」「イズムルード」
駆逐隊（総駆逐隊は戦艦隊に付属している）
第一駆逐隊・駆逐艦四隻

第二駆逐隊・駆逐艦五隻

運送船隊

指揮官・大佐　ラドロフ

仮装巡洋艦「ウラール」

工作船「カムチャツカ」

運送船五隻

病院船二隻

宗谷・津軽・対馬海峡

日本にとって、ロシアの太平洋第二艦隊が宗谷・津軽・対馬のいずれの海峡を通るかは、致命的に重要な課題であった。

三井物産合資会社の雇用する第二オスカル号（ノルウェー船籍）は五月一七日、マニラを出港して、長崎県の「口《くち》ノ津《つ》」に向かった。

同船は五月一九日早朝、ルソン海峡でロシア艦隊に遭遇して臨検され、三時間後に解放された。

同船が口ノ津に到着したのは五月二三日で、臨検の事実と臨検士官が「台湾東方を経て対馬海峡に向かう」と述べたことが報じられた。

この情報はまず大本営に達し、同日中に鎮海湾の連合艦隊司令部に伝えられた。

五月二五日夜中までに日本側が敵艦隊について得た情報は、バン・フォン湾からの出発とこの情報だけであった。

臨検士官の言明は、もちろん信用できるものではない。はかりごとかもしれない。

経過の時間から考えて五月二四日になると、連合艦隊司令部の参謀長・加藤友三郎と首席参謀・秋山真之は、敵艦隊は津軽海峡に向かったものと信じ、連合艦隊の大部を日本海を北東進させて津軽海峡西口に向けようとして着々と準備を進めていた。

これに対し、大本営と第二戦隊を率いる第二艦隊司令官・島村速雄と第二艦隊参謀長・藤井較一は、鎮海湾に留まるべきだとの意見を持っていた。

第二艦隊首席参謀・佐藤鉄太郎は、敵が津軽・対馬のどちらを通っても、ウラジオストック入港までに戦えるよう、隠岐《おき》諸島の島前《どうぜん》に移るべきだとの考えを持っていた。

東郷は、敵が対馬海峡を通る可能性が大きいとは考えていたものの、連合艦隊の北方移動の「密封命令」を決裁《けっさい》して発出し、二五日には「二六日正午」までに敵艦隊を見ない場合には、二六日夕刻から北方への移動を開始する旨、大本営に報告している。

このようなとき五月二五日夕刻、ロシア艦隊の仮装巡洋艦・運送船八隻がウースンに入港。この情報は二六日午前零時五分、東京の大本営に達し、二六日夜明けには連合艦隊司令部に伝えられた。

これによって、連合艦隊司令部の北進論はにわかに中断された。やがて情報が続いて、二六日夕刻までにはロシアの大艦隊が東シナ海にあることがほぼ確認されたのである。

日本側にとっては、きわめて幸運な敵の失策であった。

陣形を乱したロシア艦隊

五月二七日夜明けまえ、連合艦隊は五島《ごとう》列島と済州島《さいしゅうとう》の間に巡洋艦二隻（第六戦隊）と仮装巡洋艦四隻を配備し、第三戦隊がその北方を警戒していた。

ロシア太平洋第二艦隊は、偵察の巡洋艦三隻を前方に配備し、戦艦隊と巡洋艦隊が二列縦陣となり、運送船隊などがこれに従って日本の哨戒《しょうかい》線に接近した。

この日は深いもやが立ちこめていた。

仮装巡洋艦・信濃《しなの》丸は〇二四五、一汽船を発見して接近し、船尾に回りこんで確認しようとしたところ、やがて自身が敵艦隊のまっただ中にいることに気付いた。

敵艦隊発見の第一報告は〇四四五、信濃丸によって打電され、つづいて敵が対馬東水道に向かう旨が報ぜられた。

このとき「三笠」は鎮海湾にあり、第一・第二艦隊は湾外の加徳水道《かとくすいどう》に、第三艦隊は対馬の尾崎湾にあった。

全艦隊はただちに出動態勢に入り、東郷は秋山の起案になる、

「敵艦見ゆとの警報に接し、連合艦隊はただちに出動、これを撃滅せんとす。本日天気晴朗なれども波高し」

との有名な電報を大本営に打電する。

信濃丸についで巡洋艦「和泉」は〇六四五、敵艦隊との触接に成功し、つぎつぎと敵の動静を報じた。

一〇三〇までには、第三・第五・第六の各戦隊が敵と触接し、敵の側方または前方に占位して監視を強めた。

ロジェストウェンスキーは、日本艦隊がつぎつぎに現われるのを見て、決戦の避けられないのを知り、午前十一時を過ぎると第一・第二戦艦隊は速力を増して第三戦艦隊の前方に出て、予定の一本棒の戦闘陣形に転じようとし、巡洋艦隊は後方に下がり運送船隊を援護しようとした。

一二〇〇、ロシア艦隊は予定のとおり、対馬東水道の中央に達した。

このとき出羽の率いる第三戦隊は第四駆逐隊とともに、敵の陣形変換を確かめるため、敵

艦隊の前方を横断するような針路を採った。

この行動をロジェストウェンスキーは、浮流機雷を投下する運動と錯覚し、第一戦艦隊の四隻を横陣として広正面でこれを撃退しようとした。

そのため第一戦艦隊を右九〇度に変針させ、ついで左九〇度に一斉回頭して、単横陣を作ろうとする。

左九〇度に一斉回頭するとき、二番艦「アレクサンドル三世」は運動を誤り、一番艦「スウォーロフ」に続行してしまった。

三番艦「ボロジノ」、四番艦「アリヨール」は、いったん一斉回頭して単横陣になろうとしたが、けっきょく二番艦に続行してしまった。

こうして第一戦艦隊は意図された単横陣とならず、第二・第三戦艦隊と二列の縦陣となってしまう。

陣形が乱れたそのとき、ロジェストウェンスキーは、前方を右から左に横断して進む東郷の主力部隊を発見した。一三三〇である。

第一戦艦隊は増速し、第二・第三戦艦隊は減速して、ふたたび一本棒になろうとする。

この陣形運動が終了するまえに、艦隊は決戦に突入してしまう。

ロシアにとっては不運な時刻であった。

決戦

一三〇〇、対馬・壱岐《いき》と三角形を成す沖ノ島《おきのしま》の北方に達し、主力部隊の六・六艦隊の先頭「三笠」に立つ東郷平八郎は、ついに一三三九、南はるかに二列縦陣の敵艦隊を発見した。

東郷は西方に変針し、一三五五、「皇国の興廃《こうはい》、此《こ》の一戦にあり。各員一層《いっそう》奮励努力せよ」を意味するZ信号旗を掲げた。

一四〇二、東郷は針路を南西微南《なんせいびなん》とし、敵と反航通過するようよそおった（図表14）。

一四〇五、敵先頭艦との距離八〇〇〇メートルになったとき、東郷は急に「三笠」を左に大回頭させて東北東に変針させ、第一・第二戦隊の各艦がこれにならった。

いわゆる丁字戦法の採用である。

第三・第四・第五・第六の各戦隊は、南下して敵の後尾を攻撃しようとする。

北東に進むロジェストウェンスキーは、「三笠」の回頭を見ると好機の到来と信じ、全艦隊に戦闘開始を令した。

「スウォーロフ」は第一弾を一四〇八、距離七〇〇〇メートルで「三笠」に向けて発砲し、これにならう数艦の弾着《だんちゃく》の水柱で、「三笠」は艦影を没するほどであった（図表15）。

東郷はしばらく応戦せず、一四一〇、射距離六〇〇〇メートルになると、はじめて「三笠」に発砲を令《れい》し、各艦がこれにならった。

このときロシア艦隊は、一本棒への陣形運動がまだ終わらず、二列縦陣のそれぞれの先頭にある「スウォーロフ」と「オスラービア」が、六・六艦隊の集中攻撃を受けた。

勝敗はほぼ、三十〜四十分の間に決した。

「オスラービア」がまず大火災を起こし、「スウォーロフ」とこれに続く各艦も火災にかかり、ロシアは針路を東から南東へと圧迫され、陣形も乱れる。

一四五〇、一弾が「スウォーロフ」の司令塔に命中して、ロジェストウェンスキーは重傷を負い、同艦はかじを破壊されて列外《れつがい》に落伍した。一五〇七、「オスラービア」は艦首から、艦尾を空中高くかかげて沈没する。

日本艦隊にもかなりの命中弾があったが、陣形が乱れるようなことはなく、ロシア艦隊はほとんど乱軍状態に陥り、いったんは南方に圧迫されたが、そのあと単艦または数艦で必死にウラジオストックに向かおうとした。

第一・第二艦隊はこのあと日没までに、残存の敵艦隊主力と二回にわたって砲戦を交《まじ》え、丁字・乙字戦法を採り、「アレクサンドル三世」「ボロジノ」を撃沈した。この沈没艦の乗員で生存し得たのは、海中から日本の駆逐艦に拾われた「ボロジノ」の水兵一人だけで、ほかは総員が海中に沈んだ。

図表14 日本海海戦・艦隊の動き（27日 14:00）

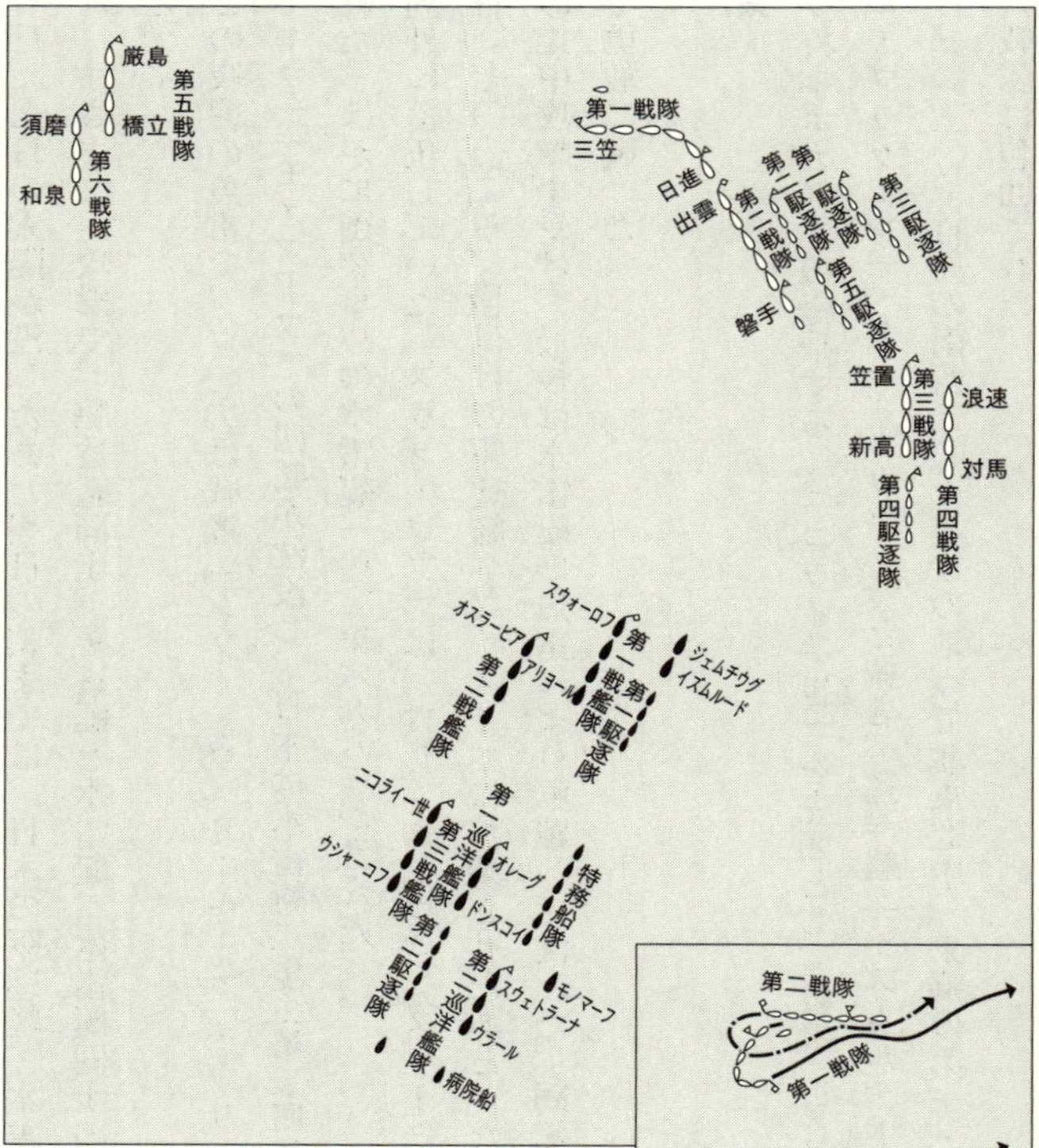

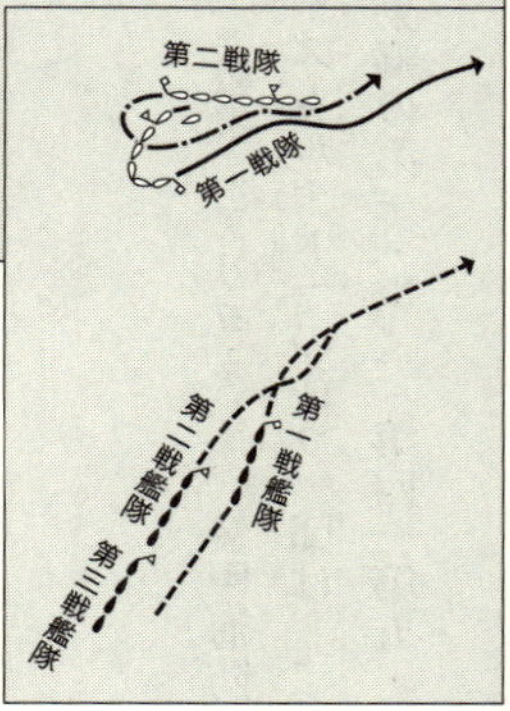

図表15 同・艦隊の動き（27日 14:08）

五月二七日の太陽が没したあと翌日の朝までは、日本の駆逐艦・水雷艦の夜襲の連続であった。すさまじい攻撃で、駆逐艦同士、駆逐艦と水雷艇、水雷艇同士の三件の衝突事故があった。

この夜襲の魚雷で、ロシアは戦艦「シソイ・ウェリーキー」「ナワリン」、装甲巡洋艦「ナヒーモフ」「モノマーフ」の四艦が沈没し、日本は水雷艇二隻（第三四号・第三五号）が撃沈された。ほかに衝突事故の水雷艇一隻（第六九号）が沈んだ。

列外に落伍していた「スウォーロフ」は、ロジェストウェンスキーほかの司令部職員を二七日一七〇〇ころ、横付けの駆逐艦「ブイヌイ」に移乗させたあと、なおも日本の巡洋艦ほかの集中攻撃を受け、最後は水雷艇の魚雷により転覆して沈んだ。同艦は最後の一門・一兵まで勇敢に戦った。

結末

少将ネボガドフの座乗する「ニコライ一世」を先頭とし、戦艦「アリョール」、装甲海防艦「アプラクシン」「セニャーウィン」と続き、巡洋艦「イズムルード」の従う一団は、二八日一〇三〇、竹島の南西二〇カイリの地点で北東進中、東郷の第一・第二・第四・第五・第六戦隊に包囲された。

第一・第二戦隊が八〇〇〇メートルで砲火を開いても、ネボガドフは戦闘旗を掲げず、かわりに降伏の信号を挙げた。

列艦も旗艦にならって降伏の信号を掲げ、「イズムルード」のみが優速を頼んで東方に逃走した。

第六戦隊とたまたま来会した巡洋艦「千歳」（第三戦隊）がこれを追ったが、北方に逸《いっ》した。

降伏の四艦は捕獲され、「アリヨール」は舞鶴《まいづる》に、ほかは佐世保に回航された。「イズムルード」はのちに、沿海州で座礁した。

ロジェストウェンスキーを移乗させた駆逐艦「ブイヌイ」は、損傷と石炭不足のためウラジオストックまでの航行が不可能となり、日本の海岸に司令長官を上陸させたあと爆沈しようとして、日本の海岸に向かって航走中、装甲巡洋艦「ドンスコイ」の一団と会合した。

ロジェストウェンスキーはここで、駆逐艦「ベドウイ」に移乗し、ほかの駆逐艦一隻とともに北方に逃れたものの、日本の駆逐艦二隻に発見されて追撃され、「ベドウイ」は降伏し、ほかの一隻はウラジオストックに到着した。

さてここで、海戦の結末を記しておこう。

日本海海戦に参加したロシア艦隊は、運送船隊を含めて三八隻であるが、目的のウラジオストックに到着したのは、巡洋艦「アルマーズ」と駆逐艦二隻だけであった。
残りの三五隻の結末を見ておこう。

日本艦隊に撃沈されたもの（一六隻）
戦艦「スウォーロフ」「アレクサンドル三世」「ボロジノ」「オスラービア」「シソイ・ウエリーキー」「ナワリン」
装甲巡洋艦「ナヒーモフ」「モノマーフ」
装甲海防艦「ウシャーコフ」
防護巡洋艦「スウェトラーナ」
駆逐艦三隻
仮装巡洋艦「ウラール」
工作船「カムチャツカ」
運送船一隻
日本艦隊に撃破され自沈したもの（四隻）
装甲巡洋艦「ドンスコイ」
駆逐艦二隻

運送船一隻
座礁して自沈したもの（一隻）
巡洋艦「イズムルード」
日本艦隊に捕獲されたもの（六隻）
戦艦「ニコライ一世」「アリヨール」
装甲海防艦「アプラクシン」「セニャーウィン」
駆逐艦「ベドウイ」（ロジェストウェンスキー座乗）
病院船一隻
マニラに入港しアメリカに抑留されたもの（三隻）
防護巡洋艦「オレーグ」「アウローラ」
巡洋艦「ジェムチウグ」
上海に入港し中国に抑留されたもの（三隻）
駆逐艦一隻
運送船二隻
ロシア本国に帰航したもの（二隻）
運送船一隻

病院船一隻

この海戦に参加した日本艦艇の喪失は、水雷艇三隻だけである。前記のとおり、二隻が撃沈され、一隻が衝突事故のあと沈没した。

ロシア側は戦死が約五〇〇〇人、捕虜になったもの約六〇〇〇人、中国に抑留されたもの二〇〇〇人以上なのに対し、日本側は戦死が一一〇余人、負傷が五八〇人に過ぎなかった。

歴史上にその例を見ない日本の完勝であった。

評価と教訓

ロシア太平洋第二艦隊が一九〇五年四月中旬、フランス領インドシナに到着したときから、日本のシーレーンは重大な脅威にさらされた。

関係の海上保険料率は暴騰《ぼうとう》し、しかも香港から西の通商はほとんど止まってしまった。

日本の貿易は急激に落ち込み、株式は暴落し、経済界は恐慌をきたした。

日本の海軍軍令部はもともと、ロシア艦隊が物資の豊富な台湾付近・中国南部・南洋地方などの一区域を占領し、持久作戦を継続し、好機を待ってウラジオストックに入港しようとするかもしれないと考えていた。

敵がこのような作戦をとれば、日本のシーレーンはつねに危なく、日本の経済は持久力がないので、日本艦隊はやむなく進攻作戦を強《し》いられるであろう。

ロシアにとってとるべき方針は、この方法ではなかったか。

日本海海戦に参加したロシア艦隊は、運送船隊を除いて約一五万トンで、艦体はよごれ、乗員は疲れ、訓練も不足であったのに対し、日本艦艇は特務艦隊を除いて約二一万七〇〇〇トンに達し、艦体は整備され、乗員は十分の休養と訓練により、士気は高く最高の好条件にあった。

決戦の機会さえとらえれば、日本艦隊が勝つのは当然であった。

ロシアの艦船はしばしば火災を起こしているが、石炭を満載していたことのほかに、日本側が使用した伊集院《いじゅういん》信管・下瀬《しもせ》火薬などが優秀であったことも、無関係ではない。

日本の大勝の直接の動機が、東郷による丁字戦法の採用であったことは、論をまたない。

この戦法はかねて計画されていたものではあるが、あの時点のあの位置での決行は、もちろん東郷の決断にかかっており、それは東郷の人格と信念の象徴であった。

ロシア艦隊が対馬海峡を突破するのであれば、「東郷のしかばね」を乗り越えて行け、との心の奥の現われと見なければならない。

戦艦二隻・装甲海防艦二隻を率いて降伏した司令官ネボガドフと三人の艦長（「アリョー

ル」艦長は戦死）は、皇帝に許されず、帰国したあと軍法会議の裁判で死刑を宣告された（のち特赦《とくしゃ》されて禁錮《きんこ》一〇年）。

絶望的な戦闘から乗員の生命を救うとの名分《めいぶん》は理解できるものの、軍人としては少なくも、自沈の手段を講《こう》じて艦体を戦利品として敵に渡すべきではなかった。

日本海海戦のあと三六年が経過して、日本は太平洋戦争に突入する。

この戦争は陸軍よりも海軍の責任の大きい戦争であったが、開戦するかどうかを決定する海軍の責任者は、海軍大臣・嶋田繁太郎《しまだしげたろう》と軍令部総長・永野修身《ながのおさみ》であった（一九三三年に、海軍軍令部長は軍令部総長の名称となる）。

組織機構が明示する責任者はこのふたりであり、このとき海軍の組織は正常に機能していたので、実質的な責任者もこのふたりであったと判定しなければならない。

嶋田は日本海海戦の半年まえに海軍兵学校を卒業し、海戦のときには少尉候補生として巡洋艦「和泉」（第三艦隊第六戦隊）に乗組み、艦橋にあって艦長を補佐する任務にあった。

「和泉」は、信濃丸がバルチック艦隊を発見したあと、哨戒艦として敵艦隊に触接して、つぎつぎに適切な情報を送りつづけて殊勲《しゅくん》艦となった。

永野は海戦のときには海軍大尉で、第二艦隊第四戦隊の司令官・瓜生外吉の副官《ふくかん》を務めていた。乗艦は巡洋艦「浪速」である。

永野は「浪速」艦橋にあって、海戦の実情をその目で追い、ネボガドフの率いる敗残のロシア艦隊が降伏するときには、その包囲陣の一翼をになっていた。

この海戦の勝利の栄光が、ふたりの心の奥に強烈な印象を与えたことは疑いをいれない。太平洋戦争への参戦の岐路《きろ》に立って、かつての青年時代の衝撃がどのように作用したであろうか。

この問題をすこし追究してみよう。

日本海海戦の日本の勝利があまりにも完全であったので、世界の海軍国は目をみはり、大砲の威力が海戦の勝敗を決する最大の要素であったことを痛感する。

この認識が誘引となって、世界の建艦競争は、いわゆる大艦巨砲主義の時代に入っていく。

日本海軍は日露戦争のあと、日英同盟を海軍政策の柱とすることを続け、戦う可能性ある国家としては、新鋭の大海軍を建設するドイツを強く意識し、同時にアメリカをも考慮の対象とするようになる。

日本海軍の戦後の政策は、戦略・戦術も、建艦・軍備も、教育・訓練も、すべてが日本海海戦の勝利を理想とし、その勝利の再来を夢見るような形で進展していく。

敵艦隊とできるだけ日本に近い洋上であいまみえ、大艦巨砲による決戦で敵を圧倒し、国家の防衛を全《まっと》うしようとするのである。

日露戦争を日本は、いわゆる「六・六艦隊」によって戦ったことは前述のとおりだが、戦後の建艦目標は「八・八艦隊」となる。

艦齢八年以内の戦艦八隻・装甲巡洋艦（一等巡洋艦）八隻を中核とする第一線艦隊を整備するのが目的だが、この方針を明治天皇が裁可したのは一九〇七（明治四〇）年であった。

世界の建艦競争によって装甲巡洋艦の大砲やトン数は、しだいに戦艦に接近していき、大正時代に入ると装甲巡洋艦は巡洋戦艦と呼称されるようになる。

これにより「八・八艦隊」の意味は、戦艦八隻・巡洋戦艦八隻に転化した。巡洋戦艦は、大砲の装備と防御の装甲が戦艦にやや劣るだけで、速力は戦艦より秀《すぐ》れる。

やや複雑となるので具体的な例を引くと、太平洋戦争に参加した「長門《ながと》」「陸奥《むつ》」「扶桑」「山城」「伊勢」「日向」は正規の戦艦であり、「金剛《こんごう》」「榛名《はるな》」「比叡」「霧島《きりしま》」は巡洋戦艦なのである。

日本海海戦の再来を夢見る日本海軍は、一九一八（大正七）年には、さらに大きい目標を求めた。いわゆる「八・八・八艦隊」である。

これは、艦種を固定せずに、戦艦または巡洋戦艦八隻の三つの第一線艦隊を整備しようとするものであった。当時の首相・寺内正毅《てらうちまさたけ》も認め、大正天皇の裁可も得られた方針であった。

建艦方針の天皇の裁可と、議会の予算承認との間には、当然かなりのずれがある。太平洋戦争後の日本で、政府が閣議により「防衛計画の大綱《たいこう》」を定め、具体的な自衛隊の整備目標を決定していても、予算の獲得はずれているのと同じである。

「八・八艦隊」の議会による予算承認は、一九二〇（大正九）年であった。

しかしそのときには、第一次世界大戦後の日本の高度経済成長の時代は終わりに近づいていた。七年間継続の予算は成立したけれども、建艦と建艦後の艦隊保持の前途には、赤信号が点滅していた。

このようなときアメリカ・イギリスが、日本に海軍軍縮を呼びかけてくる。日本政府と海軍は、渡りに船とこれに飛び乗る。

ワシントン軍縮会議（一九二二年）により日本は、一転して「六・四艦隊」を保有することとなった。

このとき巡洋戦艦の国際的な区分はなくなり、戦艦と同一視される。日本は結局、戦艦一〇隻の保有となり、太平洋戦争開戦のときには前掲の各艦を持っていた。

超戦艦「大和」が起工されたのは、一九三七（昭和一二）年一一月である。その建造の戦略・戦術思想はもちろん、日本海海戦を源流とする大艦巨砲主義の極致《きょくち》であった。

日本は敗戦したあとだれもが気づいたように、おろかにも海軍軍縮条約から飛び出して、「大和」起工の年初《ねんしょ》から軍縮無条約時代が始まっていた。

永野修身は、開戦の年の四月から、軍令部総長となった。

あとでは開戦への導火線となる日米交渉が始まった。アメリカの態度は強硬であった。永野をいただく軍令部（一九三三年から、海軍軍令部は単に軍令部の名称となる）では、「大和」の各種要目を発表しようとの考え方が論議された。そうすればアメリカはその威力に恐れをなして、

「対日強硬態度を緩和するのではないか」

と考えられたのである。

要目の発表は実行されなかったが、「大和」は開戦直後の一九四一（昭和一六）年一二月一六日、竣工《しゅんこう》した。予定よりも六カ月早い完成である。

開戦を三日後に控えた一二月五日、永野は皇居で天皇のまえに進み出て、「大和」の竣工を報告し、

「第一戦隊に編入のあと若干《じゃっかん》の訓練を経て、連合艦隊の旗艦にする予定であります。これにより帝国海軍に、一大新鋭威力を加えることになります」

と胸をはることができた。

開戦には永野が、海軍首脳のなかでもっとも強硬論者であった。永野がかつての日本海海戦の栄光につよく影響されていたことは、否定できない。

嶋田が海軍大臣に就任したのは東条英機《とうじょうひでき》内閣の成立のときで、開戦直前の一〇月一八日である。

とつぜんに開戦か避戦《ひせん》かの重圧を負わされて、嶋田は苦悩する。永野のように一貫した強硬論者ではなかった。

嶋田が開戦を決意するのは一〇月三〇日となるが、その条件としては、当時の予定では昭和一七年度に海軍に配当される普通鋼鋼材が八五万トンであったのを、政府がさらに増量することであった。

嶋田の政府に対する要求は、一四五万トン（最低限一一〇万トン）であった。物資の配当を管理していた企画院と東条の陸軍省はかんたんにこの要求を認め、海軍は昭和一七年度に一一〇万トンの普通鋼鋼材《こうざい》を配当される計画となった。

こうして開戦への最大の歯止《はど》めであった海軍首脳部の避戦主義が取り除かれてしまったのだが、嶋田が重視した鋼材はもちろん、主として艦艇を建造するためであった。

日本海海戦の強烈な衝撃は、嶋田の心の底にも呪縛《じゅばく》となって潜んでいたように見える。

開戦時の連合艦隊司令長官・山本五十六は、嶋田と同期で海軍兵学校を卒業し、日本海海戦には装甲巡洋艦（一等巡洋艦）「日進」乗組として参加した。

「日進」は決戦の主力となった第一艦隊第一戦隊の一艦であり、山本は少尉候補生として艦長伝令の任務で最上部の戦闘艦橋にあるとき、前部砲塔左砲の膅発《とうはつ》（註＊砲弾が砲身内で暴発する事故）により右足に重傷を負い、左手の指二本を失った。

山本の負傷は五月二七日、勝敗がほぼ決定して太陽は西に傾《かたむ》き、昼戦がまさに終わろうとする時機であった。戦いのあと佐世保海軍病院で大手術を受け、五〇日間の入院のあと療養生活を送り、ようやく海軍を去ることなく軍人としての勤務を続けることができた。

山本の心には、勝利の栄光と重傷の苦しみが終生《しゅうせい》つきまとっていたはずである。山本は指を失った左手を人に見られることを、きょくどにきらっていた。

日本海海戦の勝利の呪縛から抜け出ることのできた数少ない将官の筆頭としては、山本を挙げなければならない。「大和」「武蔵」の建造にも反対の立場にあった。

大佐のときから航空専門の分野に進み、アメリカ駐在や外国出張が多く、いくつかの国際会議に列席した経歴も、その背景をなしている。

山本は開戦に反対し、永野や嶋田、そのほか嶋田の前任の海軍大臣・及川古志郎《おいかわこしろう》に、避戦の意見を正式に伝えている。

しかし連合艦隊司令長官は、海軍の政策決定にほとんど参与することができず、責任者でもない。

米内光政《よないみつまさ》は避戦を願い、山本が海軍大臣または軍令部総長として東京にあることを望んだが、それが実現する機会は失われてしまった。

山本が責任の立場に立っておれば、少なくとも歴史の一部は変わらなかったはずがない、と私は確信する。

とにかく日本海海戦の日本および世界に与えた影響は至大《しだい》であった。

昭和の天皇が永野から、アメリカとの開戦の可能性を知らされたとき（一九四一年七月三〇日）、

「日本海海戦のような大勝はむつかしいのではないか」

との疑問をもらされたのは印象的である。


註＊著者はその後、日本海海戦について『日本海海戦の真実』（講談社現代新書）を上梓《じょうし》し、さらなる考察を加えている。

第5章

ドイツ太平洋艦隊との海戦

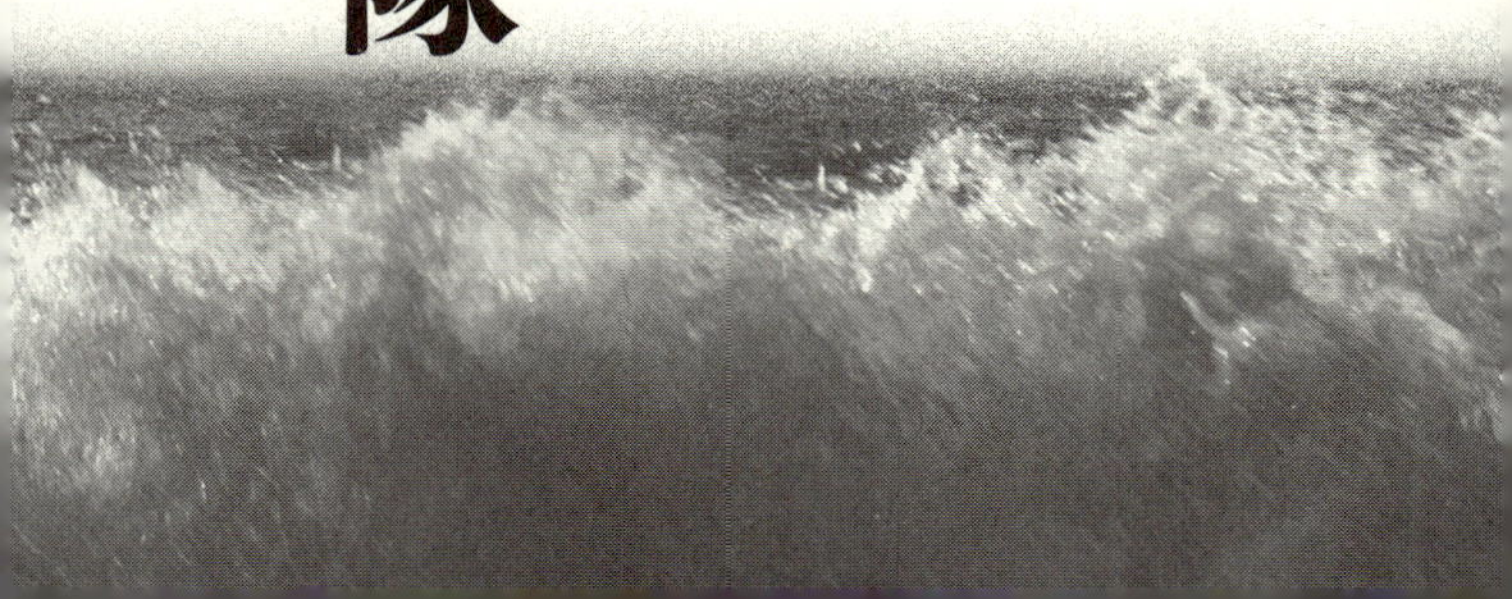

シュペー艦隊

第二次世界大戦で戦ったドイツ軍艦のなかで、もっとも広く名を知られているのは「グラフ・シュペー」であろう。

この一万トンのポケット戦艦は、開戦初頭に南大西洋とインド洋でイギリス・フランスのシーレーンを攻撃して大戦果を挙げたあと、フォークランド諸島を基地とするイギリスの巡洋艦群とラプラタ沖海戦を戦って傷つき、中立国ウルグアイのモンテビデオ港に入港した。

艦長の大佐ラングスドルフはこのあと、世界注視のなかで同艦を港外で自沈させ、乗員を救うとともに、自らは自決《じけつ》して果てた。

このポケット戦艦の名称は、第一次世界大戦当時のドイツ太平洋艦隊司令官・中将フォン・シュペーの功績と奮戦ぶりをたたえて付与されたものであった。

さらに、第二次世界大戦が始まったとき、ドイツが保有する大艦は、戦艦「シャルンホルスト」「グナイゼナウ」の二隻のみであった。この二隻の名称も、シュペーが指揮した太平洋艦隊の中核をなした装甲巡洋艦二隻の名を、そのまま引き継いでいた。

それほどシュペーはドイツ人から敬愛されていたのだが、本章は、日本海軍も太平洋とインド洋で密接に関与した第一次世界大戦におけるドイツ太平洋艦隊との海戦を、主要なテーマとする。

ひそかな臨戦準備

ドイツは第一次世界大戦まえには、中国から山東半島の膠州《こうしゅう》湾を租借《そしゃく》して青島《チンタオ》に軍港を建設し、太平洋艦隊の主基地としていた。

そのほか南洋方面では、マリアナ、カロリン、マーシャル、ビスマルクの各諸島と、ニューギニア東北部の広大な地域を領有していた。

第一次世界大戦が勃発したとき（一九一四年八月三日）、シュペーは新鋭の装甲巡洋艦「シャルンホルスト」に座乗し、僚艦《りょうかん》「グナイゼナウ」とともに、東カロリン諸島のポナペ島にあった。

開戦を予期した結果ではなく、サモア諸島を巡航する目的で六月下旬に青島を出港し、七月一七日に同島に到着した。旗艦は一九〇七年に、僚艦は一九〇八年に竣工し、いずれも戦力発揮に好条件の艦齢にあった。

ドイツ太平洋艦隊にはこのほか、これまた新鋭の軽巡洋艦三隻が配されていた。「エムデン」「ニュールンベルク」「ライプツィヒ」である。この三隻は開戦時には大きく洋上に分散していた。

のちにインド洋のシーレーン攻撃で名を挙げる「エムデン」は、開戦の危機のとき青島に在泊しており、七月三一日に戦時任務を帯《お》びて対馬海峡に向けて出撃し、ロシア船舶一隻を捕獲して八月六日、青島に帰還した。

「ニュールンベルク」はメキシコ派遣の任務を「ライプツィヒ」に引き継ぎ、サンフランシスコから青島に帰航中であったが、旗艦に合同を命ぜられて開戦のときには、ホノルルからポナペ島に向け航行中で、八月六日に合同を果たした。

「ライプツィヒ」は開戦時、メキシコの太平洋岸にあった。当時メキシコは市民革命の政情不安な時期で、列強はこぞって警備のため軍艦を派遣していた。日本も巡洋艦「出雲」を送っている。

ポナペ島にあって開戦を知ったシュペーが、臨戦準備のため青島に帰港するのは、位置を敵国海軍の前に暴露して危険であると判断したのは当然である。

イギリスは香港を主基地としてシナ方面艦隊を保有し、ほかにこれと密接に協力するオーストラリア艦隊、ニュージーランド艦隊を加えると、単純に計算しても排水量ではシュペー艦隊の三倍に近い勢力を持つ。

フランスは、ニューカレドニア島にヌーメアを主基地として、やや旧式ではあるが装甲巡洋艦二隻ほかを配備し、シュペーにとっては油断ができない。

さらに、イギリスの同盟国日本が対独参戦する可能性は大きい。

このような情勢のもとでシュペーは、人目を忍《しの》んでマリアナ諸島北部の小島パガン島で臨戦準備を完成しようとし、「ニュールンベルク」を合同させた八月六日、パガン島へ向けポナペ島を出港した。

青島にある数隻のドイツ補給船は、軍需品を満載してパガン島に急行した。「エムデン」もパガン島に招致され、八月一二日に到着している。

シュペーは「エムデン」を合同したとき、日本が近く対独最後通牒を発するとの情報を得たという。

連合国に発見されることなく、パガン島でひそかに臨戦準備を完了したシュペーは、艦隊を率いて八月一三日、マーシャル諸島西部に位置するエニウェトク環礁に向かった。この環礁は、大艦隊を収容できる良好な泊地で、太平洋戦争中は日米とも、艦隊の前進泊地として利用し、日本ではブラウン環礁と呼んでいた。

南アメリカへ

シュペーがエニウェトク環礁に向かったのは、太平洋艦隊の作戦海域を南アメリカ沿岸に選定したためであった。

シュペーがこの決意をなした理由は、多くの史料を総合すると、つぎのようであったと考えてよい。

(1) 南アメリカの太平洋・大西洋沿岸は、連合国の船舶の航行が多く、シーレーン攻撃に有望な海域である。
(2) メキシコ沿海にある指揮下の「ライプツィヒ」と協同作戦が可能である。
(3) 南アメリカにはドイツの勢力が強く、石炭・糧食《りょうしょく》などの物資の供給が受けやすい。
(4) ドイツ本国との通信連絡が、比較的に容易である。
(5) アジア海域では、つねに優勢な敵艦隊と対抗しなければならないが、太平洋の洋心では敵に発見される恐れが少なく、かつ南アメリカ沿岸で対抗する可能性ある敵は、劣勢な艦隊であろう。
(6) 戦争が長期にわたる場合には、本国に帰還する機会が得られるかもしれない。

シュペーはエニウェトクに入泊する前日、夫人あてに書簡をしたためている。それにはオーストラリア艦隊旗艦の巡洋戦艦「オーストラリア」と会戦するのを避けるのが「自身の責務」であると書き、同艦は自身の全艦隊よりも優勢であるとしている（一九一四年八月一八日付書簡）。

「オーストラリア」は排水量一万八〇〇〇トン、速力二五・八ノット、備砲一二インチ砲八門であるのに対し、「シャルンホルスト」型は排水量一万一四二〇トン、速力二三・二ノット、備砲八・二インチ砲八門、五・九インチ砲六門と劣勢であった。

当時「オーストラリア」には艦隊司令官・少将バテーが座乗し、ドイツ領ビスマルク諸島に作戦中で、とくにラバウルの無線電信所を破壊しようとしていた。

シュペーは八月一三日、所在があまり遠くないと思われる「オーストラリア」の無線電信を聞き、同日夜、パガン島から東に向けて出港したのである。

さてここで、「エムデン」の分遣《ぶんけん》について記しておかなければならない。

もともとシュペーは、「エムデン」を合同するまでは、同艦を主隊に加える予定であったと認められるが、パガン島から出撃したあと同艦と付属の補給船を南方に分遣し、連合国のシーレーンを攻撃させた。

この分遣は、「エムデン」が青島からもたらした本国からの新しい命令によるものであった可能性が残るが、「エムデン」乗り組みの大尉フォン・ミュークによると、「エムデン」艦長・大佐フォン・ミュラーのシュペーに対する提議の結果であったという。

分遣された「エムデン」は、パラオ諸島のアンガウル島で石炭を補給したあと、船舶がほとんど通航しないモルッカ水道を通過し、バンダ海・フロレス海を経て八月二七日夜、ロンボック海峡を突破してインド洋に出る。

そのあと、ベンガル湾一帯、インド南方洋上、スマトラ島西方洋上で連合国のシーレーンを荒らしまわり、連合国を恐怖のどん底に陥《おとしい》れる。

ところで主隊を率いるシュペーは、八月一九日にエニウェトクに到着したあと、二二日まで同環礁に在泊し、そのあとマーシャル諸島東部のメジュロ環礁に向かった。

この環礁もまた、のちに太平洋戦争中、アメリカ太平洋艦隊の高速空母機動部隊の前進基地となるのだが、シュペーは同環礁に到着した八月二五日、日本の対独参戦を知った。

日本の参戦と艦隊派遣

開戦のときシュペー艦隊に対抗すべき第一の艦隊は、イギリスのシナ方面艦隊であった。しかし同艦隊は、シュペーの臨戦準備の行動が巧妙であったので、事態不明のままでドイツ艦隊を取り逃がしてしまった。

危機の切迫を警告された七月二八日、シナ方面艦隊司令官・中将ゼラムは旗艦・装甲巡洋艦「ミノトーア」に座乗して威海衛にあったが、急いで香港に帰港し臨戦準備を整えた。

ゼラムがもっとも重視したのは、青島のほか西カロリン諸島のヤップ島である。ヤップ島には高出力の無線電信所があり、また上海、青島、ラバウルなどと海底電信の連絡がある。ドイツにとっては最重要の情報中心地なのである。

ゼラムは同島にドイツ軍艦がいることを期待し、また電信所を破壊してドイツの作戦を混乱させようとし、主力を率いて八月六日香港を出撃し、八月一二日朝、同島に接近した。しかしドイツ軍艦はいなかった。シュペー艦隊はこのときパガン島にあり、ゼラムは砲撃により電信所を破壊しただけで終わった。

不確実な情報のほかシュペー艦隊の所在が不明で、全太平洋・インド洋の連合国シーレーンが重大な脅威にさらされることとなった。

そのほかドイツは、シュペー艦隊に加えて太平洋方面の優速の船舶を改装して仮装巡洋艦とし、シーレーン攻撃に参加させる可能性が大きい。

このような事態になってイギリスが注目したのが、日本艦隊の存在である。イギリスははじめ、日本が宣戦布告することなく、ドイツの仮装巡洋艦の攻撃から連合国のシーレーンを保護することのみを希望したが、シュペー艦隊の所在が不明になると八月一二日、日本の対独参戦に同意した。

対独最後通牒発出《はっしゅつ》（八月一五日）のあと八月二三日、日本はドイツに宣戦する。

日本海軍は参戦のとき、シュペー艦隊の主力は南洋諸島のどこかに、「エムデン」と「ニュールンベルク」は青島の近海にあるものと判断していた。

それで、戦艦中心の第一艦隊を黄海、東シナ海に置いてシーレーンを守り、旧式軍艦を中心とする第二艦隊で青島を封鎖して陸軍の同地攻略を援護し、ほかにイギリスの希望により、巡洋艦を中核とする第三艦隊を台湾海峡の馬公を根拠地として、香港より北の中国沿岸のシーレーンを守らせた。

日本海軍はこのほか、所在の分からないシュペー艦隊に対抗して、四個の艦隊を編成して広く太平洋の各海域に派遣する。

第一の艦隊は、シュペー艦隊を求めて捜索するもっとも精鋭な艦隊で、巡洋戦艦「鞍馬《くらま》」「筑波《つくば》」と駆逐隊一隊のほか、巡洋艦「浅間」を加えて編成された。司令官は中将・山屋他人《やまやたにん》で、九月一四日に横須賀を出撃し、マーシャル諸島のヤルート環礁に向かった。

この艦隊は第一南遣支隊と呼ばれ、九月二九日にヤルートに到着したが、現実にはシュペーはすでにマーシャル諸島を離れ、さらに東方の洋上にあった。

第二の艦隊は、カロリン諸島方面に派遣されたもので、戦艦「薩摩《さつま》」と軽巡洋艦「平戸《ひらど》」「矢矧《やはぎ》」から成る。一〇月一日に佐世保を出撃し、司令官は少将・松村龍雄《まつむらたつお》である。

この艦隊は第二南遣支隊と呼ばれ、当時盛《さか》んに行なわれていた豪州からヨーロッパへの軍隊輸送のシーレーンをシュペー艦隊の攻撃から守ることが最大の任務である。

第三の艦隊は、イギリスが戦艦「トライアンフ」と駆逐艦一隻を青島の封鎖作戦で、日本の第二艦隊司令長官の指揮下に入れたので、その返礼として日本がイギリスのシナ方面艦隊司令官の区処下に入れた巡洋戦艦「伊吹《いぶき》」と軽巡洋艦「筑摩《ちくま》」である。

この艦隊は特別南遣支隊と呼ばれ、「伊吹」艦長・大佐・加藤寛治《かとうひろはる》が指揮して八月下旬、シンガポールに向かった。結果的にこの両艦は、インド洋上で暴れ回る「エムデン」に対抗して連合国のシーレーンを守ることとなり、のちには巡洋艦「日進」も増勢されている。

第四の艦隊は、開戦前にメキシコ西岸に派遣されていた巡洋艦「出雲」に加えて、九月下旬にさらに増派された戦艦「肥前《ひぜん》」からなる艦隊で、司令官は少将・森山慶三郎《もりやまけいざぶろう》であった。

この艦隊は遣米支隊と呼ばれ、根拠地はカナダのバンクーバー島南端の軍港エスカイモルトである。北アメリカ西岸のシーレーンを、シュペー艦隊の脅威から守ることを任務とする。この方面ではドイツ軽巡「ライプツィヒ」の活動が恐れられていた。

大洋《たいよう》に放たれたシュペー艦隊の存在が、太平洋・インド洋の連合国のシーレーンを不安に陥れた結果、全世界にわたった陸軍の海上輸送に、つねに護衛艦を付属させる必要性が生《しょう》じた。

日本の四個艦隊の派遣は、連合国の当面した難局を救う決定的な要因となったわけである。

シュペー艦隊の集結完了

シュペーが一九一四（大正三）年八月三〇日、メジュロ環礁を出港してマーシャル諸島を離れ、載炭《さいたん》のためハワイ諸島はるか南方のクリスマス島に入泊したのは、九月七日であった。

シュペーは入泊の前に、ドイツ領であるサモア諸島がイギリス軍によって占領されたことを知り、同地にイギリス・オーストラリアの軍艦が在泊しているとの情報を得た。

シュペーは「ニュールンベルク」を分離し、「シャルンホルスト」と「グナイゼナウ」で同諸島の敵艦を奇襲しようと企図し、両艦は九月一四日、異なる方向からサモアに接近した。

しかし、オーストラリアの司令官バテーは、同地守備のため陸兵のみを残して軍艦を避退させていたので、シュペーは一発の砲弾をも発射せずに、北西方に偽航路をとって去った。

この偽航路はまたまた連合国の判断を混迷に陥れるのだが、シュペーはこのあとタヒチ諸島・マルキーズ諸島を経て、さらに東方のイースター島に一〇月一二日、主力二隻と「ニュールンベルク」を伴って到着した。

そこにはすでに一〇月一〇日、大西洋方面から新しく指揮下に入った軽巡洋艦「ドレスデン」が先着していた。

「ドレスデン」は開戦前、メキシコの国内不安に応じてドイツの利益を守るためカリブ海に派遣されていた。交代艦が到着したのでドイツ本国へ帰航しようとするとき、開戦に遭遇する。

優勢なイギリス本国艦隊がただちに北海を封鎖したので、「ドレスデン」の本国帰航は不可能となり、ドイツ大本営は同艦に、敵のシーレーンを攻撃するとともに太平洋に進出し、シュペーの指揮を受けるよう命令した。

同艦は、あるときは連合国船舶を捕獲し、あるときは撃沈しつつ、南アメリカ東岸を南下し、最南端のケープ・ホーンに近いオレンジ湾に九月五日、入港した。そこはオステ島の雪と氷河に囲まれ、外洋から隠れた大きな自然港である。

「ドレスデン」はこのあと、さらに連合国のシーレーンを攻撃しようとして南アメリカの太平洋岸を北上したが、途中、イギリス船舶一隻に遭遇して攻撃したものの、その船舶を狭い水道の中に逃がした。

チリのほぼ中部に位置するコロネル沖まで北上したが成果はなく、そこから洋上に向かって変針し、一〇月一〇日に付属船とともにイースター島に到着したのであった。

開戦時メキシコ西岸にあった「ライプツィヒ」は、サンフランシスコを経て洋上に出た。連合国のシーレーン攻撃はコロンビア沖からガラパゴス諸島方面で開始され、イギリス船舶二隻を捕え、連合国を不安にさせる。

このあと同艦は艦影をくらましてシュペーとの合同を待ち、一〇月一四日にイースター島に入港して目的を達した。

イースター島のシュペー艦隊は、いまや装甲巡洋艦二隻・軽巡洋艦三隻となり、「エムデン」が姉妹艦の「ドレスデン」と交替しただけで、開戦時とまったく同じ勢力を保持することとなった。「ドレスデン」は一九〇八年、「エムデン」は一九〇九年に竣工した。ともに排水量三五九二トン、速力二四ノット、備砲四・一インチ砲一〇門の軽快な優秀艦である。

イースター島はチリ領で中立地域であるが、シュペー艦隊はここで一週間停泊し、休養・補給はもとより、航海・戦闘の準備に至るまで思うままに実施し、一〇月一八日、フェエラ島に向け出撃した。

フェエラ島は、チリの首都サンチャゴの外港《がいこう》となるバルパライソ西方五〇〇カイリのものさびしい孤島で、シュペーはこの島で、かねてからチリの港湾で待機中のドイツ給炭船・給品船と会合し、十分の補給を受けた。

クラドック艦隊太平洋に回る

少将サー・クリストファー・クラドックは、イギリスの第四巡洋艦戦隊司令官で、開戦時には北アメリカ東岸と南アメリカ北岸のシーレーン防衛の任務を帯びていた。

しかし、ドイツの「ドレスデン」が南方に下がりつつシーレーンを攻撃する事態となって、クラドックも敵艦を追って南下する。ラプラタ河口沖を経て、さらに南下するのは九月二三日であった。

クラドックは諸情報を総合し、ドイツがオレンジ湾を根拠地として作戦中と考え、「ドレスデン」のみならず「ライプツィヒ」「ニュールンベルク」の両艦も補給船とともに同湾にあると予想して九月二八日、湾内に通ずる各水路から指揮下の各艦を突入させたが、そこには敵艦の片影《へんえい》すらなかった。

この失敗のあとクラドックは、フォークランド諸島を基地とするが、ケープ・ホーンを回って太平洋に進出してドイツ艦隊と対抗するのが自身の任務と信じ、一〇月二二日、同諸島のスタンレー港を出撃した。シュペーのイースター島出撃の四日後である。

クラドックはこのとき、装甲巡洋艦「グッドホープ」に座乗し、指揮下には装甲巡洋艦「モンマス」、軽巡洋艦「グラスゴー」、仮装巡洋艦「オトラント」を伴った。

シュペーの新鋭の装甲巡洋艦にたいしてクラドックのそれは旧式で、もし両艦隊が遭遇すればイギリス艦隊がまったく不利であることは、クラドック自身もイギリス海軍省も十分に自覚していた。

イギリス海軍省は戦艦「キャノパス」をクラドックの指揮下に入れたものの、これまた旧式で一三ノットの速力しか出ず、砲戦力は大きいが艦隊運動には制限がある。クラドックは太平洋に進出するに際し、同艦を単独航行させてマゼラン海峡西端で合同するよう措置した。

クラドックはチリ沿岸を北上しつつ一〇月二七日、新鋭の優速艦「グラスゴー」を情報入手と電報発信のためコロネル港に派遣した。同艦は一〇月三一日夕刻に同地に入港し、翌一一月一日正午、コロネル西方五〇カイリの海上で本隊と合同することになった。

シュペー艦隊は一〇月二七日、孤島フェエラを出港し、「グラスゴー」がコロネルにあるとの情報を得て、この一艦のみを撃滅しようとして一一月一日午後、北方から陸岸に沿ってコロネル沖に接近した。

一方、クラドックは、「グラスゴー」の得た無電情報により、ドイツの「ライプツィヒ」のみがコロネル付近にあって、シュペーの本隊はパナマ運河方面に北上しているものと判断したと認められ、「ライプツィヒ」一艦のみを撃滅しようとして、「グラスゴー」を合同したあと敵を求めて北上する。

こうして両艦隊とも、互いに敵の一艦のみを求めてコロネル沖に達した一一月一日午後四時二十分、シュペーもクラドックも思いがけなく敵の主力と遭遇する。

このときまだイギリスにとって最強の「キャノパス」は、遭遇点から南方三〇〇カイリの位置にあった。

コロネル沖海戦

海上は南風で波が高かった。太陽はすでに西空に低い。

シュペーは東の陸岸の方で、「シャルンホルスト」「グナイゼナウ」「ライプツィヒ」「ドレスデン」の順に不規則な縦陣で南下し、別動した「ニュールンベルク」は遅れて後方にあった。

クラドックは西の沖合いの方で、不規則な横陣で捜索列にあった。突如として強力なシュペー艦隊に遭遇したクラドックが、戦いを避けて南方にある戦艦「キャノパス」と合同することは、速力の関係で不可能である。

クラドックは太陽のあるうちに敵を攻撃することに活路《かつろ》を求め、南方に変針して「グッドホープ」「モンマス」「グラスゴー」「オトラント」の順に単縦陣となり、敵艦隊に接近する。

しかし、シュペーは日没まで砲戦距離に入るのを避け、やがて太陽は荒れ狂う海に沈んだ。

太陽があるうちは日光の利点はクラドックにあったが、太陽が沈むと利点はシュペーに移る。なぜならシュペー艦隊は、ぼんやりした東方の水平線上に隠れるのに反し、クラドック艦隊は、明るい西天にはっきりした艦型を現わす。月は東天にあったが、満月には遠かった。

太陽が沈んだ直後の午後七時十二分、シュペーは一万二〇〇〇ヤードの距離から砲撃を開始した。

シュペーの二隻の装甲巡洋艦は、ドイツ艦隊の中でも射撃優秀艦で、「シャルンホルスト」の第三斉射弾《せいしゃだん》は「グッドホープ」の前部砲に命中し、「グナイゼナウ」は「モンマス」に斉射弾を送り、三分間で前甲板に火災を発生させた。

クラドックは開戦以来、まったく射撃訓練の機会がなかった。荒波のしぶきは砲手の顔面を襲《おそ》い、照準望遠鏡は曇り、日光が薄《うす》れると弾着の観測もできなくなり、目標も不鮮明となる。

やがてクラドック艦隊はシュペー艦隊を視認できなくなり、敵の発砲の光のみが見えるのに反し、シュペー艦隊は艦型の明瞭な敵を砲撃して、連続して命中弾を得る。勝敗は明白であった。「グッドホープ」は午後七時五十二分、大爆発のあとクラドックとともに沈んだ。火災により西方に避退した「モンマス」は、遅れて戦場に加入してきた「ニュールンベルク」に砲撃され、午後九時二十五分転覆して沈んだ。海中に消えるときまだ軍艦旗は翻《ひるがえ》り、波は高く、乗員全部が艦の運命に殉《じゅん》じた。

シュペーは追撃に移った。「グラスゴー」と「オトラント」は暗夜にまぎれて、かろうじて逃れ、南行して「キャノパス」と会合し、ともに急いで大西洋に脱出した。

シュペー艦隊への包囲陣

コロネル沖海戦のあと、シュペーは主力を率いてバルパライソに入港した。

ドイツ住民は勝利の祝宴を提議したけれども、シュペーは好意を辞退し、談笑のときにも艦隊の最期《さいご》が遠くないと予感していたと言う。シュペーの覚悟したとおり、コロネル沖海戦の敗報を知った連合国は、すぐに対抗策を採った。

シュペーの行動として、大きく三つが予想された。

第一は、一九一四年八月に開通したばかりのパナマ運河を通航してカリブ海に出る。そのあと、西インド諸島・北アメリカ方面を攻撃することである。

国際関係を律する運河の規則によると、ある国の軍艦三隻までは同時に運河を通航することができるし、そのほかに三隻が運河の末端港で待ち合わせることが許されていた。したがってシュペーは、兵力をほぼ集中したままで艦隊を通航させることができる。

第二は、ケープ・ホーンを回るか、またはマゼラン海峡を通って大西洋に出る。あとは南アメリカ・アフリカ方面でシーレーンを攻撃することである。

第三は、太平洋を引き返して作戦を続行することである。

第一の可能性に対しては、オーストラリア艦隊司令官バテーが中将に昇進して、メキシコ西岸で日英連合艦隊を編成し指揮した。

中核には日本の遣米支隊があり、森山の座乗する巡洋艦「出雲」、戦艦「肥前」のほか巡洋艦「浅間」が加えられた。

イギリス側は旗艦の巡洋戦艦「オーストラリア」のほか軽巡洋艦一隻を派遣した。

連合艦隊は一二月上旬、パナマ方面に向かって索敵《さくてき》を開始した。

第一を含む第二の可能性に対しては、新任のイギリス軍令部長・元帥フィッシャーが思いきった処置を採った。本国から大切な巡洋戦艦「インビンシブル」「インフレクシブル」を派遣し、シュペーに対抗させることである。

開戦時から海軍省参謀部長であった中将ダブトン・スタディーが、優勢な新艦隊を指揮することになり、「インビンシブル」に将旗を掲げた。

スタディーは一一月一一日、本国を出撃して南下し、途中の一一月二六日、少将ストッダートの指揮する巡洋艦「カナーボン」「コーンウォル」「ケント」、それにコロネル沖から帰った「グラスゴー」を合同した。

イギリス海軍省は、西インド諸島方面には必要に応じ別の一艦隊を送ることとし、スタディーに対しフォークランド諸島に進み、要すれば太平洋に進出するよう命令した。

第三の可能性に対しては、日本の第一、第二南遣支隊が責任を負うこととなった。

山屋の指揮する第一南遣支隊は、一一月下旬ヤルート島を発し、フィジー諸島のスバ港に集結した。もとの巡洋戦艦「鞍馬」「筑波」と駆逐隊一隊のほか、巡洋戦艦「生駒《いこま》」、巡洋艦「磐手」、軽巡洋艦「筑摩」「矢矧」が増勢された。

松村の指揮する第二南遣支隊は、東カロリン諸島のトラック環礁に集結した。旗艦の戦艦「薩摩」のほかに、巡洋戦艦「伊吹」、巡洋艦「日進」、軽巡洋艦「平戸」、それに駆逐艦二隻があった。

特別南遣支隊の「伊吹」「筑摩」「日進」がインド洋から東に進んで、シュペーの本隊に備えることができたのは、シュペーに分遣された「エムデン」が一一月九日、インド洋東部に位置するココス島の無線電信所を破壊しようとして陸戦隊を揚陸したとき、船団を護衛して付近を航行中のオーストラリアの軽巡洋艦「シドニー」と戦い、大きく撃破されて近くの小島に座礁した結果である。

「エムデン」はインド洋で二カ月以上にわたって神出《しんしゅつ》鬼没《きぼつ》の活動を続け、連合国船舶一六隻、約七万総トンの戦果を挙げた。

さて、シュペー艦隊主力への包囲陣は、日本艦隊の協力を得つつ、イギリス海軍省の断固とした決意により、太平洋、大西洋上で完成した。

フォークランド沖海戦・その一

コロネル沖海戦のあと、ドイツの巡洋戦艦がシュペー艦隊と提携するため、北海から脱出しつつあるとの風評が流れた。この風評はシュペーのもとにも達した。同海戦のあとシュペーの行動が敏速でなかったのは、この巡洋戦艦を待ち合わせる期待のためであった可能性がある。

シュペーは、チリの港湾やフェエラ島で補給のあと、集結した艦隊を率いて一二月一日正午、ケープ・ホーンを回航した。目ざすのはフォークランド諸島である。

シュペーははじめ、同諸島での戦いを好まず、アフリカ沿岸に向かうことを望んだ。しかし「グナイゼナウ」艦長や幕僚の献言により、同諸島にある「弱小」なイギリス艦隊を撃滅したあと、同地で十分な補給を得て東航することに決心を変えた。

このとき同諸島のイギリス艦隊は、コロネル沖から帰った「キャノパス」一隻だけであった。同艦は、ポート・ウィリアムの内港であるスタンレー港の泥土《でいど》の上に停泊していた。陸上に三つの砲台を築いて一部の艦砲を移設し、湾口には酒樽で仮製した電気機雷を敷設した。陸上にはほかに見張所、観測所が設けられ、射撃指揮所とされた。

スタディーはシュペーにやや先んじて一二月七日午前、フォークランドに到着した。翌々九日に出港してケープ・ホーンに向かう予定で、石炭・糧食の搭載を開始する。しかし運送船が少なく、各艦は同時に載炭ができず、夜を徹《てつ》した作業にもかかわらず八日朝までに載炭を終了したのは、「カナーボン」「グラスゴー」の二隻のみであった。

フォークランドに接近したシュペーは一二月八日朝、「グナイゼナウ」艦長に対して「ニュールンベルク」を率いて先行し、敵情を偵察するとともに無線電信所を砲撃・破壊するよう命じた。

八日午前七時五十分、「キャノパス」の設置した見張所は独艦二隻の接近を発見し報告する。この報告はスタディー艦隊を驚かせ、困惑させた。

主力の「インビンシブル」「インフレクシブル」はまだ載炭中で、機関を開放中の巡洋艦もあった。しかし午前八時三十分、「戦闘」の命令が出され、載炭は中止された。

独艦が電信所を砲撃する前に「キャノパス」が砲火を開き、独艦は交戦の姿勢に移ったものの午前九時四十分、「グナイゼナウ」艦長は港内にイギリスの巡洋戦艦が在泊することを発見し、思いがけない「強大」な敵と遭遇したことを知ると、反転して主隊の方向に走った。

フォークランド沖海戦・その二

異常な努力により午前十時、スタディー艦隊六隻は出動を終えた。数日来の悪天候は奇跡的に回復し、空は晴れ、北西の軽風のみで海面は鏡のようで、視界は最良であった。

南東方に逃走するシュペー艦隊五隻のマストが、水平線上に望見される。天《てん》の利《り》は優速で追撃するスタディーの方にあった。

両艦隊とも不規則な陣形で急進するが、シュペーの最劣速の「ライプツィヒ」が落伍しそうになる。午後〇時五十一分、スタディーの先頭艦「インフレクシブル」が一万五〇〇〇ヤードの距離から、「ライプツィヒ」に第一弾を放つ。「インビンシブル」もすぐにこれに加わる。

このままでは全滅するほかないと感じたシュペーは、このときシーレーン攻撃に貢献するであろう軽巡洋艦三隻を救うため、自身の生命と装甲巡洋艦二隻を捨てる決意を固めた。シュペーは午後一時二十分、「本職《ほんしょく》は最後まで奮戦す、南米沿岸に向かえ」と軽巡隊に信号した。

軽巡三隻が解列して南方に急行するのを確かめたシュペーは午後一時二十五分、急に主隊を北東に変針させてスタディーを牽制した。

スタディーもさるもので、このような場合の処置はすでに戦策中に規定されており、巡洋艦三隻は命を待たずに敵軽巡隊を追った。

スタディーの巡洋戦艦二隻は左に斉動《せいどう》し、敵主力の正横で縦陣を作る。「インフレクシブル」型は排水量一万七二五〇トン、速力二六ノット、備砲一二インチ砲八門である。

スタディーの主力の一二インチ砲一六門の射距離は一万五〇〇〇ヤード以上であるのに対し、シュペーの主力の八・二インチ砲一六門の射距離は一万二〇〇〇ヤードである。スタディーはシュペーをアウト・レンジできる。

主隊の砲戦は午後一時三十分、開始された。両軍ともときどき変針を行ないながら、遠距離砲戦が継続した。

シュペーは、二隻で五・九インチ砲一二門の副砲を持つ。スタディーの二隻には副砲がない。離脱不可能となったシュペーの最後の策は、砲戦距離を極度に短縮して副砲砲火を併用することである。

距離一万ヤード付近となった午後二時五十九分、シュペーは猛然と副砲砲火を開きつつ接近する。しかし速力が劣り、距離の伸縮はスタディーの自由であった。

午後三時三十分、シュペーは反転して針路を西とした。このころスタディーの二隻は、上部構造物にわずかな被害があるだけで、死傷者はいない。これに反し「シャルンホルスト」

は全艦猛火に包まれ、「グナイゼナウ」は艦体傾斜し、両艦ともしだいに速力が低下していた。

しかし、両艦とも軍艦旗を高々と揚げ、最後まで抵抗を続ける。

図表16 フォークランド沖海戦・艦隊の動き①

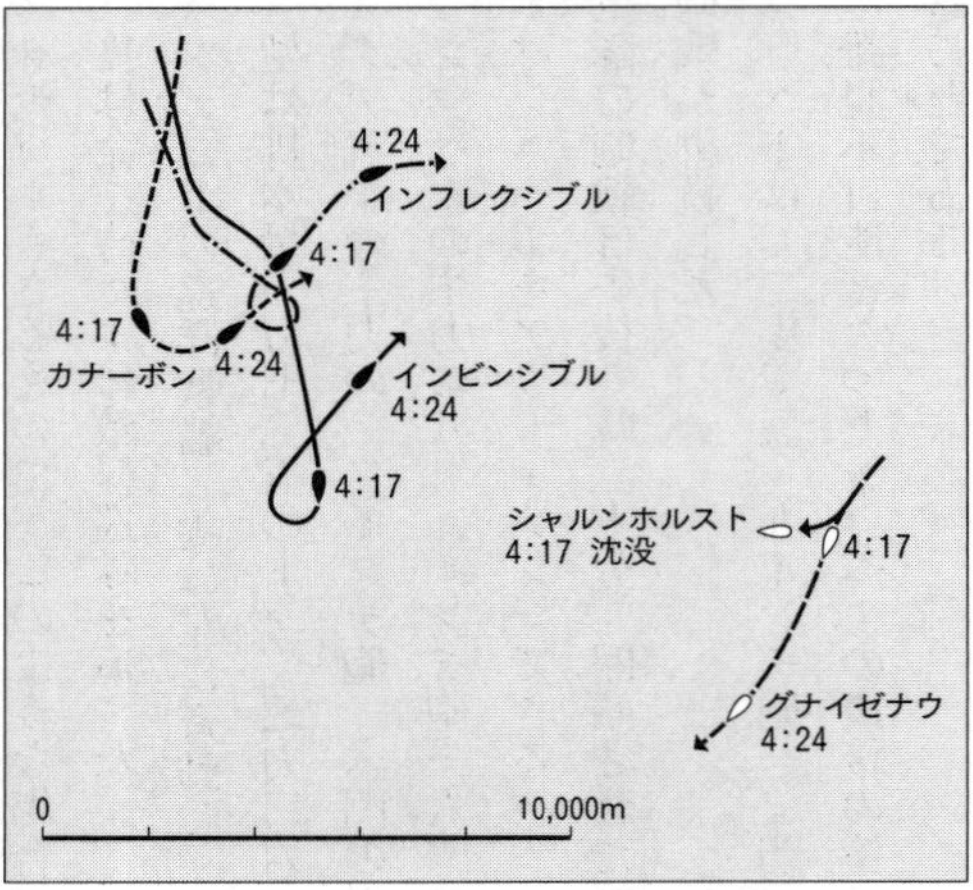

フォークランド沖海戦・その三

午後四時、スタディーの巡洋戦艦二隻とストッダートの旗艦「カナーボン」は、ほとんどシュペーの装甲巡洋艦二隻に追及した。

同十七分、「シャルンホルスト」は突然砲撃を止め、右舷に回頭して艦体傾斜し、横転して沈没した。「グナイゼナウ」は救助の姿勢を示したが、シュペーから「極力離脱に努めよ」と信号されて、そのまま航進する。

英艦は「グナイゼナウ」に注意を集中し、「シャルンホルスト」の乗員は一人も救助されなかった（図表16参照）。

図表17 同・艦隊の動き②

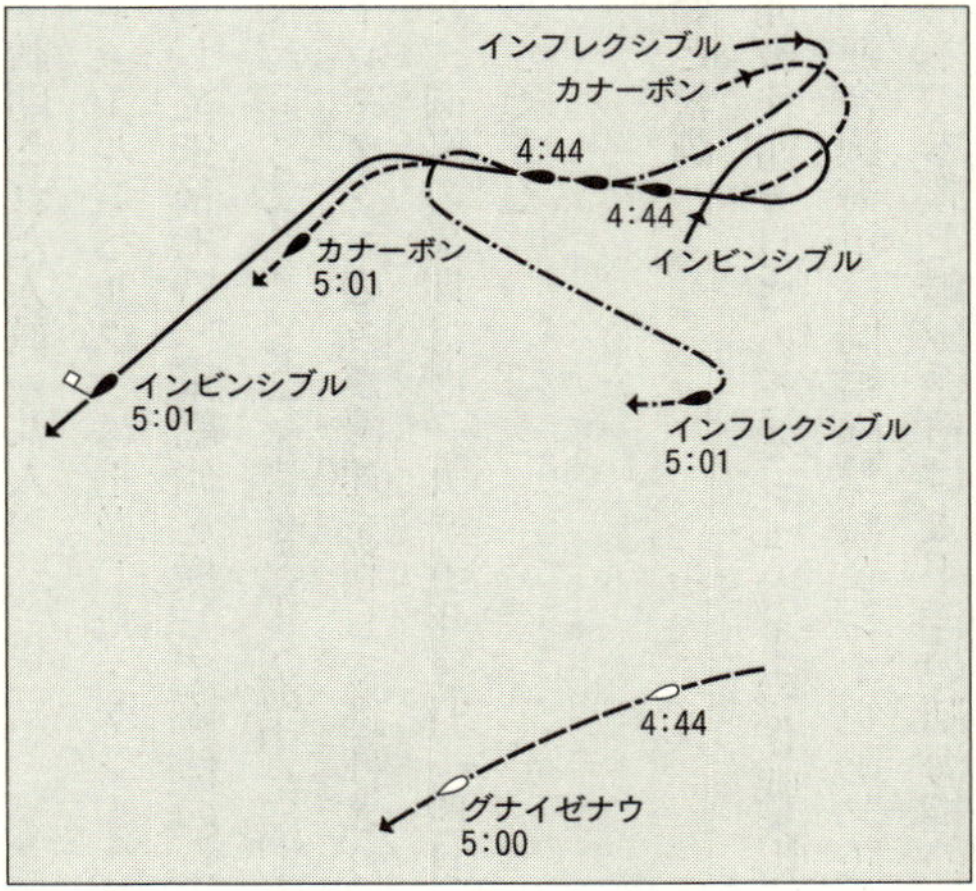

英艦は濃い煙の障害を避けて「グナイゼナウ」を砲撃するため、回頭を重ね、三艦が三方向から攻撃を集中する。「グナイゼナウ」も応戦を継続した（図表17参照）。「グナイゼナウ」の射撃は見事であったが、弾着観測は不良であった。艦内の前後には火災があり、八・二インチ主砲弾を撃ちつくしたところで突如として停止し、右に傾斜した。

艦長は海水弁の開放を令し、午後六時二分に軍艦旗を掲げたまま横転して沈んだ。英艦は現場に急行し、八五〇人の乗員中、二〇〇人を救助した。

シュペーが身を捨てて逃走させようとしたドイツの軽巡洋艦三隻はどのようであったか。

これらは開戦のとき整備が良好でなく、かつ四カ月にわたって東航西走したので、艦底は汚れ、機関は疲れ、長時間の高速航行には弱点があった。

はじめ三隻は一団となって南方に走ったが、イギリスの巡洋艦三隻が追及すると分散して逃げる。

まずはじめに、「ライプツィヒ」が「コーンウォル」「グラスゴー」の十字砲火を浴びた。同艦は最後の一弾を撃ちつくしたあと、海水弁を開放して午後九時二十三分、横転して沈んだ。救助された人員一八人。

「ニュールンベルク」は追及した「ケント」と激しい砲戦を交え、艦体傾斜して燃え、艦尾沈下して午後七時、軍艦旗を撤《てっ》して降伏の意志表示をしたけれども、同二十七分に右に横転して、「ライプツィヒ」よりも早く海中に消えた。寒気のため救出されたのは七人。

「ドレスデン」のみが優速を利《り》して逃げきり、マゼラン海峡で載炭のあと太平洋方面に脱出した。同艦の最期は翌一九一五年三月一四日、「ケント」「グラスゴー」とフェエラ島で戦ったときである。

評価と教訓

開戦後四カ月にわたるシュペーの作戦指導は、まったく比類をみない優れたものであった。連合国海軍は同艦隊撃滅とシーレーン防衛のため、大きな負担を背負い続けた。

日本の参戦と艦隊派遣は太平洋の制海権のゆくえを決定的にし、シュペー艦隊の最期に大きく影響したことは論議の余地がない。

日本が参戦しなければ、シュペーはさらに長く太平洋方面で作戦を続行したであろう。フォークランド諸島を攻撃することの可否については、「グナイゼナウ」艦長や幕僚よりもシュペーの予想の方が正しかった。

スタディー艦隊が偶然、シュペーに先んじて同諸島に到着できたのは、イギリスにとっては好運であったと言えよう。

「グナイゼナウ」艦長が予想に反して敵の「強大」な艦隊を発見したとき、反転して主隊に向かうかわりに、シュペー艦隊全部が湾口に肉薄して猛撃した場合には、結果はスタディーにとってきわめて不利であったと思われる。

「弱小」な艦隊のみの存在を予想し、イギリスが「強大」な艦隊をそれほど早く派遣できないと考えていたわけだが、万一《まんいち》にも「強大」な艦隊が存在する場合の作戦計画を、詰めておくべきであったと言うのは、シュペーにとって酷《こく》であろうか。

それにしても、三隻の軽巡洋艦を救おうとして自身と二隻の装甲巡洋艦を犠牲にしようと決意し、また旗艦が沈むとき「グナイゼナウ」にさらに脱出を命ずるなど、海軍軍人としてその指揮ぶりは、古今東西の海戦史上、最高の名誉に価《あたい》する。

コロネル沖海戦の英艦「モンマス」、フォークランド沖海戦の独艦「シャルンホルスト」

「グナイゼナウ」「ライプツィヒ」は、いずれも降伏の機会があったものの、最期まで軍艦旗を下ろさずに奮戦した。

軍艦旗を撤して降伏の意志を示したのは独艦「ニュールンベルク」ただ一隻であるが、それは一時間半以上も勇戦して、沈没するわずか前であった。

日本海海戦で、ロシアの司令官ネボガドフが、大艦四隻を率いて降伏し、艦体を日本に渡したことと比較すると、イギリス・ドイツ両海軍の士気の高さを明示している。

フォークランド沖海戦の結果、大洋上の制海権はすべて連合国の手中に帰し、イギリスは海軍力のほとんど全部を主要な戦場に投入することが可能となった。戦局のゆくえに重大な影響を与えたことはもちろんである。

本章で示された歴史は、海洋国家がシーレーン防衛をきわめて重要視し、それがおびやかされる可能性に対しては神経質でさえあることを証明している。

現在の世界をみると自由主義諸国には社会主義諸国よりも海洋国家が多く、当然のこととしてシーレーン防衛が重大な課題となってくる。

アメリカを中核とする自由主義国家群は軍事同盟の態勢を保持し、世界の大部分の洋上のシーレーン防衛を目ざしている。

東経一六〇度以西の西太平洋と、インド洋のシーレーン防衛を担当するのは、旗艦が横須賀に在泊することの多いアメリカ第七艦隊である。

東太平洋を担当するのは、アメリカ第三艦隊となる。

第二次世界大戦の時代から、太平洋方面のアメリカ艦隊は奇数番号を与えられ、大西洋方面のアメリカ艦隊は偶数番号を付与される伝統がある。

第七艦隊に対応する実力部隊であるアメリカ第六艦体は、紅海《こうかい》・地中海《ちちゅうかい》と東大西洋を責任海域としている。

当然のこととしてアメリカ第二艦隊が、西大西洋を管轄するわけである。

日本の海上自衛隊の担当する海域は、日本本土から南東のマリアナ諸島方面に向けて一〇〇〇カイリ、本土から南西のフィリピン方向に向けて一〇〇〇カイリとされている。

冷戦時代にアメリカが、日本に対して防衛力の増強を迫り、とくに海上防衛力と航空防衛力の増強に熱心であったのは、第一次世界大戦当時の太平洋方面の戦況を知ることだけによっても、容易に理解できるところである。

冷戦終結後のアメリカは、ヨーロッパやアジアにある前方展開兵力を削減し、全世界のシーレーンを保持し、地球上のどこかで危機が発生する場合には、国際連合と協力し本国にある緊急軍を速《すみ》やかに紛争地域に投入して、世界の平和を守ろうとしているかに見える。

第6章

地中海のドイツ潜水艦戦と日本

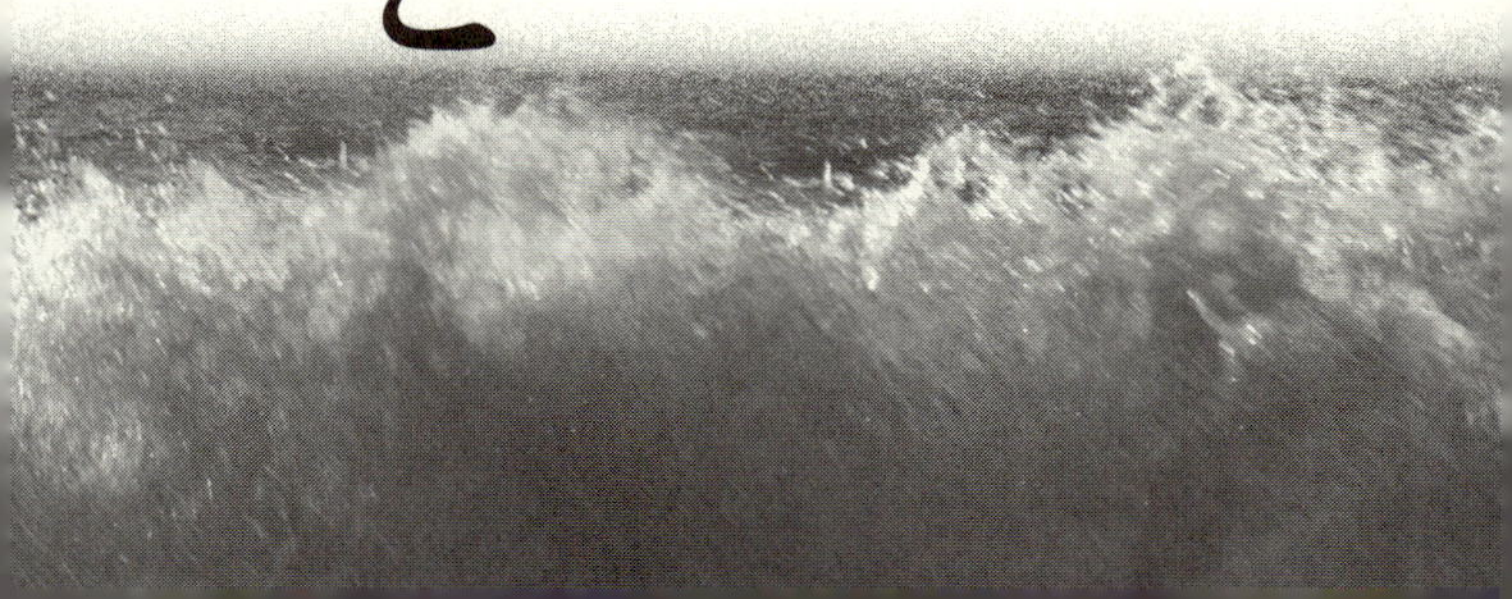

第一次大戦の地中海

現在の日本人は、第一次世界大戦のとき日本艦隊が地中海に遠征し、連合国船舶を護衛してドイツ潜水艦と戦ったことを、ほとんど知らない。

まして、陸軍部隊を乗船させたイギリスの豪華船が、イタリアの北西岸でドイツ潜水艦によって撃沈されたとき、護衛の日本駆逐艦が人員救助に活躍し、イギリス朝野《ちょうや》の深謝を受けて、国王から二七人が叙勲《じょくん》されたことを知る人は、まずいない。

ギリシャ南方の海域で、日本駆逐艦がドイツ潜水艦によって雷撃《らいげき》され、艦体前部を大破し、艦長以下五九人が戦死したこともある。

現在でも地中海の中心にある孤島マルタには、この艦隊遠征の戦没者の碑《ひ》が、イギリス海軍墓地の一隅《いちぐう》で、ひとつの歴史を語り伝えている。

本章では、この日本艦隊の地中海遠征について、そこに至った経緯をやや詳しく追うとともに、地中海における艦隊作戦の概要を大きく展望し、シーレーン防衛問題について考えてみよう。

イギリス海軍の苦悩

第一次世界大戦が突発したあとイギリス海軍は、北海を封鎖してドイツの本国艦隊を閉じ込め、フォークランド沖海戦ではドイツ太平洋艦隊を撃滅できた。世界の大洋上の制海権はイギリスの手中に帰したものの、やがて思わぬ伏兵《ふくへい》の反撃にたじろぐ。

伏兵の第一は、ドイツ潜水艦によるシーレーン攻撃である。

一九一四（大正三）年に六二万総トン、一五年に一六五万総トン、一六年に二七二万総トンの連合国船舶が、ドイツとオーストリアの潜水艦によって撃沈された。

ドイツは一九一七年はじめには、作戦に適する潜水艦一一一隻を保有していた。

このうち四九隻が北海に面するドイツ諸港に、三三隻がドイツ占領下のベルギーの港湾にいた。

また、アドリア海に面するオーストリア領のポーラとカッタロの軍港に二四隻がおり、この二つの軍港にはオーストリア潜水艦十数隻もいた。

さらにトルコ領のコンスタンチノープルには、トルコ潜水艦三隻とともにドイツ潜水艦二隻が配備されている。

残りのドイツ潜水艦三隻は、バルト海に配置された。

ドイツは保有潜水艦のうち三分の一を、つねに洋上に出動させていた。ところがイギリスを主とする連合軍ははじめ、潜水艦に対する有効な防御法・攻撃法がわからずに苦しんだ。

イギリスはこのころ、駆逐艦兵力の三分の二と、潜水艦・掃海《そうかい》艇・補助船艇のほぼ全力を、対潜作戦に従事させなければならなかった。

それでも効果は不良で、一九一七（大正六）年三月末日までに、イギリス駆逐艦は一四二回にわたってドイツ潜水艦と交戦する機会があったのに、撃沈できたのはわずか六回だけである。

開戦以来、連合国船舶がもっとも多く常続的に沈められたのは、地中海である。船舶の航行が多く、地勢が当時の潜水艦の攻撃作戦に有利であった。イギリス本国に至る大西洋上のシーレーンで被害が増加してくるのは、一九一六年末からである（図表18参照）。

一九一六年後半期に、地中海で失われた連合国船舶数を示しておこう。

イギリス船	九六隻	四一万五四七一総トン
フランス船	二四隻	六万四八二九総トン
イタリア船	一三六隻	一八万一八三一総トン
合計	二五六隻	六六万二一三一総トン

伏兵の第二は、ドイツの武装商船によるシーレーン攻撃である。

これら仮装巡洋艦と呼ばれる武装商船のうち歴史に名を留めるものには、「メーウェ」「ウ

図表18 第一次大戦における、潜水艦による船舶被害
(連合国、1916年6月〜1917年4月)

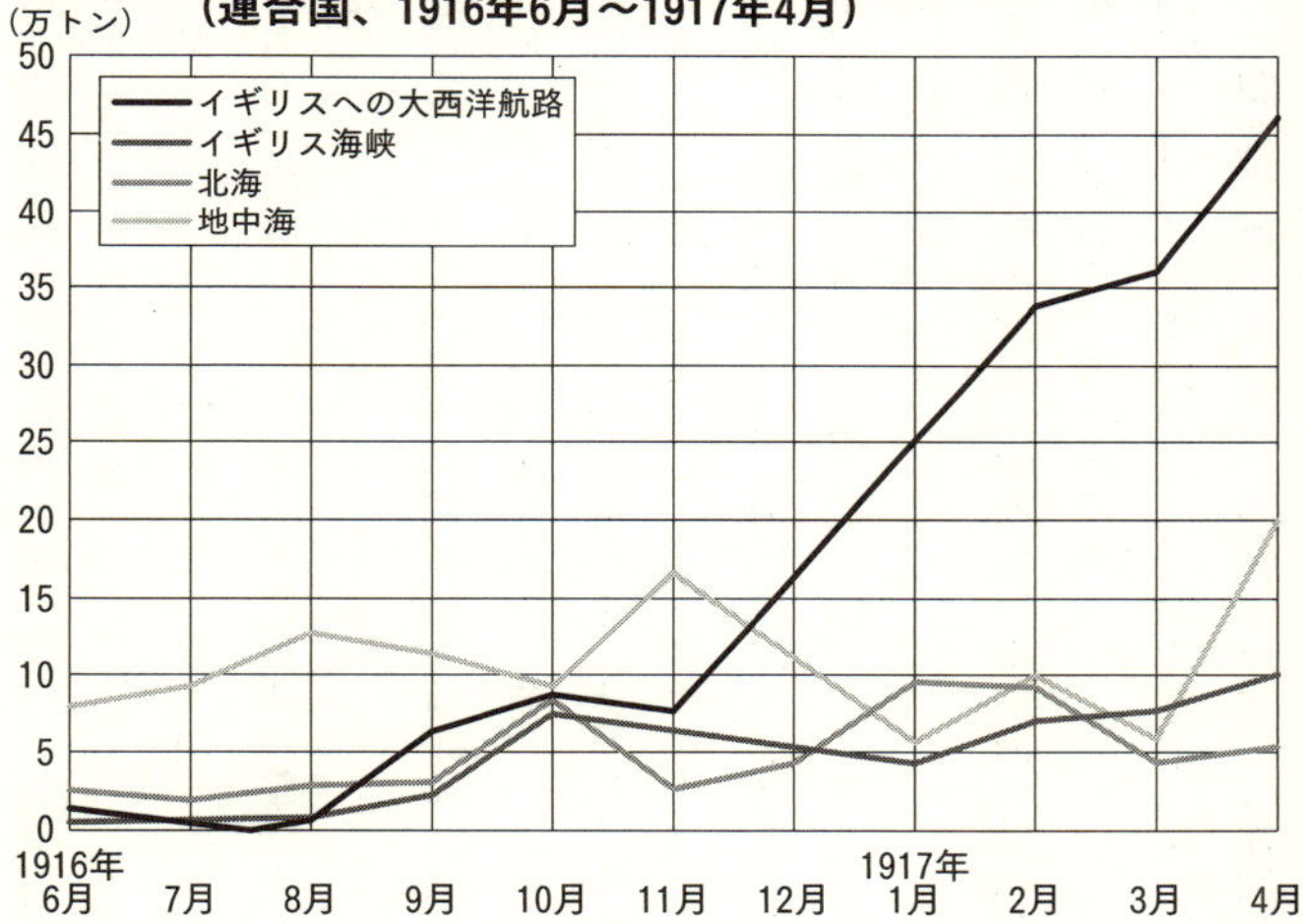

ォルフ」「ゼーアドラー」などがある。これら三隻はいずれも、一九一六年一一月から一二月にかけて、イギリス艦隊の厳重な封鎖を破って北海を脱出し、大西洋・インド洋・太平洋上で連合国のシーレーンを攻撃した。

ドイツのこれらの船舶の行動が判明したのは、戦後になってからである。当時は怪汽船出没というだけで、真相がわからなかった。世界の洋上のシーレーン防衛に主として責任を負うイギリス海軍の苦悩は、深まるばかりであった。

イギリスの対日要請

日本は開戦初期、イギリスの要請を受けて第一南遣支隊・第二南遣支隊・特別南遣

支隊・遣米支隊の四艦隊を、太平洋・インド洋方面に派遣した。なお、第一・第二南遣支隊はドイツ太平洋艦隊を求めて南洋行動中、ヤルート・クサイ・ポナペ・トラック・サイパン・ヤップ・パラオ・アンガウルなどのドイツ領諸島を占領している。

これらの艦隊は、ドイツ太平洋艦隊が撃滅されたあと、一九一五年中に日本本土に引き揚げた。

ところで、ドイツ潜水艦に対応するイギリスの苦悩は、一九一六年秋には頂点に達する。当然のこととして、日本艦隊のヨーロッパ方面への派遣が熱望されるようになる。

艦隊派遣の正式要請は一九一七（大正六）年一月一一日、駐日イギリス大使グリーンから外務大臣・本野《もとの》一郎《いちろう》に対してなされた。

グリーンは一月一五日、海軍大臣・加藤友三郎にも、

「駆逐隊を地中海へ、巡洋艦二隻をケープタウンへ派遣されたい」

と直接申し入れた。

ところが、日本政府はかねて、地中海へは艦隊を派遣しないとの国策を決めていた。その経緯に触れておく必要があろう。

開戦当時ドイツは地中海に、巡洋戦艦「ゲーベン」、軽巡洋艦「ブレスロー」を派遣していた。開戦当日、シシリー島のメッシナに在泊していた両艦は、有力なイギリス・フランス

艦隊の追撃を振り切ってコンスタンチノープルに逃げ込むことに成功した。

この両艦の存在はやがてトルコが一九一四年一一月、同盟国側に立って参戦する一要素となる。トルコを通じてドイツの勢力が地中海に進出するのを恐れるイギリスは、トルコ参戦直後の一一月一五日、日本艦隊のダーダネルス海峡への派遣を正式に要請したのである。

このとき大隈重信《おおくましげのぶ》内閣は艦隊の派遣を拒絶し、そのあとたびたびのイギリスの要請にも態度を変えていなかった。

このような経緯から、あらためて艦隊派遣の要請を受けて日本国内には、賛成論と反対論が起こった。

賛否両論

賛成者には、日露戦争のとき連合艦隊作戦参謀であった秋山真之がいた。秋山は開戦時には海軍省軍務局長で、そのあと軍令部出仕《しゅっし》の身分で欧米各国へ出張して戦線を視察し、イギリスの要請があったときには少将で駆逐隊からなる第二水雷戦隊司令官であった（のち中将）。秋山は、

1、大戦はやがて連合国の勝利に帰するであろう。地中海に艦隊を派遣して勝利に寄与す

るのは、戦後の日本の地位に有利である。
2、地中海で実戦に参加するのは、もとより多少の危険を伴うが、兵術研究上に効果があり、技術、兵器の改良に貢献する。

との論旨で、加藤海相に艦隊派遣を力説した。

反対論者の筆頭には、軍令部の主務課である第一班第一課長の中佐・中村良三《なかむらりようぞう》（のち大将）がいた。中村は、艦隊派遣は国策の変更という重大問題で、

1、このたびのイギリスの申し入れは、派遣要求の糸口にすぎず、他日《たじつ》さらに「金剛」「比叡」の派遣を要請してきた場合に、拒否できなくなるおそれがある。
2、日本に直接的な関係のない危険海域に行動させることは、単に艦船の損失のみではなく貴重な人命を失うおそれがある。学問的な効果があるとしても、国家の大事以外にみだりに危険区域に行動させるべきではない。

との考え方であった。

ちなみに、「金剛」「比叡」は最新式の巡洋戦艦で、一九一四年と一五年に前後して完成し

た優秀艦である。とくに「金剛」はイギリスの造船所で建造されて日本に回航されたもので、イギリスでは同艦のダーダネルス海峡への来援を期待する空気が強かった。

これよりさきイギリスは、海相チャーチルの主張により一九一五年、フランスなどの援助を受けて陸海軍の大兵力でもってダーダネルス作戦を決行し、コンスタンチノープルを占領してトルコを屈伏させようとしたが、大きな損害を受けて一六年一月には撤退の余儀なきに至った。したがって、一七年初頭にはまだイギリスは、「ゲーベン」「ブレスロー」がダーダネルス海峡から出撃して地中海で攻勢作戦をとらないよう、エーゲ海で監視態勢を続けなければならなかったのである。

艦隊派遣決定

日本国内で艦隊派遣が論議されている最中の一九一七（大正六）年二月一日、ドイツは当時の戦時国際法に違反して無制限潜水艦戦の実施を宣言した。アメリカはこれを動機として二月三日、ドイツとの国交を断絶し、やがて四月六日、対独宣戦を布告する。

加藤海相はイギリスの要請に応ずる決意を固め、寺内正毅内閣は二月一〇日、加藤の請議により艦隊を派遣する旨を閣議を開いて決定した。

これに先んじて日本海軍は二月七日、第一特務艦隊と第二特務艦隊を編成する。第一特務艦隊は、巡洋艦「矢矧」「須磨」「新高」「対馬」、第一駆逐隊から成り、司令官は少将・小栗《おぐり》孝三郎《こうざぶろう》（のち大将）。

このうち、「新高」「対馬」がイギリスの要請のとおりケープタウンに派遣され、イギリス喜望峰艦隊と協力することとなった。ほかの艦隊はシナ海・スルー海・インドネシア海域・インド洋のシーレーン防衛に従事する。

第二特務艦隊は、巡洋艦「明石」、第一〇駆逐隊、第一一駆逐隊から成り、司令官は少将・佐藤皐蔵《さとうこうぞう》（のち中将）で、地中海に派遣される。

第一〇駆逐隊は、駆逐艦「梅《うめ》」「楠《くすのき》」「桂《かつら》」「楓《かえで》」から成り、第一一駆逐隊は同じく「松《まつ》」「榊《さかき》」「杉《すぎ》」「柏《かしわ》」から成っている。いずれも一九一五年中に完成した排水量六六五トンの新鋭艦であった。

イギリスの要請は、駆逐隊一隊のみの派遣であったが、軍令部第一班長の少将・安保清種《あぼきよかず》（のち大将）が、

1、駆逐隊一隊のみの派遣では、先方の命令により無暗《むやみ》やたらに使用されるおそれがある。

2、協同作戦には、司令官の存在がぜひ必要である。

3、このあとさらに増援の派遣を要請してくる可能性が大きい。あとあとの要求には応じない心構えで、最初に二隊派遣するのがよい。

と強硬に主張した結果、イギリスの要請や海軍省軍務局の原案よりも大きい第二特務艦隊の編成となった経緯がある。

なおこの艦隊は、やがて日本の発意によりさらに強化され、一九一七年八月には装甲巡洋艦「出雲」が「明石」の代艦となり、また第一五駆逐隊の駆逐艦「檜《ひのき》」「樫《かし》」「柳《やなぎ》」「桃《もも》」が増勢される。

この駆逐艦四隻は、さきの駆逐艦八隻よりもさらに新しく、一九一六年から一七年にかけて完成したばかりの排水量八三五トン型である。八隻が魚雷発射管四・一二センチ砲一門（ほかに八センチ砲四門）であるのに対し、四隻は、魚雷発射管六・一二センチ砲三門の優秀艦であった。

第二特務艦隊にはさらに一九一八年になって、装甲巡洋艦「日進」が増勢された。はじめはしぶしぶの艦隊派遣であったのに、時日《じじつ》の経過とともに政治的・外交的・軍事的成果の大きいことが証明され、日本海軍は積極的となっていった。

なお、日本政府は、艦隊派遣の条件として、すでに日本が占領していたドイツ領南洋諸島の帰属について、イギリス政府が戦争終結のときに日本に有利に取りはからうよう主張して、イギリスの内諾《ないだく》も得られた。

周知のとおりパリの講和会議により、これら諸島は国際連盟による日本の委任統治地域となり、ひいては太平洋戦争のときに日米両海軍の決戦場となる。

ところで第一・第二特務艦隊の活動は、編成から二年半に及び、廃止されるのは大戦終了後の一九一九（大正八）年八月九日となる。

マルタ島に着いた第二特務艦隊

新編された第二特務艦隊は順次シンガポールに集合し、遠征の準備を進めた。「明石」に座乗する佐藤がまず駆逐艦八隻を率いて同地を出発したのは、一九一七年三月一日である。

イギリス海軍の要望に応じ、ドイツ仮装巡洋艦に対する捜索列を展開しながら、コロンボ・アデンを経由してスエズ運河を通過し、四月四日、ポートサイドに入港した。

イギリス海軍が待ちわびていた。

すぐに、アレクサンドリア港からマルタ島まで航行するイギリス運送船「サクソン」号を、日本の駆逐艦二隻で護衛してほしいという。

四月に入るとドイツ潜水艦の活躍は猛烈となり、行動可能な潜水艦はすべて出動して、連合国船舶の被害が激増する。地中海における四月中の喪失は、総トン数で三月中の三倍にも達し、四月中の全世界の喪失の四分の一に相当している（図表18参照）。

イギリス海軍の要望が届いたとき、佐藤ほかはカイロ・アレクサンドリア視察のため、ポートサイドを離れているという状況であったにもかかわらず、さっそく第二特務艦隊はイギリスの希望に応ずることに決定した。

「梅」「楠」がアレクサンドリアに先遣され、両艦は四月九日、「サクソン」号を護衛して同地を出港し、四月一二日にマルタ島に安着した。日本艦隊による最初の護衛成果である。

主隊は翌四月一三日、マルタ島に到着する。

同地には軍令部出仕の少佐・坂野常善《さかのつねよし》（のち中将）が派遣され、日英間の連絡業務に従事した。やがて同人は、第二特務艦隊参謀をも兼ねる。

佐藤が海軍軍令部長から訓令されていた天皇の命令には、

「マルタ島を根拠とし、同地における英国艦隊指揮官と協議し、かつ関係ある連合国艦隊指揮官と気脈を通じて、地中海方面の協同作戦および通商保護に任ずべし」

とあった。

対潜作戦法

第二特務艦隊がマルタ島に到着したときの地中海の軍事情勢を見ておこう。

まず水上の主力艦隊についてである。

オーストリア艦隊は主としてアドリア海奥深くのポーラに、一部は入口に近いカッタロにいる。これを監視してフランス艦隊の主力が、アドリア海の入口となるオトラント海峡南東部のコルフ島に控えている。

コンスタンチノープルにはトルコ艦隊と、前述のドイツ軍艦「ゲーベン」「ブレスロー」が潜む。これを監視してイギリスのエーゲ海艦隊が、エーゲ海のリムノス島のムドロス港に配備されている。

水上部隊は連合国が圧倒的であった。もちろん問題は潜水部隊にある（図表19参照）。

アドリア海にはポーラを主基地としカッタロを前進基地として、ドイツ潜水艦二〇隻以上とオーストリア潜水艦がいる。英・仏・伊の三国はオトラント海峡を封鎖しようとした。

また、コンスタンチノープルにあるドイツ・トルコの潜水艦数隻に対しては、イギリスがダーダネルス海峡の封鎖に当たった。

当時の海峡封鎖の方法は、主として対潜機雷の敷設と、防潜網の設置である。

ダーダネルス海峡方面には一九一七年末までに、合計二五〇〇個の機雷が敷設された。

図表19 第一次大戦時の地中海

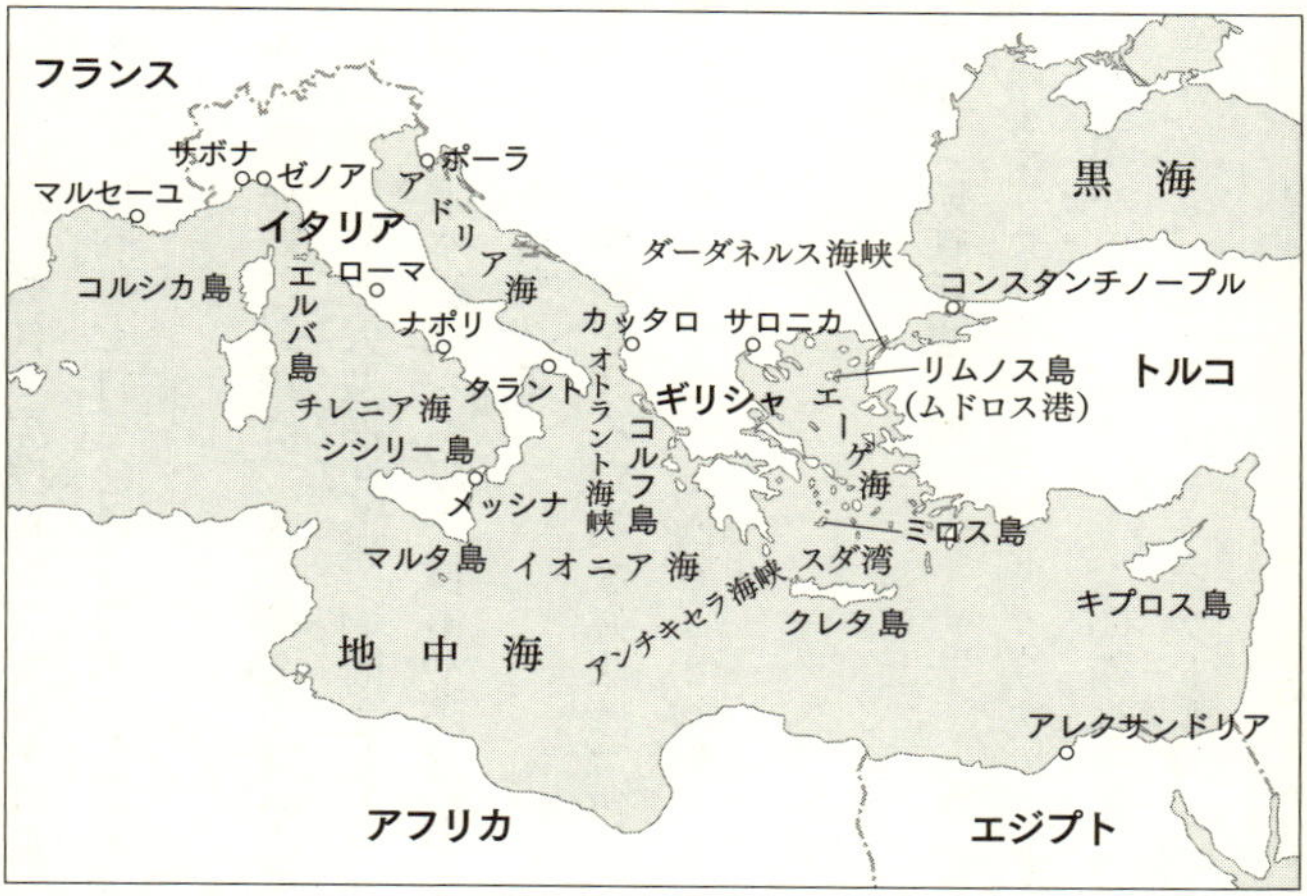

オトラント海峡では、イタリア海軍の指揮下にイギリスのドリフター隊が封鎖任務に従事した。同隊はモーターランチ三〇隻・ネットドリフター一二〇隻からなり、タラント軍港を根拠地とし、戦艦「クイーン」を母艦とした。

ネットドリフターの流す防潜網に敵潜水艦がかかった場合、上方から準備している爆雷を投下するのである。また各艇は、予備艦から引き揚げた砲一門を装備していたが、敵潜水艦が浮上した場合に交戦できるような口径を持つものは一隻もなかった。

これらの機雷や防潜網は、若干の成果を挙げた。

たとえば、ドイツのUB四六潜は一九一六年一二月、コンスタンチノープルに帰港しようとして機雷に触れて沈没した。またオーストリアのU六潜は一七年五月一三日、ドイツのUB四四潜は同年七月三〇日、いずれもオトラント海峡で防潜網にからまり、撃沈されている。

しかし両海峡の封鎖は、きわめて不完全であった。機雷は流失するものが多く、防潜網は潜水艦の装備する大型網切器《あみきりき》で切断された。

同盟国の潜水艦はたくみに機雷や防潜網を避けて海峡を潜航《せんこう》突破し、地中海上で連合国のシーレーンを攻撃する。

したがって船舶を守る確実な方法は、船舶に護衛艦を付《ふ》し、襲撃しようとして接近する潜水艦の潜望鏡を見つけ、(1)衝撃、(2)砲撃、(3)爆雷攻撃のいずれかにより、対抗することであった。

シーレーン防衛担当海域

当時イギリス・フランス・イタリアの三連合国は、地中海を一一の海域に区切り、それぞれ担当海軍を定めてシーレーン防衛に当たっていた(図表20参照)。

イギリスは、マルタ島〜エジプト間のシーレーン防衛に当たり、エーゲ海一帯をも担当海域とする。

図表20 連合国のシーレーン防衛・担当区域

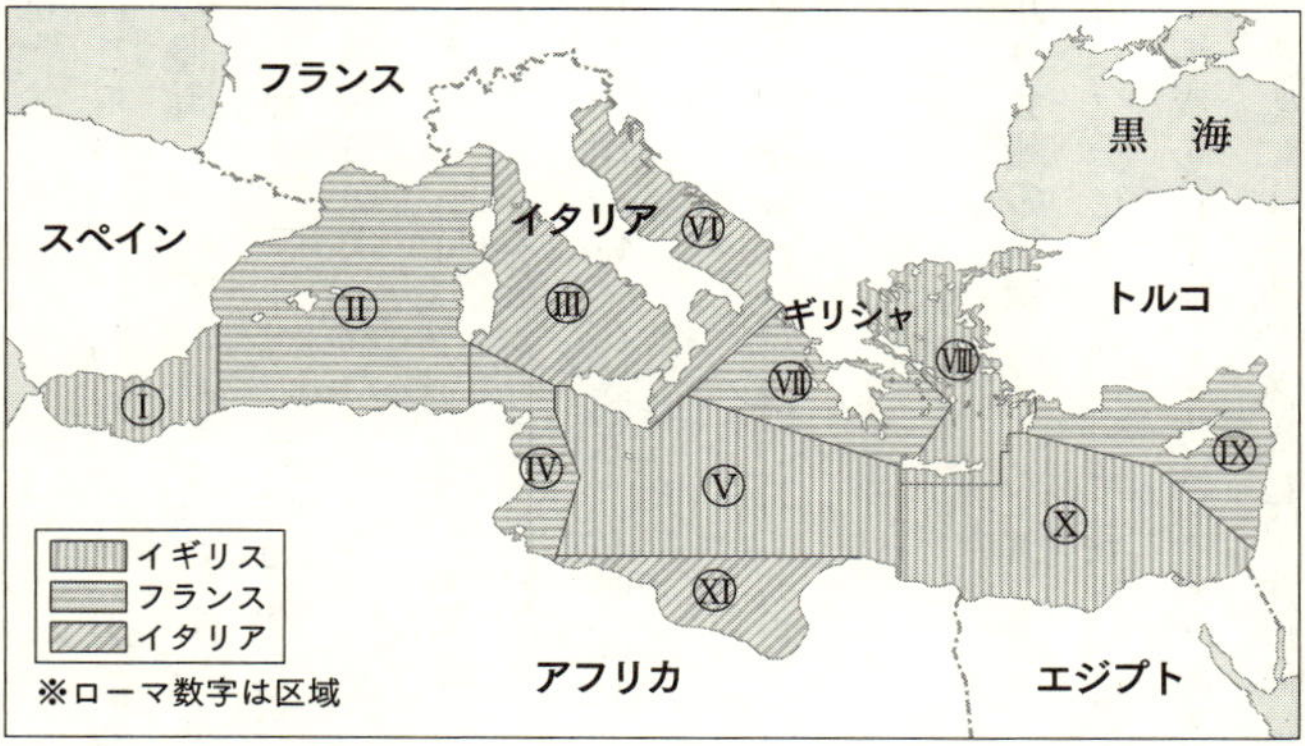

フランスは、チュニスとアルゼリア沿岸一帯を担当海域とし、ギリシャ西方および南方海域の哨戒にも責任を持つ。

イタリアは、本土の東・西・南方海域を担当する。

このような海域を区切っての混合指揮が、しばしば運用の困難性や作戦上の欠陥をもたらすことは、戦史の証明するところである。地中海のシーレーン防衛についても同様であった。

一例をあげよう。

イタリアの軍隊輸送船「ミナス」号は、一九一七年二月、イタリア駆逐艦によって護衛され、本土からギリシャのサロニカ港に向かった。その駆逐艦はイタリアの担当海域を終えてイギリスの担当海域に移るとき、マルタ島からイギリスの駆逐艦が派遣されるものと考え、「ミナス」号を放置して帰航してしまった。

ところがマルタ島のイギリス先任海軍将校・少将バラード（イギリス海軍工廠長）は、同船の護衛については通知を受けていなかったので、護衛艦は派遣されなかった。

その結果、「ミナス」号は単独で航行を継続し、途中敵潜水艦の雷撃を受けて沈没し、八七〇の人命が失われた。

これらの欠陥は早急に除く必要があった。関係国の海軍指揮官が会合して協議することとなり、フランス艦隊司令部の所在するコルフ島が会場に選ばれた。

日本の司令官・佐藤も当然呼ばれ、「梅」「楠」を率いて四月二四日、マルタ島を出港する。

連合国指揮官会議は四月二八日、フランス艦隊旗艦・戦艦「プロバンス」艦上で開かれた。

コルフ会議の論議

コルフ会議は一九一七年五月一日まで四日間続けられ、マルタ島に全地中海の航路・護衛・哨戒を管掌する中央機関を設置することを決議した。

護衛艦による直接護衛は洋上航路に適用され、哨艦《しょうかん》による哨戒は沿岸航路・狭水道《きょうすいどう》で行なわれる。哨艦には護衛任務に適しない艦艇のみを使用するよう、決められた。

日本艦隊の到着により、地中海にある連合国の総艦艇は、封鎖、掃海・根拠地警備に必要なものを除くと、護衛艦として一一二隻、哨艦として八九隻があった。

地中海を航行する船舶はおよそ三〇〇隻あり、うち二〇〇隻が洋上航路を、一〇〇隻が沿岸航路を採っていた。

洋上航路の二〇〇隻が三隻の船団を組み、二隻の護衛艦を配するとなると、約一四〇隻の護衛艦を必要とする。

このとき沿岸航路の総延長は二〇三〇カイリあり、航路一〇カイリにつき一隻の武装哨戒艦艇を必要としたので、単純に計算しても二〇三隻の哨艦が必要であった。

護衛艦・哨艦の不足に当面して、コルフ会議で採用された原則の主要なもの三つを示しておこう。

1、可能なかぎり、沿岸航路を使用する。航海は夜間のみで、昼間は防御港に停泊する。
2、マルタ島～アレクサンドリア港間のように、洋上を横断する場合には、各船に別個の航路を指定し、危険を分散する。
3、重要船には、その全航路を通じ護衛艦を付す。護衛効率を向上させるため船団を組めるが、一艦の護衛能力は三隻を限度とする。

この会議の特色は、日・英・仏・伊の激しい論議の末、採用された原則が各国の主張の折《せっ》衷案《ちゅうあん》であったことである。

このことは、まだ潜水艦に対する有効な攻撃・防御の方法が固まっていなかったことを示している。

シーレーン防衛中央機関

開戦以来、地中海にある英仏海軍の最高指揮官には、フランス将官が任命されるとの英仏協定（一九一四年八月六日）があり、フランス地中海艦隊司令長官・中将ゴーゼがその任にあった。

ゴーゼは、コルフ会議で決議されたマルタに位置するシーレーン防衛中央機関の指揮官にも、フランス将官が任命されることを望んだが、船舶・護衛艦・哨艦の大部分を出しているイギリスが賛成しなかった。

結局、新設されるイギリス地中海艦隊司令長官（中将）が、この中央機関の指揮官に就任することとなり、中将カルソープがマルタ島の陸上司令部に着任して将旗を掲げたのは、一九一七年八月二六日である。

ところでイタリアは、コルフ会議の決議があったものの、自国の担当海域内ではイギリスの指揮権を最後まで承知しなかった。

日本の第二特務艦隊も、他国海軍将官の指揮を受けないよう、とくに最初から旗艦を定めて司令部を置いている状況で、イギリス海軍との横の協力関係を重視し縦の指揮権を認めなかった。

連合した海軍の指揮権問題は複雑であり、カルソープの指揮権が完全に及んだのは、英仏海軍部隊内だけということになる。

コルフ会議の終了直後、イギリスの大型客船「トランスシルバニア」号が、中近東戦線に出動する三〇〇〇人の陸軍兵を搭載して、マルセーユからエジプトに向かおうとして、イタリア北西岸で撃沈されるという事態が起こった。

この事件は、どのように努力しても潜水艦の攻撃から船舶を守るのが不可能なのではないかと思われるほど、連合国に衝撃を与えたものである。

護衛に従事していたのは、日本の駆逐艦二隻であった。

「トランスシルバニア」号沈む

第二特務艦隊はマルタ島に到着してから、主としてマルセーユ〜マルタ〜エジプト間、タラント〜エジプト間のシーレーンにおいて、船舶の護衛に従事した。

新鋭の駆逐艦を使用し、乗員の資質・訓練も優れていたことから、連合国からの評価は高く、重要な軍隊輸送船などの護衛を担当することが多かった。

当時、護送船舶の優先順位は、(1)軍隊輸送船、(2)兵器弾薬の運送船、(3)旅客船、(4)通常の軍需品運送船、(5)荷物船、(6)空船の順とされていた。

日本の駆逐艦「松」「榊」が、イギリスの二本煙突で一四ノット以上の速力を出せる大型客船「トランスシルバニア」号(以下「ト」号)を護衛してマルタ島を出港したのは、一九一七(大正六)年四月二六日である。目的地はマルセーユ。

両艦は、昼間は前方からの襲撃を警戒して「ト」号の右前方と左前方一〇〇〇メートルに占位《せんい》し、夜間は後方からの襲撃を警戒して右後方と左後方八〇〇メートルに占位した。

メッシナ海峡・ナポリ沖・ローマ沖・エルバ島東方海峡を通過して四月二九日午前、マルセーユ着。

同地で陸兵三〇〇〇人・兵器弾薬を満載した「ト」号は、五月三日夕刻出港し、アレクサンドリアへ向かうこととなる。メッシナ海峡までの護衛は「松」「榊」が担当し、そのあとの護衛はイギリス駆逐艦二隻が引き継ぐ計画であった。

「ト」号の航路の一日航程前方には、イタリア巡洋艦に護衛された船団があった。そのうちの一隻であるイギリス船「ワシントン」号は、巡洋艦が解列してゼノアに入港した直後の五月三日午後、潜水艦に雷撃され沈んだ。

敵潜水艦の存在は「ト」号船団にも警戒され、「松」「榊」は警戒を厳重にして進んだ。

護衛隊形は往路と同様で、五月四日朝、イタリアのサボナ沖にさしかかった。雨雲が低く、北々西の風が強く白波が立っている。

午前十時二十分、とつぜん「ト」号の左船尾に魚雷が命中して爆発した。やや左に傾いて停止する。

「松」はただちに風下の左船尾に横付けして人命救助に当たり、「榊」は戦闘速力で敵潜《てきせん》制圧の爆雷攻撃を行ないつつ、「松」の救助作業を援護する。

やがて敵潜の第二撃があった。この魚雷を「榊」は後進全速で危うくかわしたものの、「ト」号の左中央部に命中し、致命傷《ちめいしよう》となった。同船が船首から、スクリューを空中にあげて沈んだのは午前十一時三十分である。

「松」「榊」、ならびに救援にかけつけたイタリア駆逐艦二隻、雑役船二隻により、「ト」号の総人員三二六六人のうち、三〇〇〇人が救助され、サボナ港に上陸できた。

ドイツ潜水艦によりたびたび大損害を受けているイギリスの朝野は、「ト」号の喪失よりも人命救助により関心が強く、第一一駆逐隊司令の中佐・横地錠二《よこちじようじ》ほかの士官七人、下士官兵二〇人に、国王ジョージ五世が勲章を与えるほどであった。

「榊」大破と五九人の戦死

「松」「榊」はマルタ島で小修理のあと一九一七(大正六)年五月二九日、イギリス病院船「グールカ」号ほか一隻を護衛してクレタ島に向かった。

五月三一日、アレクサンドリア港から迎えにきたイギリスのスループ艦に一隻を引き渡し、病院船を護衛して六月一日、同島北西岸の良港スダ湾に入港した。ちなみにスループ艦は、戦時急造の小型護衛艦である。

両艦は病院船を護衛して六月四日、スダ湾を出てギリシャのサロニカを目指し、六月六日、その任務を果たした。

前述のとおりエーゲ海北部のリムノス島ムドロス港には、ダーダネルス海峡を監視・封鎖中のイギリス艦隊がいる。両艦は六月九〜一〇日、同港に寄港して補給のあとエーゲ海南部のフランス海軍のいるミロス島に向かった。

災難は六月一一日に起こった。

同日早朝、両艦は同島に到着して日仏海軍の交歓《こうかん》行事のあと、午前十時三十分出港してマルタ島への帰路に就いた。

南西の針路で、両艦は六〇〇メートルの間隔で横陣となり、一八ノットの高速で之字《のじ》運動（潜水艦回避のためのジグザグ航行）中であった。晴天であったが北風の白波があり、太陽に向かい前面の展望が良くなかった。

午後一時三十二分、クレタ島とギリシャを分けるアンチキセラ海峡にさしかかろうとしたとき、横陣の左側を進む「榊」の左正横一八〇メートルに、見張員が潜望鏡を発見した。艦長の少佐・上原《うえはら》太一《たいち》が、急速右回頭を意味する「面舵《おもかじ》一杯急げ」の回避命令と、前部砲の砲撃を下令した直後、敵潜の魚雷が左艦首に命中し、前部火薬庫が誘爆した。

艦橋付近から前部がことごとく粉砕《ふんさい》され、上原は海中に飛ばされ、当直将校も重傷を負った。

午後一時三十五分、「榊」は停止し、後部砲で敵潜を砲撃する。「松」は一〇〇〇メートルを隔《へだ》てて「榊」のまわりを旋回し、爆雷と砲撃で敵潜を制圧して、その後の被害はなかった。

SOSを聞いて、ミロス島湾口を警戒中であったイギリス駆逐艦「リップル」が現場に急行し、負傷者を収容するとともに「榊」を曳航《えいこう》してスダ湾に向かい、ほかに英仏艦四隻の増援が得られ、両艦は同日午後十一時三十分、入港のうえイギリス工作船に横付けた。

「榊」の戦死者は、艦長以下五九人であった。

二年余にわたる第二特務艦隊の行動中、ほとんどただ一回の、最大の被害である。ほかには、地中海の激浪《げきろう》にさらわれた者や病死者など一九人の死亡を数えるだけである。

「榊」はこのあと、イギリスのあっせんでアテネに近いギリシャのパイロス造船所で、最後はマルタ島のイギリス工廠で修理され、一年余のあと一九一八年八月九日、出渠《しゅっきょ》のうえ再就役《しゅうえき》できた。

曲折のあと終戦

第二特務艦隊が編成された一九一七年二月から、対独休戦条約が調印された一八年一一月までの、地中海における潜水艦戦を図表21（イギリス政府公刊戦史より）によって眺めておこう。

一九一七年から翌年春にかけて、激しい攻防戦が展開されたことがわかる。とくに一七年中に撃沈されたドイツ潜水艦がわずかに二隻であることは、連合国の対潜攻撃法が未熟であることを示している。

しかし、第二特務艦隊が到着してから、軍隊輸送船の被害は目立って減少した。

図表21　ドイツ・連合国の潜水艦戦一覧表（1917年2月～1918年11月）

	ドイツ潜水艦平均数		連合国被害船舶数		同左の総トン数	喪失したドイツ潜水艦数
	（アドリア海）	（コンスタンチノープル）	（沈没）	（損傷）		
1917年 2月	24	3	50	—	101,291	0
3月	26	3	36	3	82,798	0
4月	25	3	94	4	234,170	0
5月	26	3	81	—	146,747	1
6月	27	3	94	—	133,770	0
7月	28	3	46	—	84,866	0
8月	27	3	63	7	128,939	0
9月	29	3	47	3	81,862	0
10月	32	4	50	2	142,519	0
11月	32	4	33	9	116,521	0
12月	34	4	57	7	176,767	1
1918年 1月	33	4	54	7	148,444	2
2月	33	4	36	11	131,435	1
3月	33	3	65	9	158,093	0
4月	34	3	38	9	121,561	1
5月	34	3	65	12	173,172	5
6月	28	3	24	5	78,322	1
7月	29	3	36	7	97,014	0
8月	29	3	32	1	67,532	1
9月	30	3	35	6	56,757	0
10月	28	2	19	—	不　明	11
11月	—	3	—	—	—	1

　イギリス政府公刊戦史は、「日本海軍軍人にとって軍隊輸送船の護衛は、もっとも適当な任務であった。連合国陸軍を洋上保護する名誉感により日本海軍軍人は、護衛上のあらゆる要求に応ずることを日本軍隊の面目《めんぼく》と考えた」と記述する。

　第二特務艦隊はその行動中、三四八回の護衛任務を果たし、連合国の軍艦・船舶七八八隻（うち軍艦二一隻）、総人員約七〇万人を護送した。

航程の累計は二四万カイリに達し、敵潜水艦との交戦三六回が戦闘詳報で報じられている。

ただし、戦後の検討によると撃沈した敵潜はなかった。

地中海のドイツ潜水艦は休戦条約の調印まえ、本国へ引き揚げようとした。図表21にある一九一八年一〇月の喪失独潜一一隻のうち、一隻は東部地中海で英艦に撃沈され、一〇隻はアドリア海で自爆している。一八年一一月の一隻は、ジブラルタル海峡で英艦に撃沈されたものである。

評価と教訓

ドイツ潜水艦の攻勢作戦のピークは一九一七（大正六）年四月であった。その後も大被害が続いたけれども、一〇月になると緩和の兆《きざ》しが見え始め、一八年三月には連合国の船舶補充率が喪失率を超過して、危機がすでに過ぎたことを示した。

危機を乗り切った最大の理由は、アメリカの参戦による海軍兵力と経済界の全面的な支援である。

さらにイギリス海軍省ははじめ、地中海以外では船団護衛を行なわず単独航行を推進していたが、一七年四月から組織的な船団護衛法を採用して成功したことである。艦艇への水中聴音器の装備、パラベーン攻撃、繋留《けいりゅう》気球の採用、航空機による爆撃などは、きわめて有効なことが立証された。

コンスタンチノープルに逃れたドイツ巡洋戦艦「ゲーベン」と軽巡洋艦「ブレスロー」は、一九一八年一月二〇日早朝、ダーダネルス海峡から出撃してイギリスの警戒艦艇群と戦って二隻を撃沈したあと、リムノス島ムドロス港のイギリス艦隊を攻撃しようとして、二艦とも機雷に触れ、「ブレスロー」は沈没し、「ゲーベン」は座礁する運命に陥ったことを、ここで記しておこう。

第二特務艦隊の駆逐艦の全期間にわたる海上出動率は、七二パーセントであった。イギリスの駆逐艦の出動率は六〇パーセント、フランス・イタリアのそれは四五パーセントの数字が出ていることと比較すると、日本の乗員・艦体がいかに優れていたかがわかる。

イギリスは日本海軍の優秀さを認め、その保有する駆逐艦・トロール船各二隻に、日本の艦隊乗員を乗り組ませて、佐藤の指揮下で作戦に従事させたほどである。

ドイツが降伏したあと、ドイツの保有する潜水艦は戦勝国で分配された。日本への割当ては七隻であり、第二特務艦隊ほかの回航員の手により横須賀に回航された（一九一九年六月一八日）。

これら戦利潜水艦は、日本のその後の潜水艦建造の基礎となった。

第二特務艦隊の地中海への遠征は、決して少なくない人命の犠牲を伴ったが、秋山真之が強調したように、戦後の日本の地位を有利にし、海軍の技術・兵器の改良のための多くの資料を与えたと言える。

ただ、第二特務艦隊乗員が苦心して体得したシーレーン防衛についての貴重な教訓は、日本海軍部内で十分には生かされなかった。

日本海軍では、苦労の多い持続的な努力を必要とする地味なシーレーン防衛作戦よりも、花々《はなばな》しい海上決戦に眼を奪われ勝ちであった。

第一次世界大戦の海戦で、日本海軍がもっとも注目したのは英独艦隊の決戦となったジュットランド海戦であった。

ついで、ドイツ太平洋艦隊とのコロネル沖・フォークランド沖の両海戦であり、さらには北海において生起したヘリゴランド沖・ドッガーバンクの両海戦である。

これらの海戦の日本海軍部内の研究書はきわめて多いが、地中海のシーレーン防衛作戦についての研究書は見当たらない。

たとえば、海軍兵学校の『欧州戦争海戦史』には、前記の五つの海戦の章があるのに、地中海作戦については一言も触れていない。

この日本海軍部内のシーレーン防衛についての姿勢は、太平洋戦争でシーレーンの防衛作戦に敗退したことと無関係ではあり得ない。

さて、第一次世界大戦中に日本海軍がイギリス海軍に協力したので、イギリスのドイツ海軍に対する作戦はきわめて有利となった。

このためイギリス政府は日英同盟の効用を痛感し、戦後もこの同盟を維持したいと考えていたことには疑問の余地がない。

日本政府もまた、日露戦争まえからのこの同盟が、日露戦争の勝利や第一次世界大戦に伴う日本の経済的発展や地位の向上に貢献したことをその目で確認して、同盟の存続を望んでいたのである。

ところがアメリカの存在が、同盟の前途に横たわる重大な障害として浮上してきた。

もともとアメリカは、明治末期から日英同盟と微妙な関係にあったのだが、この問題を理解している人は少なく、また太平洋戦争への道程《どうてい》を知るうえでも必要なことであるので、ここでやや詳しく記しておくのが適当であると思う。

日英同盟条約は、三回にわたって調印されている。

第一回の条約は日露戦争まえの一九〇二年一月三〇日。日英どちらかが二国以上の敵と戦う場合には、他方は参戦して武力を行使する義務を負っていた。日露戦争での日本の敵はロシア一国だけであったので、イギリスは好意的な中立を守っていた。日本は、ロシアの同盟国であるフランスとの戦いを心配せずに、全力でロシア一国のみに対抗することができた。

この戦争でアメリカが日本を攻撃する可能性は絶無《ぜつむ》ではあったが、もしも万一にもそのような事態が起こったと仮定すれば、イギリスは日本を援助してロシア・アメリカと戦わなければならないのである。

第二回の条約は、第一回条約の期限がこない日露戦争中、ロシアの敗北が予期されるようになると、ポーツマス講和条約の成立まえに、イギリスからの強い働きかけが動機となって、ふたたびロンドンで調印された（一九〇五年八月一二日）。

この条約は、第一回のときよりも両国の参戦義務が強化された。すなわち、どちらか一方が戦争に入った場合には、敵が一国だけであっても、他方は参戦して武力援助を行なう義務を負った。第一回は防守同盟と呼ばれたのに対し、第二回のそれは攻守同盟と呼ばれている。

ところで太平洋戦争に敗れたあと、アメリカ海軍の史料を検討してみると、日露戦争まえにすでにアメリカ海軍は日本と戦う可能性を意識し、対日作戦計画をかなり詳しく立案していたことがわかる。

日本がアメリカを想定敵国の一国に数えるのは、日露戦争後の一九〇七年なのであるが、アメリカはそれよりも早く、日本を想定敵国の一国と考えていたのである。

もし日米戦が起これば、日英同盟条約の義務により、イギリスは日本に味方してアメリカと戦わなければならない。このような事態は、ながいイギリスとアメリカの兄弟的な関係から、イギリスを困惑させるものであった。

イギリスはこの課題を解決しようとして、まだ条約の期限を五年残した一九一〇年から、第三回日英同盟条約の実質的な交渉を日本に迫った。

表面上の言葉はともかく、イギリスの真意は、日英同盟の対象国からアメリカを除外することであった。

イギリスの真意を知った日本政府は、日米戦の場合にイギリスがアメリカと戦わないのはやむを得ないとしても、第三国（ロシア・ドイツ・フランス・中国など）がアメリカ側に加わって対日参戦したり、日本が第三国と戦っているときにアメリカが第三国に荷担して対日参戦したりする場合には、イギリスは日本側に立って参戦するよう、つよく求めた。

しかしイギリスの同意は得られず、結局日本側が折れて、アメリカを条約の対象から除外する形式の同盟条約が、みたびロンドンで調印され（一九一一年七月一三日）、日本はこの条約に基づきドイツに宣戦したのであった。

日英同盟存続に対するアメリカの障害は、ワシントン海軍軍縮会議（一九二一～二二年）のときに、さらに具体的な形となって表面に出てきた。

この会議にさいしアメリカの各新聞は、さかんに日英同盟を非難し、「米・英・日で海軍勢力比を協定する順序として、まず日英同盟を破棄せよ」と書きたてた。

この会議で日本は、戦艦と航空母艦の勢力をアメリカ・イギリスの六割にすることを受け入れ、いわゆる五・五・三の比率が確定したのだが、もし日英同盟が存続すれば、アメリカは同盟側に対して五対八（五プラス三）の比率となり、アメリカ人のプライドが許さないのである。

これに加えて、イギリスの有力な自治領カナダ政府の意向があった。カナダはかつて、アメリカといくどか戦った経験がある。いまでも五大湖のほとりや、セント・ローレンス河に面して、アメリカに対抗する要塞が残っているのだが、カナダ政府には、アメリカとは決して戦わないとの確固とした決意があり、日英同盟を破棄するよう、本国政府を突きあげていた。

またオーストラリアも、日英同盟の破棄を望んでいた。太平洋戦争まえ、日本にとっては不思議で理解できないことだが、オーストラリアでは、日本軍が進攻してくるのではないかと恐れていた史料が散見される。

このような事態の進展から、イギリス政府は、自己の希望に反して同盟の存続ができない旨を日本に伝え、日本も同盟存続の希望を持ちながら、ついに日英同盟の終了を迎えなければならなかったのである。

もっとも形式上では、ワシントン海軍軍縮条約の調印（一九二二年二月六日）に先んじて、日本・イギリス・アメリカ・フランスの太平洋方面についての「四国条約」が調印（一九二一年一二月一三日）されて、日英同盟が発展的に解消されたかっこうになっている（発効は一九二三年八月一七日）。

この日英同盟の破棄は、義理と人情を重んずる東洋文化のなかで育った日本人には、忘恩の行為と映《うつ》った。

とくに、第一次世界大戦において誠意をもってイギリス海軍を援助した日本海軍軍人にとっては、衝撃を与えるものであった。

イギリスはこのあとすぐに、シンガポール要塞の強化工事に手をつけ、いちじるしく日本海軍の神経をさかなでした。シンガポールを攻撃できる可能性のある国家は、日本のほかは考えられないのである。

当時の日本はまだ工業的に後進国で、軍備の技術などはイギリスから受け入れていたのだが、同盟国でなくなるとたんにイギリスは、日本に対する技術援助を拒否するようになった。

イギリスにかわって日本海軍に技術を与えることのできる国家は、ドイツであった。こうしてイギリスに習って創設され、イギリス式に発展してきた日本海軍も、日本陸軍に続くような形で、不幸なことにドイツへの傾斜を深めていく。

ドイツが第一次世界大戦の満身《まんしん》の創痍《そうい》から立ちあがり、ヒトラーが政権を掌握《しょうあく》して、軍事的な脅威としてふたたびイギリスの前面に立ちあらわれたとき、イギリスはかつての日英同盟のときのように日本を味方に引き入れようとして、いくどか外交上で、また日本海軍に対してもサインを送り続けた。

しかし、日本は国際政治のなかで正しく自分の位置を判定する能力に欠け、海洋国家としての自覚もなく、イギリスのサインを見分けることもできずに、ドイツとの同盟政策を追って、運命の太平洋戦争への道を進んでいくのである。

現在の日本とアメリカとの同盟政策にも、日英同盟のときと同じように、三つの段階がある。

1、第一回の安全保障条約時代

首相・吉田茂《よしだしげる》が講和条約と同時に一九五一（昭和二六）年九月八日、サンフランシスコで調印した条約に基づく。

軍事的な側面だけを摘出すると、日本国内や周辺にアメリカ軍が駐留し、日本が外国から武力攻撃されたり、外国の影響のもとで大規模な内乱があった場合には、アメリカ軍が日本の安全を守る。

五二年四月に効力を生じ、八年ばかり続いて、つぎの条約に引き継がれる。

２、第二回の安全保障条約時代

首相・岸信介《きしのぶすけ》ほかが六〇年一月一九日、ワシントンで調印した条約に基づく。

軍事的な核心は、日本の「領域」において日米どちらかが攻撃を受けた場合には、両国が共通の危険に対処するように「行動」（act）するように定める。アメリカ軍はこのため、日本において「施設と区域」を使用することができるが、これらはアメリカ軍の「地位」とともに、同時に調印された別個の協定で細部が定められた。

条約の効力が生じたのは六〇年六月で、すくなくとも一〇年間の存続が規定されていた。

３、第二回安全保障条約の自然延長時代

この条約が一〇年間続いたとき、日米両国のどちらも廃棄の手続をとらなかったので、条約はそのまま効力を延長した。

現在では、どちらかが廃棄の意志を通告すると、一年後には条約の効力が終了する。

日米同盟は、すでに四〇年以上にわたって継続し、日英同盟の二一年間をはるかに越え、日本の独立後の政治・経済・軍事などの支柱をなしてきた。

しかしこの同盟も、永久に続くということはあり得ない。いつかは転機が来るはずである。

いつ、どのような状態で転機が来るのかは、人間の能力では予測することができない。

しかし、現在の日米間のいろいろの摩擦《まさつ》や対立を見ていると、日本の港湾や陸上基地、それにテクノロジーの水準が、そのときの経済政策や軍事戦略・軍事技術のうえで、アメリカに対してどのような価値があるのかが、一つの重大なポイントであるように、私には思える。

かつての日英同盟の終了と、それからあとの太平洋戦争への日本の進路をかえりみるとき、かつての日本の大本営や政府が犯した失敗を、日本はふたたび繰り返してはならないわけである。

第7章

ハワイ海戦

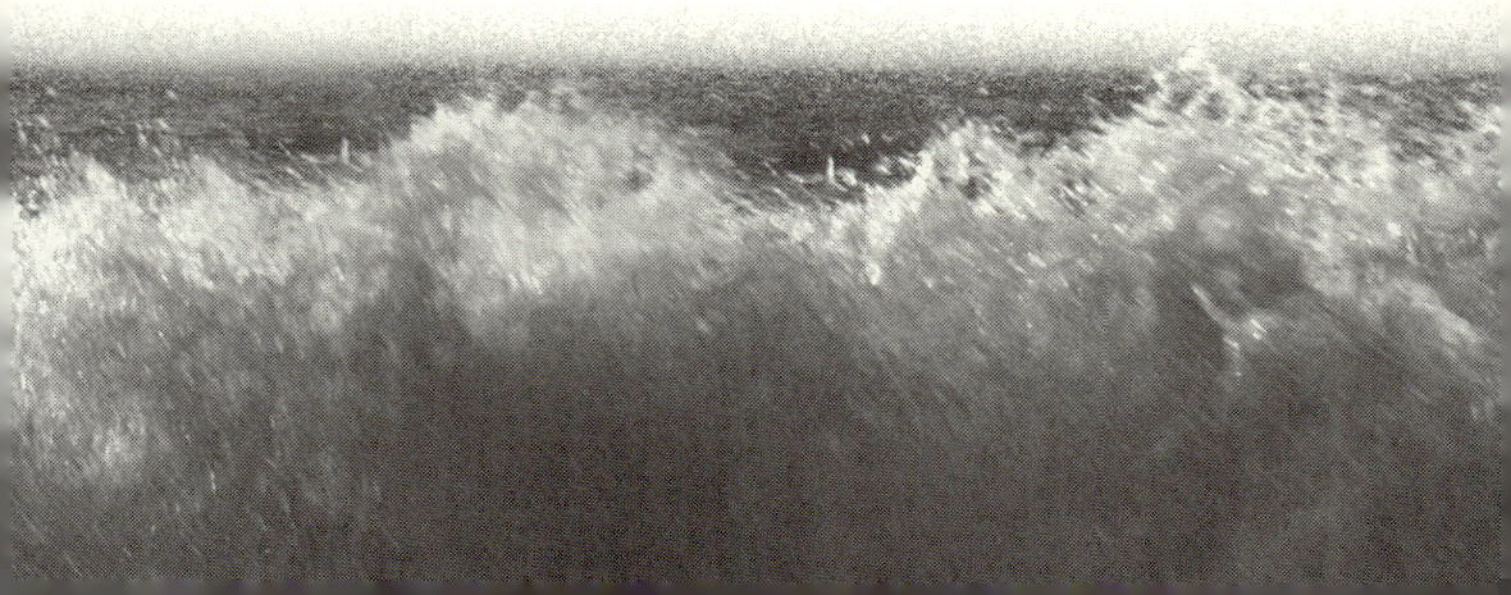

海軍航空育ての親・山本五十六

総統ヒトラーの指揮するドイツ軍が一九三九（昭和一四）年九月一日、ポーランドを攻撃したことにより、ヨーロッパで第二次世界大戦が始まった。

ドイツ軍は翌四〇年四月、北方のノルウェーとデンマークに侵入し、つづいて五月には、西方のベルギー、オランダ、フランスなどへの攻撃を開始する。

それまでアメリカ艦隊の主力は、アメリカ太平洋岸を主基地にする習《なら》わしであった。ところが大統領ルーズベルトは四〇年五月七日、ハワイ海域で演習中の艦隊主力の常駐基地を、ハワイ諸島オアフ島の真珠《しんじゅ》湾に進めるよう命令した。

ルーズベルトは、資源の少ない日本がヨーロッパの混乱を利用して、現在のインドネシアやマレーシアなどの南方資源地帯に進出するのを抑制しようとしたのである。ルーズベルトの処置は結果的に、日本のハワイ攻撃を誘うこととなる。

このとき日本海軍の連合艦隊を指揮するのは、中将・山本五十六であった（一九四〇年一一月に大将に進む）。

山本はもともと、砲術を専門とする海軍将校であったが、航空を重要視する考え方を持ち、大佐のときに希望して航空の分野に進んだ。空母「赤城」艦長や第一航空戦隊司令官を務めるなど、海上の航空関係の指揮者の経験を積み、また日本海軍の航空機などの計画・製造や航空術の教育の元締《もとじ》めとなる海軍航空本部で、あるときは技術部長として、あるときは本部長として、海軍航空の発展のために著《いちじる》しい功績を挙げた。

太平洋戦争で大活躍して有名となった零戦《れいせん》（零式《れいしき》艦上戦闘機、ゼロ戦）は、山本の海軍航空本部長としての施策によりできあがったものと考えてよい。

山本の人柄と指導力は、多くの関係者から敬意をもって親しまれ、短期間のうちに海軍航空の技術と整備・育成が世界一流の水準に達したので、山本はよく「海軍航空育ての親」と呼ばれるようになっていた。

山本が連合艦隊司令長官となったのは、第二次世界大戦が始まる直前の三九年八月三〇日である。連合艦隊に着任して航空兵力による攻撃力が著しく向上したのを確認すると、四〇年春から秋にかけ、航空機によるハワイ攻撃の着想が生まれてきたのである。

そのころ世界の海軍国で、空母の航空機により攻撃作戦ができるのは、日本、アメリカ、イギリスの三国だけであった。フランスは空母一隻を保有したが、航空機の輸送用に使っており、ドイツの一隻はほぼ完成していたが、搭載できる航空機をまったく持たなかった。

イギリス海軍は四〇年一一月一一日、地中海の作戦で空母により大きな戦果を挙げた。

イタリア海軍の主力はその日の夜、イタリア半島の長靴《ながぐつ》の足首のところに位置するタラント軍港に在泊していた。空母「イラストリアス」を含むイギリス地中海艦隊は、軍港の南東方一七〇カイリに接近して搭載機を発艦させ、雷撃機の魚雷により戦艦三隻、巡洋艦二隻などに大損害を与えた。

イタリア海軍はこの攻撃により致命傷を受け、戦艦群は半島中部のナポリに移動し、その海軍力としての存在価値を失ってしまった。

すでに航空機によりハワイ攻撃の考えを持っていた山本が、イギリス海軍のこの作戦に強く印象づけられたことは確かであろう。

ハワイ作戦の採用

日本が一九四〇（昭和一五）年九月二七日、軍事同盟条約をドイツ・イタリアと結んだこともあり、このころアメリカとの関係は急激に悪化し、日米戦の声が聞かれるようになっていた。

山本はかつて二度、アメリカに駐在した経験からもアメリカの国力が大きいことをよく知り、また二次にわたったロンドンにおける海軍軍縮会議などにも出席していたので、当時の海軍首脳のなかで、もっとも国際的感覚の優れた人物であった。

太平洋戦争まえの山本に一貫していたのは、アメリカとは戦争してはならないとの立場であった。

さらに、四〇年一一月下旬からあと一貫していたのは、もしアメリカと戦うのであれば開戦の冒頭に、真珠湾に在泊するアメリカ艦隊の主力を空母群の航空機で撃破するしかないという立場であった。

山本は海軍大臣及川古志郎に四〇年一一月下旬口頭《こうとう》で、さらに四一年一月七日には書簡で、この考え方を進言した。

山本はこのあと、連合艦隊司令部の幕僚と自身がもっとも信頼する飛行将校である少将・大西瀧治郎《おおにしたきじろう》に、作戦の細部計画を研究させ、東京の軍令部に対米戦の場合にはハワイ作戦の決行を認めるよう要望した。

しかし軍令部の事務当局は、つぎの理由により反対であった。

1、開戦前に大艦隊が長い航海を必要とし、企図の秘匿《ひとく》がむずかしい。

2、攻撃決行時にアメリカ艦隊が湾内に在泊しない可能性がある。

3、企図秘匿のため、一般船舶の使用しない荒天の予想される航路を進撃するので、艦隊の燃料補給に不安が大きい。

4、戦艦・空母などの大艦に致命傷を与えるためには、魚雷を命中させるか高高度から徹《てっ》甲弾《こうだん》を命中させる必要がある。真珠湾は狭くて水深が浅く、雷撃機の魚雷発射が至難で、もし雲があれば十分な高度からの水平爆撃ができない。急降下爆撃では爆弾が小さく効果が不十分。したがって航空攻撃の効果が大きいという保証がない。
5、開戦となれば、南方資源地帯の占領が最優先の課題となり、この作戦に空母群を必要とするので、ハワイ作戦に空母を割《さ》く余裕がない。

軍令部の反対理由は、論理のある当然のことである。しかし山本は、もし対米戦を始めるのであれば、この作戦を決行して開戦冒頭にアメリカ海軍と国民に大打撃を与えるのでなければ、戦争の勝算は絶無であると考え、またハワイに敵艦隊がいて横腹《よこばら》をさらしていては、南方資源地帯の占領作戦にも不安がつきまとうとして、その決意を変えなかった。

そこで四一年九月、海軍大学校でハワイ作戦の図上演習が行なわれて研究された。演習では大型空母四隻による攻撃が検討され、戦艦四隻・空母二隻などを撃沈する戦果判定があったものの、味方も空母二隻が沈没し、あとの二隻も撃破されて、無傷の空母は皆無という結果であった。

図上演習のあと、作戦を担当する第一航空艦隊司令部（司令長官・中将・南雲忠一《なぐもちゆういち》）には、作戦に反対する空気があり、さらに山本から最初に検討を命ぜられた大西少将すら、反対する有様《ありさま》であった。

この状況になっても山本の決意はいささかも揺るがず、作戦の決行が採用されないのであれば、連合艦隊司令長官として職に留まることはできないとの信念なのである。

山本の決意が不動であることを知った軍令部総長の大将・永野修身は四一年一〇月一九日、ついに大型空母の全力である「赤城」「加賀《かが》」「蒼龍《そうりゆう》」「飛龍《ひりゆう》」「翔鶴《しようかく》」「瑞鶴」の六隻によるハワイ作戦の承認に踏み切った。

要するにこの作戦は、連合艦隊の主将たる山本の、人格と信念を端的に示す作戦なのであった。

空襲の決行

ハワイ海戦の機動部隊は秘密保持を厳重にして、千島列島択捉島《えとろふとう》のヒトカップ湾に集合し、一九四一(昭和一六)年一一月二六日午前六時、遠征の途についた。

空母六隻を戦艦二隻(比叡・霧島)、重巡二隻、軽巡一隻、駆逐艦九隻が護衛し、ほかに潜水艦三隻、タンカー七隻が従っていた。

出撃までに飛行機隊は、真珠湾に地形がよく似た鹿児島湾ではげしい訓練に従事し、進撃途上で商船に遭遇しないよう、常用航路から離れた北方航路が選定され、洋上補給ができない場合に備えて、各艦は燃料庫以外のタンクやドラム缶に重油《じゆうゆ》を搭載して航続距離を延ばし、航空魚雷には発射時に水中深くもぐらないよう、特殊の改装が行なわれるなど、作戦成功に向けて必死の努力が払われた。

開戦初日に真珠湾に接近した機動部隊は、オアフ島の北方二三〇カイリの地点から一八三機の第一次攻撃隊を、さらに接近して二〇〇カイリの地点から一七〇機の第二次攻撃隊を発艦させた。

飛行機隊の総指揮官は中佐・淵田美津雄《ふちだみつお》で、九七式《きゅうななしき》艦上攻撃機に乗り、第一次攻撃隊の水平爆撃隊の先頭にあった。

九九式艦上爆撃機による飛行場への急降下爆撃が攻撃の火ぶたを切り、ときにハワイ時間一二月七日午前七時五十五分で、日本時間では八日午前三時二十五分であった。

このときアメリカ海軍は、戦艦のうち九隻を太平洋方面に、八隻を大西洋方面に配備しており、空母については三隻が太平洋に、四隻が大西洋にいた。

太平洋艦隊司令長官は大将キンメルで、合衆国艦隊司令長官を兼務し、空襲されたときには真珠湾の陸上司令部にいた。

日本の攻撃は完全な奇襲となった。主目標とされた在泊中の艦船と、副目標とされた航空基地は大損害を受けた。

在泊した八隻の戦艦のうち「アリゾナ」「オクラホマ」「ウェストバージニア」「カリフォ

ルニア」の四隻が沈没し、ほかの四隻全部も損害を受けた。

太平洋艦隊旗艦「ペンシルバニア」のみがドックに入っていて、爆弾一発が命中しただけで被害がもっとも小さく、ほかの七隻は湾内のフォード島の南東泊地に二列になって係留《けいりゅう》されており、外側の戦艦が雷撃機の魚雷により大損害を受けたのである。

「アリゾナ」の損害が最大であった。数個の魚雷と爆弾が命中し、爆弾の一発が前部弾火薬庫内で爆発して誘爆。急速に沈没し、一〇〇〇名以上の乗員が艦と運命をともにした。同艦はいまでも記念艦として、沈没した姿を真珠湾内に見せている。

オアフ島にある六個の航空基地では、陸軍機二三一機、海軍機八〇機が失われ、日本軍の攻撃のあと使用できるアメリカ軍機は、七九機にすぎなかった。

アメリカにとり幸運で、日本にとり不運であったのは、太平洋艦隊の空母が一隻も空襲時に在泊しなかったことである。

空母「サラトガ」は太平洋岸のサンジエゴにあり、「レキシントン」はミッドウェー島へ航空機を輸送中で、あと一隻の「エンタープライズ」は、ウェーク島へ航空機を輸送したあと真珠湾へ帰投中であった。

空母群が無傷で残ったことは、のちに日本海軍のミッドウェー作戦の発起《ほっき》とその敗退につながっていく。

日本の機動部隊の飛行機隊の被害は、奇襲となった第一次攻撃隊で九機、アメリカ軍の混乱のなかで強襲となった第二次攻撃隊で二〇機、合計二九機である。

前述の九月の海軍大学校における図上演習のとき、飛行機隊の被害は一二七機であったので、予想されていたよりもはるかに少ない損害であった。

空母群が全飛行機隊の収容を完了したのは、ハワイ時間七日午後一時五十分（日本時間八日午前九時二十分）で、位置はオアフ島の北方約二五〇カイリであった。艦隊はアメリカ側からなんらの攻撃も受けなかった。

南雲中将は第二撃を行なうことなく戦場離脱を決意し、そのまま北方に航進してオアフ島からの飛行哨戒圏外に脱出し、日本への帰投の途についた。

機動部隊は帰路に、ウェーク島攻略を支援するため空母「蒼龍」「飛龍」と重巡二隻などを分派したが、六隻の空母全部がかすり傷ひとつ受けることなく、一二月二九日までには呉軍港に帰投することができたのである。

潜水部隊の監視と攻撃

機動部隊の飛行機隊がハワイ攻撃を決行したとき、オアフ島周辺には合計二五隻の日本海軍の大型潜水艦が配備に就いていた（図表22参照）。

図表22 日本海軍の潜水艦配備

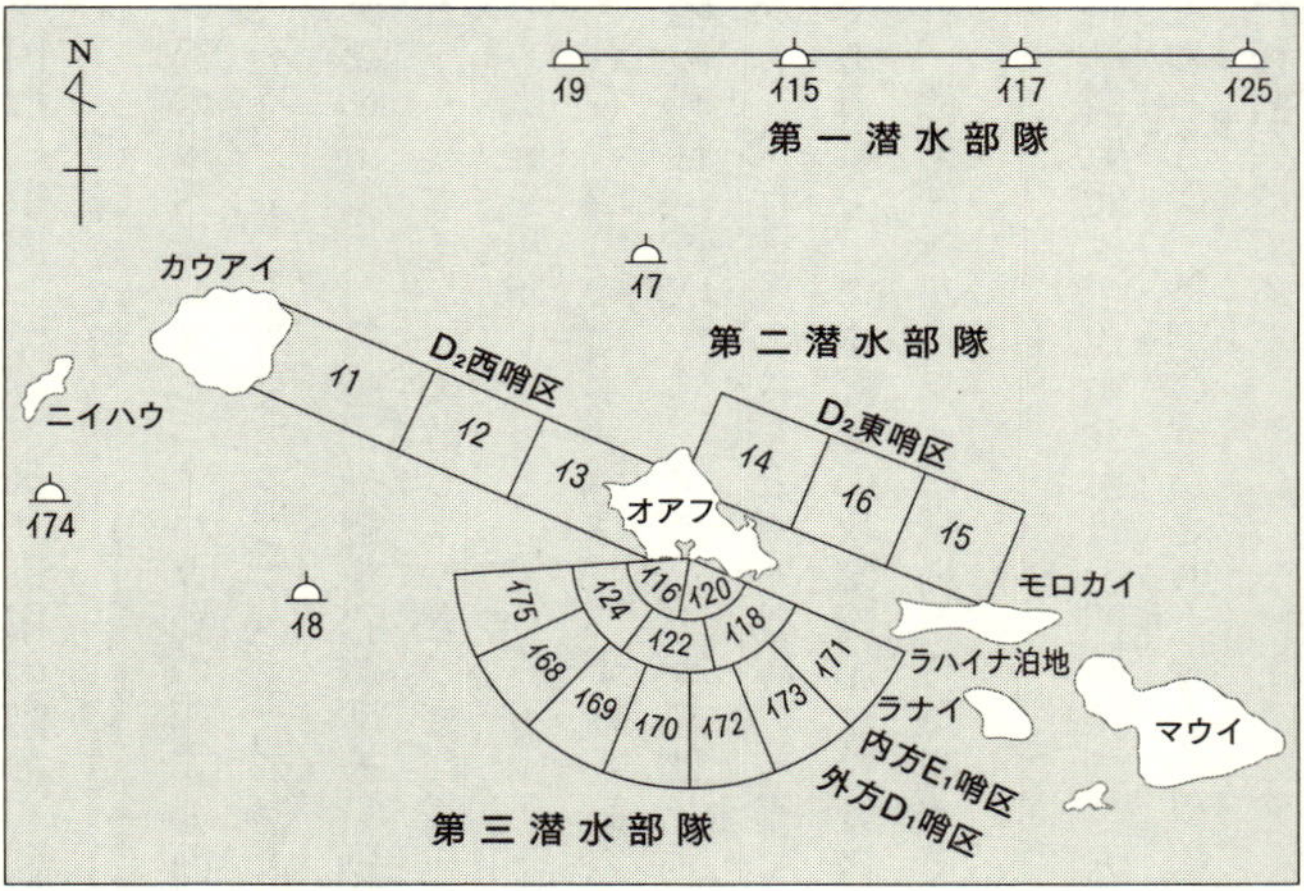

第一潜水部隊の四隻は、オアフ島北方海面に横に並び、味方の機動部隊を援護するとともに、アメリカ艦隊が機動部隊を攻撃するため出撃する場合には、これを要撃しようとしていた。

第二潜水部隊の七隻は、ハワイ列島に沿ってオアフ島の東と西の海峡を扼《やく》し、アメリカ側の動静を監視し、アメリカ艦艇を見つけた場合にはこれを奇襲しようと目を光らせていた。

第三潜水部隊の九隻は、三つの任務を帯びていた。まず第一に、真珠湾に代わりうる艦隊泊地であるラハイナ泊地（ラナイ島・マウイ島・モロカイ島に囲まれている）をひそかに偵察して、アメリカ艦隊が在泊していないことを確認した。ついで、オアフ島の南方海面に半円形に散開して、アメリカ軍の動静を監視し、空襲によってあわてて出撃するであろうアメリカ艦隊を攻撃しようとしていた。この部隊のうち一隻（伊号《いごう》第七四潜水艦）は、ハワイ列島の最西端にあるニイハウ島の南方海面に位置して第三の任務に就き、機動部隊の航空機が不時着水《ふじちゃくすい》する場合に備えて、その搭乗員を救助しようとしていた。

あとの五隻は、特殊潜航艇を搭載する特別攻撃隊で、空襲の前日深夜に潜航して真珠湾口の五～一〇カイリに肉薄《にくはく》し、つぎつぎに潜航艇を湾口に向けて発進させたあと、出てくるアメリカ艦艇を攻撃しようとしていた。

これらの四つの潜水部隊は、いずれも第六艦隊司令長官・中将・清水光美《しみずみつみ》が指揮し、その旗艦の軽巡「香取《かとり》」は、マーシャル諸島クェゼリン環礁に進出していた。

なお、飛行機隊の攻撃と潜水部隊の攻撃では、攻撃効果から考えて飛行機隊の方がより重要であるので、潜水部隊の攻撃開始は飛行機隊の第一撃を確認したあとに行なうものと定められ、機動部隊がハワイの戦場から離脱するまでは、清水中将は南雲中将の指揮を受けていた。

特殊潜航艇は、魚雷発射管二門を持つ二人乗りの豆《まめ》潜水艇で、もともとは太平洋上の艦隊決戦のときに、特別に建造された水上の母艦から投下されて発進し、敵艦隊を襲撃しようとした秘密兵器である。

ところが訓練が進んで一九四一（昭和一六）年八月になると、搭乗員たちは、潜水艦に搭載して敵根拠地の港湾を奇襲すべきであると主張するようになった。

山本五十六は、攻撃後の艇員《ていいん》の収容の見込みがほとんどない方法は採用できないとして、なんどか上申《じょうしん》を却下《きゃっか》したけれども、艇員たちの熱意に動かされ、収容手段の研究のあとついに四一年一〇月一三日、特殊潜航艇による真珠湾攻撃を承認したのである。

先任搭乗員は、大尉・岩佐直治《いわさなおじ》であり、艇員たちの最後の訓練地は、真珠湾口によく似た地形の高知県西端の宿毛湾《すくも》であった。

空襲前に親《おや》潜水艦から発進して真珠湾口を目ざした五隻の潜航艇のうち、二隻は湾内潜入に成功して魚雷攻撃を決行し、二隻は潜入に失敗した。あとの一隻も、潜入に成功した可能性が大きい。

五隻の親潜水艦は、艇員の収容地点と定められたラナイ島西方海面に夜間浮上し、五隻で二日間、あとの三日間は二隻で必死に艇員の収容に努めたけれども、なんらの手がかりも得られなかった。

結局、湾内潜入に失敗した少尉・酒巻和男《さかまきかずお》がアメリカ軍の捕虜となり、九名が戦死し、湾内で攻撃した二隻の魚雷もなんら効果を挙げることができなかったけれども、日米両軍に与えた精神的影響は至大であったと結論すべきだろう。

空襲のあとしばらくして、アメリカ巡洋艦部隊が真珠湾を出撃し、空母「エンタープライズ」が一二月九日に帰航したけれども、多数で配備に就いていた日本の各潜水艦は、いずれもアメリカの航空機と艦艇に制圧され、まったく成果を挙げることができなかった。逆に、潜水艦一隻（伊号第七〇潜水艦）を失った。

ニイハウ島の規定の海面に不時着水した機動部隊の航空機はなかった。

オアフ島周辺の日本潜水艦群は、厳重きわまるアメリカの警戒にもかんがみ、一二月一〇日から清水中将の命令により、次第にその監視態勢を撤し、新しい任務に移行していった。

評価と教訓

日本政府は、ハワイ空襲の最初の爆弾投下の三十分前に、アメリカ政府に対しワシントンで、国交断絶の最後通告をしようと計画していた。

しかしこの通告は、在米日本大使館の事務作業が遅れたため、結局は空襲開始の五十分後となってしまった。

これによりルーズベルトは、日本の攻撃を「だまし討《う》ち」と宣伝し、アメリカ国民を対日戦に向かって結集させるのに役立てた。

当時、日本の外交暗号の大部と軍事暗号の一部が、アメリカによって解読されていたこととも関連し、ルーズベルトは事前に日本のハワイ攻撃を知りながら、現地の陸海軍当局に故意に知らせなかったとの説がある。

しかし現在までのところ、ルーズベルトが事前に攻撃を知っていたとの確証は、見つかっていない。

日本海軍では当時、空母群の内地出撃からあと、九州方面の陸上航空部隊や艦船によって、無線電信の偽交信を行ない、空母群がいぜんとしてこの方面で訓練中であるよう擬装《ぎそう》しており、アメリカ海軍はこれに引っかかって、空母群の主力が日本内地にいると判断していたので、大統領も同様であった公算が大きい。

大戦果を挙げたハワイ攻撃ではあるが、この攻撃は日本にとって、かえって不利をもたらしたとの説もある。

その理由の第一は、前述のようにアメリカ国民を対日戦に結集させたこと、第二は、撃沈・撃破した戦艦群はのちに引き揚げられ修理されて、四四年から対日戦に参加することとなったが、洋上の艦隊決戦を行なっていたら、永久に深海に沈めることができたはずだというこ と、第三は、戦艦を失ったアメリカ海軍はただちに空母中心の戦術を採用し、これが日本にとり不利であったとするのである。

第一の理由は、もっともな点がある。山本は、攻撃によりアメリカ海軍と国民に打撃を与えることを望んだが、開戦通告の遅延とも関係するものの、山本の希望が裏目に出てしまったと言える。しかし、日本にとり不可欠であったアメリカ領土のフィリピンを攻撃する場合には、ハワイ攻撃がなくてもアメリカ国民の意志は、かなりの程度に結集されたのではないだろうか。

第二の理由は、洋上の艦隊決戦が生起したはずだとの前提に立っている。当時のアメリカ太平洋艦隊の作戦計画は、日本の南進を横から柔軟な戦術で牽制することであった。日本海軍がこの牽制に引っかかり、さりとて艦隊決戦は生起せず、南進態勢が崩《くず》れて、南方資源地域の占領作戦が完了しない情勢が、頭に浮かんでくる。第二の理由は、きわめて疑わしい。

第三の理由はどうか。ハワイ攻撃がなくても、マレー沖海戦そのほかで、戦艦主兵《しゅへい》の時代から航空機主兵の時代に移行したことは立証され、大同小異《だいどうしょうい》となるだろう。肝心《かんじん》の点は、現実の推移に対応できるかどうかの能力の問題であろう。

オアフ島にある石油タンクや工廠の修理施設などは、飛行機隊の攻撃目標から除かれ、アメリカ海軍が空襲の被害から立ち直るのに大きく貢献した。

機動部隊の飛行機隊が、これらの設備を攻撃するのはきわめて容易なことであり、もちろん攻撃目標として選定しておくべきであった。

それができなかったのは、第一線兵力のみを重要視し、補給や後方設備を軽視していた日本海軍の体質が、災《わざわ》いとなっている。

南雲中将が、第一撃の戦果のみで満足し、第二撃を加えないで戦場を離脱したことを非難する声がある。

最初の計画段階から終始、薄氷を踏む思いで作戦に従事していた南雲に、第二撃を期待するのは過望のそしりを免《まぬか》れない。

もちろん、第二撃、第三撃の徹底した猛攻撃が理想であるが、それには発案者で責任者である山本自身が、現地で指揮するほかなかったと思われる。

潜水艦作戦の結果は、伝統的に艦隊を主攻撃目標としていた日本海軍の期待を、裏切るものであった。

ハワイ作戦の戦訓から、日本海軍は、潜水艦の主攻撃目標を軍艦から商船に転換することを学ばなければならなかったが、それはきわめて不十分な結果に終わっている。

いずれにしても、世界の海軍国ではじめて空母を集団的に統一運用することを始め、事前の綿密な計画のもと、周到な訓練と準備のあと、大艦隊が片道三五〇〇カイリの遠征をやりとげ、目ざす敵艦隊の主力を優れた術力で撃破したことは、世界の海戦史上に輝く成果と言うべきであろう。

なお、現在の世界は当時とは比較にならないほど、情報化されて進歩しているが、偽交信

とか擬装の手段がある以上、大作戦が奇襲で始まる可能性はいぜんとして残っていること
を、自覚しておく必要があろう。

第8章
ミッドウェー海戦

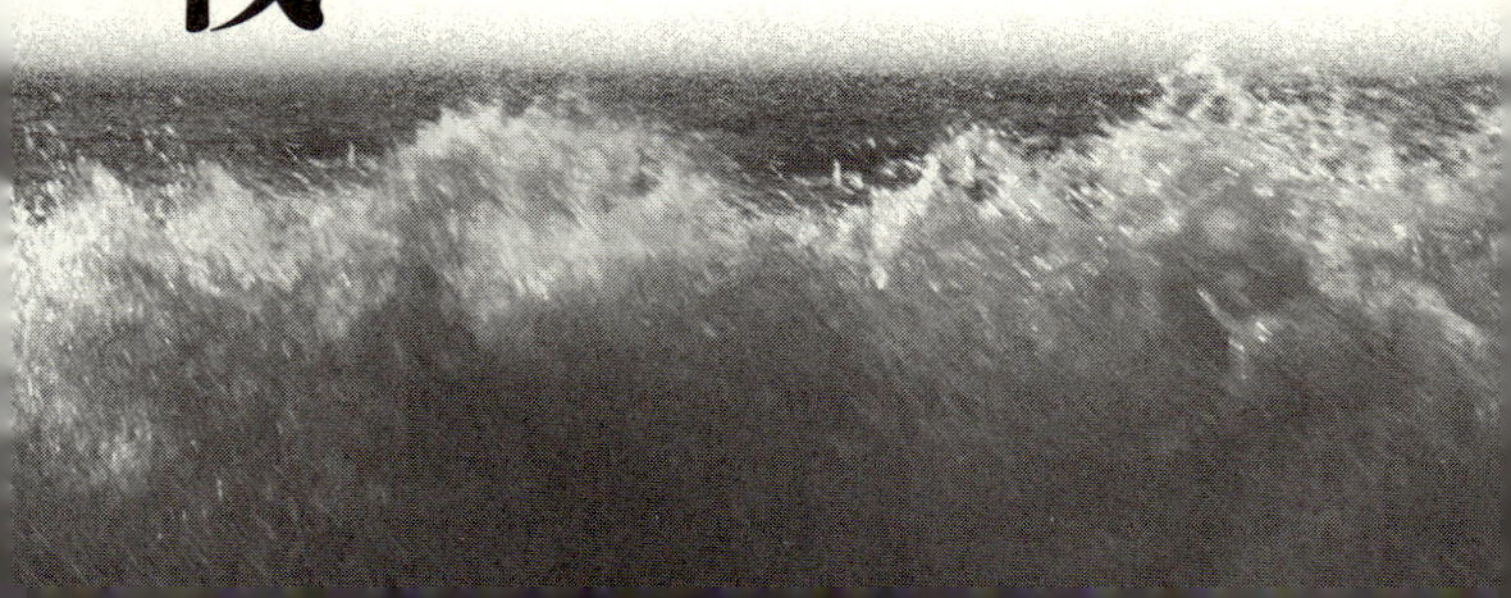

アメリカ空母の機動空襲戦

アメリカは太平洋戦争開戦のとき七隻の正規空母を保有していたが、そのうち太平洋方面に配備されていた「サラトガ」「レキシントン」「エンタープライズ」の三隻は、前述のとおり開戦冒頭の日本のハワイ空襲時にいずれも真珠湾に在泊しなかったので、無傷で生き残った。

このとき、大西洋方面に配備されていたのは「ヨークタウン」「ホーネット」「ワスプ」「レーンジャー」の四隻。真珠湾での太平洋艦隊の大損害のニュースがワシントンに到着した数時間後「ヨークタウン」は全飛行機隊を満載して太平洋に向かうよう命ぜられた。やがて一九四二（昭和一七）年になると「ホーネット」が、さらに同年六月になると「ワスプ」も太平洋艦隊に所属することとなる。

太平洋艦隊司令長官・大将キンメルは空襲を受けた責任を問われて更迭《こうてつ》され、大将ニミッツが四一年一二月中旬、これに替わった。

ニミッツの採用した作戦方針は、空母の航空機を使用して、日本軍の占領地域の最先端にヒット・エンド・ランの機動空襲戦をかけることにより、日本の進攻を牽制することであった。

まず最初に四二年二月一日、少将フレッチャーの指揮するヨークタウン隊がギルバート諸島北部のマキン島とマーシャル諸島南東部の島々を空襲し、同じ日に中将ハルゼーの指揮するエンタープライズ隊が、さらにマーシャル諸島の奥深く進入して、日本の主要基地であるクェゼリン環礁などを爆撃した。

　つぎに中将ブラウンの指揮するレキシントン隊が二月二一日、ラバウルを空襲しようとしたが、これは前日に日本軍航空機に発見されたので、空襲を断念して引き返した。

　猛将ハルゼーに指揮されるエンタープライズ隊の攻撃は鋭《するど》く、二月二四日にはウェーク島、さらに三月四日には南鳥島の攻撃に成功している。

　最初の攻撃に失敗したブラウンは、つぎにはレキシントン隊・ヨークタウン隊を合わせ指揮して三月一〇日、日本軍が占領したばかりのニューギニア北東部の要衝であるラエ、サラモアの奇襲に成功した。

　日本の連合艦隊はアメリカ空母群に攻撃されるたびに、基地航空部隊と空母部隊でもって敵を攻撃しようと大きな努力をしてみたものの、いつも有効な反撃ができずに敵に振りまわされるだけの状況が続いた。

ミッドウェー作戦の決定

　連合艦隊司令長官の大将・山本五十六は、南方資源地域を占領したあとに、これを長期に防衛してドイツの勝利を待つという消極的な政策には反対であった。日本は積極的に打って出て、なるべく早くアメリカとイギリスの艦隊を撃滅しなければ、戦争に見込みがないと信じていたのである。

山本の基本的な考え方は、太平洋方面ではハワイを攻略してアメリカ艦隊を撃滅し、インド洋方面ではセイロン島（いまのスリランカ）を占領して出撃してくるイギリス艦隊を撃滅することであった。

ところで山本は、アメリカ空母の機動空襲戦に悩まされると、ハワイ攻略の準備としてまずミッドウェーを攻略し、アメリカ艦隊とくに空母群を誘出し、一挙にこれを撃滅しようと考えたのである。

しかし、軍令部事務当局は最初はハワイ作戦決定の経緯と同じように、連合艦隊司令部のミッドウェー作戦案に反対した。

反対の理由は、ミッドウェーはハワイに近くて危険な作戦となり、またアメリカ空母群の誘出ができるかどうか疑問で、かつ占領したとしてもあとの保持が困難であると考えたのである。

このとき軍令部が最重要と考えていた作戦は、ハワイからオーストラリアに至るシーレーンの要衝であるフィジー、サモア両諸島とニューカレドニア島を攻略確保して、オーストラリアが対日反攻基地にならないようにすることであった（この作戦はFS作戦と略称された）。だが、山本の決意はハワイ作戦のときと同じように固く、けっきょく軍令部総長・大将・永野修身が一九四二（昭和一七）年四月五日、山本のミッドウェー作戦案を採択したのである。

なおこのとき、ミッドウェーと同時にアリューシャン列島西部、とくにキスカ島を攻略することを軍令部が提議し、連合艦隊司令部もこれに同意した。

それは、千島列島・北海道・東北地方の東方洋上には島がなくて大きく開かれており、アメリカ空母の日本への接近が容易である。それで、ミッドウェーを占領するのであればキスカ島も同時に占領して、南と北からこの海域を航空機で哨戒すれば、敵空母の本土接近を早期に発見できるとの考え方からである。そのほかにこの作戦を加えれば、アメリカ艦隊の出撃を強要する補助手段ともなり、かつミッドウェー作戦に対する戦術的な牽制にもなると考えられたのであった。

永野は四月一五日、南方資源地域攻略完了後の日本海軍の作戦計画を天皇に報告して裁可されたが、それには、⑴セイロン島を攻略してイギリス艦隊を撃滅する、⑵FS作戦を実施する、⑶ミッドウェーを攻略するとともに、アリューシャン列島の敵基地を破壊または攻略する、⑷ハワイに近いパルミラ島、ジョンストン島を攻略してハワイ攻略を考える、とのことが含まれていた。

山本の基本的な考え方にきわめて近い。ハワイ作戦の成功により、山本の発言力が強大であったことを意味している。

各艦隊の出撃

アメリカ空母による機動空襲戦のクライマックスは、陸軍中佐ドーリットルを隊長とするB―25一六機による東京・横浜・横須賀・名古屋《なごや》・神戸《こうべ》の急襲であった。

B―25は完成後間《ま》もない空母「ホーネット」にサンフランシスコで搭載され、真珠湾を出撃したハルゼーが指揮するエンタープライズ隊と洋上で合同し日本本土に迫った。

計画はもともと、一九四二年四月一八日の夜、日本本土の東方五〇〇カイリの地点から発艦する予定であったが、その日の朝、日本の監視艇に発見されたので、予定を早めて午前中に東京の六四〇カイリの地点から攻撃隊が発進した。

攻撃隊の着陸地は中国軍支配下の中国本土の飛行場であったが、予定が早まったので到着が夜間となり、大部のB―25は不時着し、一部の搭乗員は日本軍に捕《つか》まった。

日本側は監視艇の報告により米空母の接近を知ったが、まさか陸軍機が空母から発進するとは思わないので、不意をつかれて奇襲された。被害はそれほどでもなかったが、有効な反撃がまったくできなかった。

このドーリットル空襲は、山本の主張するミッドウェー作戦の必要性を証明する形となり、永野は四二年五月五日、山本に対してミッドウェーとアリューシャン西部要地の攻略を決行するよう、天皇の命令を急ぎ伝えた。

山本の作戦計画では、ミッドウェーとキスカ島の攻略は六月七日と予定され、なお北方ではアダック島に上陸して軍事施設を破壊したあと、アッツ島も占領することになっていた。

ミッドウェー作戦の中核兵力となる「赤城」「加賀」「蒼龍」「飛龍」の四空母は、海軍記念日であった五月二七日、瀬戸内海の柱島泊地を出撃した。

指揮官はハワイのときと同じく中将・南雲忠一である。もともとの計画では空母「翔鶴」「瑞鶴」もこの第一機動部隊に加わるはずであったが、直前のサンゴ海海戦で「翔鶴」が大破し、「瑞鶴」も搭乗員に被害が大きく、出撃に加わることができなかった。

ミッドウェーを占領する陸軍・海軍の部隊を乗船させた輸送船団と護衛の艦艇は翌五月二八日、サイパン島とグァム島から出航し、これらを全般的に支援する重巡《じゅうじゅん》群を基幹とする第二艦隊主力も五月二九日、瀬戸内海《せとないかい》から出撃した。

また北方では、アリューシャン作戦の中核兵力となる空母「龍驤《りゅうじょう》」「隼鷹《じゅんよう》」から成る第二機動部隊は、もっとも早く五月二六日、陸奥《むつ》湾から出撃していた。

指揮官は少将・角田覚治《かくだかくじ》で、最初の目標はダッチハーバーの空襲である。アダック島への上陸は陸海軍協同して、そのあとアッツ島攻略は陸軍部隊が、キスカ島の攻略は海軍部隊が実施する。

アッツ島への輸送船団は五月二九日、陸奥湾を出航し、キスカ島へのそれはかなり遅れて六月二日、千島列島北方の幌筵《ぱらむしる》島《とう》から出た。これらを全般的に支援する軽巡《けいじゅん》二隻を基幹とする第五艦隊はもっとも遅く、六月三日に幌筵島を出撃している。

このように艦隊と輸送船団があちこちからミッドウェーとアリューシャンを目ざして出撃したが、この作戦は文字どおり連合艦隊の全力を挙げての作戦で、山本もみずから戦艦「大和」に座乗して出撃することになった。

山本の直率する戦艦七隻の第一艦隊を含む主力部隊は、五月二九日瀬戸内海から出撃し、南雲の第一機動部隊の後方を追及するとともに、ミッドウェーとキスカの中間海域にあって全作戦の推移に応じようとしたのである。

意外なアメリカ空母群の待ち伏せ

山本がミッドウェー作戦にかけた最大の希望は、アメリカ空母群を誘出して撃滅することであったが、日本海軍は当時、それまでに得ていた情報とその評価により、「残念ながら」

米空母群がミッドウェーに出撃してくることはほとんどあり得ず、もし出撃してくるとしても、占領作戦がかなり進展したあとであるとの考え方に陥っていた。

日本海軍がそのような考えに陥ったのにはそれなりの理由があり、本件は日本の敗戦の根本的な背景となるので、やや詳しく追究しておこう。

日本海軍の伊号第六潜水艦は一九四二年一月一二日一四四一、ハワイからウェーク島に向かっていた米空母を攻撃して魚雷を命中させ、艦長は撃沈と報告し、海軍中央部も撃沈は確実と考えていた。

この空母は実際は「サラトガ」で、魚雷二本が命中して引き返し、ミッドウェー作戦のまえには修理を完成してサンジエゴにあった。

しかし「サラトガ」の飛行機隊は各地に分散して訓練中で、同艦がハワイに到着したときには海戦が終わっていた。

サンゴ海海戦の五月八日、「瑞鶴」「翔鶴」の飛行機隊は米空母一隻を撃沈し、一隻を大破させたことを確認していた。このときアメリカ艦隊を指揮したのはフレッチャーで「レキシントン」が沈没し「ヨークタウン」が修理に九〇日を要する大損害を受けている。

そのころ日本海軍の暗号が解読され、ニミッツはミッドウェー作戦の切迫《せっぱく》を知ると「ヨークタウン」を急いでハワイに呼びかえし、三日間で応急修理をするよう要求し、同艦は五月三一日、ミッドウェーに向かって出撃した。

これは、日本海軍の考え及ばなかったところで、「サラトガ」の飛行機隊の多くも「ヨークタウン」に搭載された。

また、ガダルカナル島北方のツラギ島の泊地から出発した日本の飛行艇は五月一五日、ツラギの東方四五〇カイリの地点で米空母二隻が西に向かっているのを発見し、間もなく反転して東方に向かうのを確認した。

日本海軍はこの二隻の空母が、サンゴ海海戦の被害に応じて来援したものと考え、そのあとはオーストラリアかサモア諸島に後退したものと判断していた。

この二隻が実際は、ドーリットル空襲後のハルゼーの指揮する「エンタープライズ」と「ホーネット」で、日本側が考えたようにサンゴ海海戦の被害に応じてハワイから来援したのであるが、ニミッツは日本の計画を知ると五月一八日、帰投を命じ、二隻の空母は二七日ハワイに入港し、翌々日の二九日、ミッドウェー海域に向かったのである。

日本海軍では五月一五日の飛行艇による発見の実情から、この二隻の空母はミッドウェーを攻撃しても南太平洋にあって間に合わず、出てくるとしても作戦の中途であると考えていたのであった。

なお「エンタープライズ」と「ホーネット」を指揮したのは、ハルゼーに替わった少将スプルアンスであった。勇猛で積極的なハルゼーが皮膚病《ひふびょう》になった結果、この部隊の巡洋艦群を指揮していたスプルアンスが、急に起用されたのであるが、かれは細心で慎重な人物で、アメリカ側の奇跡的な勝利と無関係ではない。

このように日本側の考え及ばなかった三隻の米空母が、ミッドウェー島北東の日本の基地航空部隊の索敵圏外に所在を隠して、日本艦隊を待ち受けていたのである。

四空母の全滅と作戦中止

三隻のアメリカ空母群が待ち伏せているとは予想もしないで、南雲の指揮する四隻の空母を含む第一機動部隊は六月五日夜明け前、北西方からミッドウェーに接近し、二一〇カイリの位置から同島に向けて大尉・友永丈市《ともながじょういち》を隊長とする第一次攻撃隊を発進させた。日本時間（以下同じ）では午前一時三十分であった。

南雲は同時に、ミッドウェーの南方から北方の海域を捜索するため、七機の索敵機を放った。このうち、第四番索敵線を飛ぶ重巡「利根」の水上機が、米空母群と出会った航空機であったが、同機は出発が遅れて午前二時となり、また往路には敵を発見することができなかった。

友永の攻撃隊は、アメリカ軍が戦闘機をあげて待ち受けていたので激しい空中戦に巻き込まれ、敵機は地上になくてすべて出動中で、また滑走路の破壊も不十分なため、〇四〇〇、第二次攻撃が必要である旨を南雲に報じた。

第一次攻撃隊がミッドウェーに向かったあと、残りの第二次攻撃隊はもともと連合艦隊司令部の強い指導により、敵艦隊出現の場合に備えて対艦船攻撃兵装《へいそう》で待機していた。すなわち雷撃機は魚雷をつけている。

敵空母がいないものと信じていた南雲は、この日早くから、第二次攻撃隊もミッドウェーに向ける心構えであったし、友永の報告も来着し、また各索敵機が予定索敵線の先端に到着した時刻まで待っても敵艦隊発見の報告がないので、いよいよ第二次攻撃隊をミッドウェー攻撃に出発させる決意をして、〇四一五、対陸上攻撃兵装に転換するよう命令した。雷撃機につけている魚雷は、陸上攻撃用の爆弾に替えなければならない。

この前後から南雲の艦隊はミッドウェーからの敵機の攻撃を受け、防空戦闘で大部を撃墜《げきつい》して被害がなかったが、第二次攻撃隊の戦闘機を防空用に発着艦させなければならなかった。

往路に敵を見つけなかった「利根」機は帰路の〇四二八、はじめて敵艦隊を発見し、〇五二〇には敵が空母を含む旨を報じた。

南雲は〇四四五ころ、すでに敵が空母を含むものと判断し、この敵を攻撃するため第二次攻撃隊の兵装の再転換を命じた。

やがて、ミッドウェー攻撃の第一次攻撃隊が帰投したので、〇五四〇ころからその収容を開始して、〇六一八ころにはほぼそれを完了した。

このころから敵空母からの艦上機が来襲を始め、防空戦闘によりその大半を撃墜したけれども、まもなく運命の時刻がやってきた。

〇七二三ころから、海上を低空で飛来する雷撃機を攻撃中、上空から急降下爆撃機の奇襲を受け、「加賀」「赤城」「蒼龍」に爆弾がそれぞれ二～四発命中、大火災が発生し、準備中の味方の魚雷・爆弾の誘爆により、三空母は戦闘力を失った。

ただ一隻だけ残った「飛龍」は、このあと奮戦して「ヨークタウン」を大破させたが、夕刻になった一四〇三、敵機の攻撃により爆弾四発が命中し、ついに空母四隻が全滅した。

山本は空母の全滅を知ったあとも、なお希望を捨てず一六一五、全艦隊を率いて敵艦隊を急追し、夜戦によって撃滅したうえ、ミッドウェーを占領しようとしたが、敵の残存する空母兵力が大きいのを知るとついに二一一五、作戦を断念して戦場を離脱する決意を固め、ミッドウェー作戦の中止となる。

大破して漂流していた「ヨークタウン」は六月七日午前、伊号第一六八潜水艦によって雷撃撃沈された。

アリューシャン方面での作戦は続行され、日本の陸海軍部隊が計画よりはやや遅れたものの六月八日、キスカ島とアッツ島の無血《むけつ》占領には成功している。

山本の座乗する「大和」が、思いがけない敗戦にうちひしがれて、広島湾の柱島泊地に帰着したのは六月一四日夕刻で、出撃から一七日目であった。

評価と教訓

ハワイ海戦で日本海軍は、秘密の保持に細心の注意をはらい、慎重な作戦準備を進めて万全を期し、「人事を尽くして天命を待つ」という態度で、運にも恵まれて作戦的に大成功を収めた。

ミッドウェー海戦の日本海軍は、ほとんどの点でハワイの場合とは正反対であった。

アメリカ空母群を誘出して撃滅するという山本の本心を、南雲の司令部は必ずしも十分に理解しておらず、ミッドウェーの占領作戦に気を奪われていた結果、海上の捜索に慎重さが欠け、早く発進させなければならない索敵機の出発が、ミッドウェーへの攻撃隊と同時となり、またその機数も不足していた。

作戦前に飛行艇でハワイを偵察するK作戦が計画されていたが、アメリカ海軍の妨害行動により、潜水艦を使用する燃料補給ができなくて中止となり、またハワイとミッドウェーの中間海域には、一一隻の潜水艦を南北線に配備して敵艦隊の出現に備えたが、所定の六月二日までに配備点に到着したのはただの一隻だけであった。所定期日までに計画どおりの配備を完成しておれば、米空母をとらえられた可能性がある。なお、潜水艦の散開線は固定配備が計画されたが、連合艦隊首席参謀・大佐・黒島亀人《くろしまかめと》が責任を感じて深く反省しているように、ミッドウェーに近いところからハワイ方面に散開進出する構成方法を採用すべきであった。作戦を急いだので準備期間が不足し、不満足な結果に終わったのである。

「大和」は六月四日夜、米空母のものらしい呼出符号《よびだしふごう》をミッドウェーの北方海域に傍受した。山本はすぐに「赤城」に知らせるよう注意したが、黒島は「赤城」も当然傍受していると考え、「大和」が電波を出すことに反対する意見を述べた。

けっきょく「赤城」に知らされず、実情は「赤城」がその呼出符号を傍受できていなかったので、南雲の司令部はいぜんとして、米空母が付近にいないとの固定観念から抜け切れなかった。このことも、黒島が終生、自己の「失敗」として苦しんだ軽率さであった。

この作戦には「大和」のほか、速力の遅い戦艦群も出撃した。

その目的は、第一義的な作戦の必要性によるよりも、第二義的なこれら乗員の「士気振《しん》作《さく》」であった可能性が強い。その出撃には連合艦隊司令部内でも賛否両論があったものであるが、出撃するとしてももっと空母群の近くに占位して、できるだけ直接的な作戦に役立てる配慮が必要であったことは、もちろんであろう。

「加賀」「赤城」「蒼龍」の被弾は(1)防空戦闘機の発着艦、(2)第一次攻撃隊の収容、(3)第二次攻撃隊の準備、という飛行関係作業が重複した一瞬のスキを衝《つ》かれたものであった。

不完全な攻撃隊であっても、準備のできている飛行機隊だけで発艦して敵空母に向かうのが正しい方法ではあったが、運命がアメリカ側に味方していたとの感もぬぐえない。

いずれにしてもこの海戦は太平洋戦争の分水嶺《ぶんすいれい》となり、それ以後日本が戦争・作戦に主導権を取りもどすことは不可能となったわけである。

第9章

マリアナ沖海戦

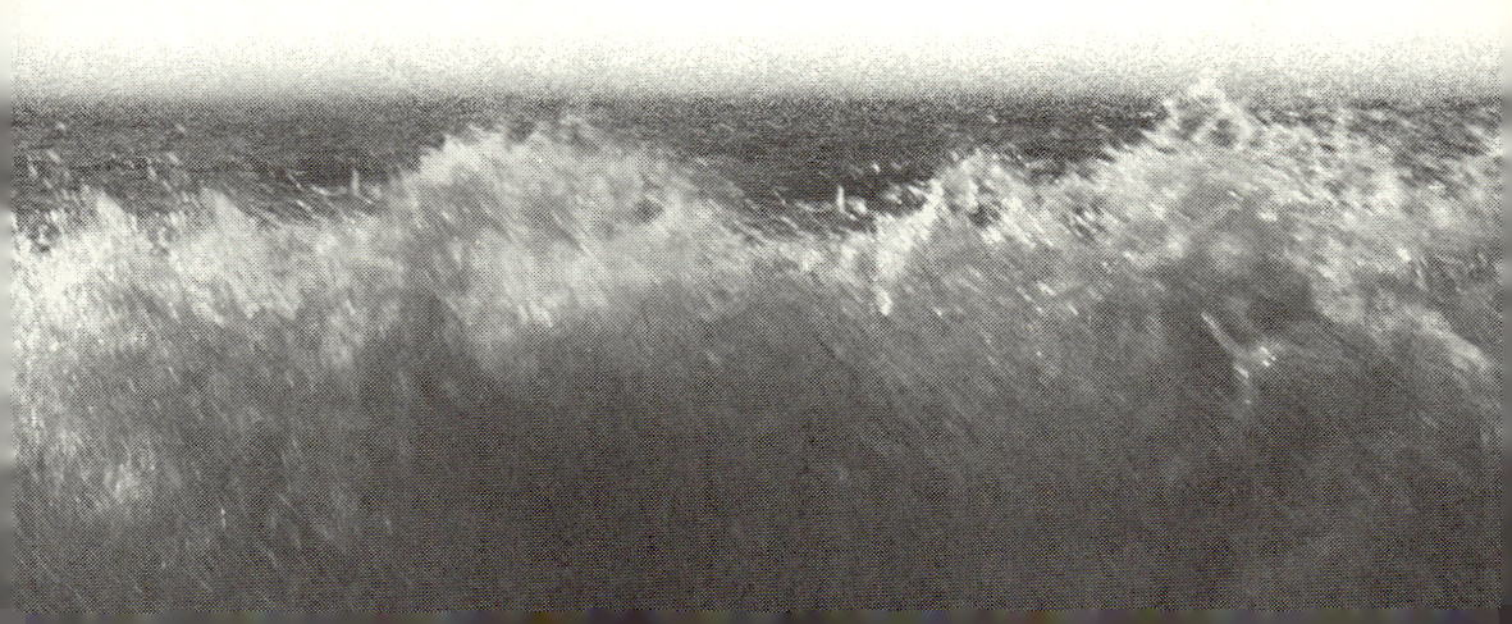

対日戦略爆撃基地・マリアナ

アメリカ大統領ルーズベルトとイギリス首相チャーチル、それに両人を補佐するアメリカとイギリスの軍部首脳たちは、太平洋戦争が始まるとすぐに、大型爆撃機によって日本本土に激しい戦略爆撃を行なうのが日本に打撃を与えるもっとも有効な手段であると考えた。

アメリカが最初に望んだのは、当時はまだ中立国であったソ連の沿海州の航空基地を借用し、そこにアメリカの大型爆撃機部隊を進出させ、そこから日本本土に戦略爆撃を加えることである。

開戦当時、第一線にあったアメリカの大型爆撃機はB－17で、やがてB－24が出現し、戦争中期以後には「空飛ぶ要塞」と呼ばれたB－29が中核兵力となる。

アメリカの申し入れに対しソ連首相スターリンは、沿海州の航空基地をアメリカに貸すと、日本から攻撃されて日ソ戦になることを恐れた。

そのときソ連は、ヨーロッパの戦線でドイツと死闘を演じており、対日戦が始まればアジアとヨーロッパの二正面作戦を強いられるのである。

アメリカとソ連の交渉は、開戦直後から一九四五（昭和二〇）年まで断続的に続いたが、ついにスターリンは最後まで、アメリカの要求を拒否し続けた。

沿海州のつぎにアメリカとイギリスが考えたのは、中国（蔣介石《しょうかいせき》政権）が保持している大陸の航空基地から、日本本土を爆撃することである。

インドを通じてヒマラヤ山脈を越え、B‐29が空輸された。

この方法によって爆撃が成功したのは、四四年六月一五日が最初で、重慶《じゅうけい》の北西方に位置する成都《せいと》の航空基地からであった。目標に選ばれたのは、北九州の八幡《やはた》製鉄所である。

その日はちょうど、アメリカ軍がマリアナ諸島のサイパン島に上陸を開始した日に当たる。

ところでアメリカとイギリスは、日本本土の爆撃のためには、中国の航空基地よりも、日本軍が立てこもっているマリアナ諸島の島々の方が、より適当であるとかねてから考えていた。

それは、マリアナの島々の方が、日本本土への攻撃に近距離であるし、発進してから目標到達までに日本側に発見される公算が少なく、さらに航空基地に航空機・燃料・弾薬などを送るのが容易であるからである。

それで、ルーズベルト、チャーチル、それに両国の軍部首脳が四三年八月中下旬、カナダのケベックで会合したとき、中国からのほかマリアナからの対日戦略爆撃が議題となり、マリアナ諸島の占領作戦が決定された。

ついで、アメリカとイギリスの三軍幕僚長で構成される連合幕僚会議は、カイロで会合した四三年一二月三日、マリアナ作戦を四四年六月一五日に開始し、サイパン島、テニアン島、グァム島に日本本土への戦略爆撃基地を建設することに合意した。

太平洋正面におけるアメリカの対日進攻路線は、海軍大将ニミッツが指揮する太平洋方面部隊によって、太平洋の中央の島々を占領しながら、台湾方面に進もうとするニミッツ・ラインと、陸軍大将マッカーサーの指揮する南西太平洋方面部隊によって、ニューギニアの背中ぞいに航空基地を確保しながら、フィリピンに進もうとするマッカーサー・ラインがある。

アメリカの統合幕僚会議が、ニミッツが指揮官となってサイパン、テニアン、グァムの各島の占領作戦を六月一五日に開始し、航空基地と艦隊基地を建設するよう発令したのは、四四年三月一二日であった。

待ち受ける日本海軍

ミッドウェー海戦で敗退し、ガダルカナル島をめぐる半年間の激しい戦闘で国力を消耗《しょうもう》した日本には、すでに進攻作戦の余力がなかった。

どこかで、連合軍の進攻を防ぐ強固な防衛線を張らなければならない。

東条英機内閣の主要閣僚と参謀総長・陸軍大将・杉山元《すぎやまはじめ》と軍令部総長・海軍大将・永野

修身は一九四三（昭和一八）年九月三〇日、天皇ご臨席のもとに「御前会議」を開催して、その防衛線を決定した。

防衛線は、千島列島・小笠原《おがさわら》諸島・マリアナ諸島・西カロリン諸島・西部ニューギニア・小スンダ列島・ジャワ島・スマトラ島・アンダマン諸島・ビルマなどを含む圏域である。一般に「絶対国防圏」と呼ばれることが多い。

マリアナ諸島は絶対国防圏の最重要の一環であり、陸軍部隊の展開も急がれ、陸軍中将・小畑英良《おばたひでよし》の指揮する第三一軍が新しく編成され、太平洋の東正面の島々の陸軍部隊を統一指揮することとなった。

さて、四四年二月にはマーシャル諸島のメジュロ、クェゼリン、エニウェトク（日本名ブラウン）の各環礁が占領された。この環礁はやがて、アメリカ軍のマリアナ作戦への艦隊や船団の発進基地となる。

アメリカの高速空母機動部隊は、四四年二月から三月にかけて、トラック諸島・マリアナ諸島・パラオ諸島をつぎつぎに空襲し、パラオ空襲のときには、連合艦隊司令長官・大将・古賀峯一《こがみねいち》が、作戦指揮のため飛行艇で移動中に事故により殉職《じゅんしょく》してしまった。

後任の連合艦隊司令長官は大将・豊田副武《とよだそえむ》であった。

アメリカ軍がマリアナ諸島に来攻する場合に、防衛作戦を指揮するのは豊田であり、その下に四人の主要指揮官がいた。

第一は、空母を中核とする海上の決戦兵力を指揮する第一機動艦隊司令長官・中将・小沢治三郎。

小沢の指揮下には九隻の空母がいた。

第一航空戦隊（大鳳《たいほう》・瑞鶴・翔鶴）、第二航空戦隊（隼鷹・飛鷹《ひよう》・龍鳳）、第三航空戦隊（千歳・千代田・瑞鳳）である。

空母のほかに小沢の指揮下には、「大和」「武蔵」を含む五隻の戦艦、一一隻の重巡、二隻の軽巡、駆逐隊七隊などがあった。

小沢の部隊は、シンガポール南方のリンガ泊地と日本本土に分かれて訓練・整備を行なったあと、四四年五月中旬、前進待機泊地のタウイタウイに集結した。

タウイタウイはフィリピンとボルネオ島の中間に位置し、スルー海とセレベス海に通ずる要点にある。

小沢は完成したばかりの新鋭空母「大鳳」に座乗した。「大鳳」は飛行甲板が重《じゅう》装甲で、艦爆《かんばく》（註＊艦上爆撃機）の爆撃に耐えるように造られ、不沈空母とうたわれていたのである。

第二の主要指揮官は、中部太平洋の島々に展開する基地航空部隊を指揮する第一航空艦隊司令長官・中将・角田覚治。

角田の部隊は、マリアナ諸島のサイパン、テニアン、グァムの各航空基地、西カロリン諸島のヤップ、ペリリューの各航空基地、ニューギニアのソロン、フィリピンのダバオ、セブ、そのほかセレベス島のケンダリーの各航空基地などに展開した。

この部隊は多数の零戦・陸攻《りくこう》（註＊陸上攻撃機）のほか、新鋭の偵察機「彩雲《さいうん》」、艦上爆撃機「彗星《すいせい》」、陸上爆撃機「銀河《ぎんが》」、夜間戦闘機「月光《げっこう》」などを保有した。

搭乗員の練度《れんど》が一般に低く、とくに新機種採用に伴う訓練が遅れており、航空基地の整備や燃料・弾薬の集積なども不十分な実情であった。

角田はすでに四四年二月に香取《かとり》基地から硫黄島《いおうとう》経由でテニアン島に飛び、二七日から同地に将旗を掲げていた。

五月一五日現在の角田の保有機数は六五三機である。

豊田は、敵が絶対国防圏内に来襲して上陸作戦を行なう場合には、小沢の空母機と角田の基地航空部隊の全力を投入し、昼間の強襲により、アメリカの高速空母機動部隊を撃滅することを期待していた（機密連合艦隊命令作第七六号、昭和一九年五月三日発令、「あ」号作戦要領）。

つぎに第三の主要指揮官は、潜水艦部隊を指揮する第六艦隊司令長官・中将・高木武雄《たかぎたけお》。

高木の任務は基本的には、小沢と角田の航空攻撃を成功させるための裏方《うらかた》的なものであった。

すなわち、メジュロ、クェゼリン、エニウェトク環礁などの敵要地を偵察し、主としてニューアイルランド島からニューギニア北方海面の散開配備について敵情偵知《ていち》に努め、可能な場合には敵艦隊・攻略船団を要撃しようとするものである。

東京の軍令部もそうであったが、豊田は「あ」号作戦による決戦が、マリアナ方面よりもパラオ方面で生起する公算が大きいと考えており、そのことは南方にかたよった潜水艦の散開配備の計画によってもわかる。

高木は四四年六月六日、呉軍港からサイパン島に進出し、潜水艦作戦を指揮した。

「あ」号作戦で高木の指揮した潜水艦は、約五〇隻である。

最後に第四の主要指揮官は、中部太平洋の島々の全防備部隊を指揮する中部太平洋方面艦隊司令長官・中将・南雲忠一。

南雲は四四年三月九日からあと、アメリカ軍がまっさきに上陸してくる運命となったサイパン島に位置していた。

南雲の指揮下には海軍部隊のほか陸軍部隊も含まれ、さきに記した第三一軍司令官の小畑は、南雲の指揮下に入っていた。

アメリカの出撃とサイパン上陸

ハワイに位置するニミッツの指揮下で、マリアナ進攻作戦を海上で指揮するのは第五艦隊司令長官・大将スプルアンス。

ミッドウェー海戦を勝利に導《みちび》いた慎重な提督で、重巡「インディアナポリス」に座乗した。

中将ミッチャーに指揮されたアメリカ艦隊の中核である高速空母機動部隊は一九四四（昭和一九）年六月六日、メジュロ環礁をマリアナに向けて出撃した。

ミッチャーの指揮下には四群・計一五隻の空母（正規空母七隻、軽空母八隻）と、中将リーの指揮する七隻の新式戦艦の一群があった。

ミッチャーは空母第三群の「レキシントン」に座乗し、「インディアナポリス」はこの空母群の直衛《ちょくえい》艦の一艦となった。リーの旗艦は戦艦「ワシントン」である。

高速空母機動部隊の搭載機（艦上戦闘機F6F、艦上爆撃機SB2C・SBD、艦上攻撃機TBF・TBM）は合計九〇二機に達し、そのうち戦闘機は四七五機であった。

この搭乗機の半数以上が新鋭のF6Fであったことは、マリアナ沖海戦の性格を示す重要な要素となる。

サイパン島へ上陸する第二・第四海兵《かいへい》師団は、ハワイ方面を出撃してエニウェトク環礁に集結し、六月九日に同環礁を出た。

サイパン上陸部隊の海上指揮官は、強襲揚陸艦「ロッキーマウント」に座乗する中将ターナーで、陸上指揮官は海兵中将スミス。

ターナーの指揮下には二群・計七隻の護衛空母と、二群・計七隻の旧式戦艦が含まれる。旧式戦艦のうち四隻は、開戦初頭の日本のハワイ作戦で撃沈または撃破され、修理のあと再就役してきたのである。

グァム島へ上陸する第三両用軍団は、南太平洋の各地からクェゼリン環礁に集結し、六月一二日に同環礁を出撃した。

海上指揮官は少将コノリー、陸上指揮官は海兵少将ガイガー。

コノリーの指揮下には五隻の護衛空母と、サイパン島上陸にも使用される掃海艇群が従っていた。

ミッチャーの高速空母機動部隊は、六月一一日から、マリアナの各島に激しい空襲を加え、六月一三日からはリーの七隻の新式戦艦群がサイパン島とテニアン島を砲撃した。

一日遅れて、ターナーの旧式戦艦群ほかの各艦が、艦砲射撃に加わった。

一四日にはサイパン西方海面の掃海も始まり、一五日早朝からいよいよ上陸作戦が開始された。

日本軍は、上陸作戦が開始される朝までアメリカの輸送船団を発見することができず、掃海が始まったときでも、パラオ方面上陸に対する陽動かもしれないとの意見があったほど、敵情についての情報が貧弱であった。

日本の出撃とアウト・レンジ戦法

連合艦隊旗艦は軽巡「大淀《おおよど》」であった。

一九四四(昭和一九)年五月二〇日、木更津《きさらづ》沖を出港し、二三日に広島湾の柱島泊地に到着した。泊地では旗艦ブイに係留される。

豊田の発信する電報の電波は、呉海軍通信隊の送信所から発射され、豊田が着信する電報の電波は、「大淀」が直接受ける。

木更津沖から柱島に移ったのは、柱島の方が受信状況が良好なためである。

豊田は、サイパン島への艦砲射撃を知ると六月一三日夕刻「あ号作戦決戦用意」を下令し、上陸作戦開始を確認すると一五日早朝「あ号作戦決戦発動」を電令した。

これよりさき小沢は、飛行機隊の訓練のため、フィリピン中部のギマラス泊地に移動しようとして六月一三日午前、タウイタウイを出港したが、サイパン上陸を知るとギマラスで補給のうえ、そのまま出撃、一五日午後五時三十分、サンベルナルジノ海峡を東進して敵艦隊に向かった。

このときの小沢の保有機を示す。

第一航空戦隊――零戦二一型・一一機、零戦五二型・八〇機、九九艦爆・九機、彗星一一型・七〇機、天山艦攻《てんざんかんこう》（註＊艦上攻撃機）・四四機、計二一四機。

第二航空戦隊――零戦二一型・二七機、零戦五二型・五三機、九九艦爆・二九機、彗星一一型・一一機、天山艦攻・一五機、計一三五機。

第三航空戦隊――零戦二一型・四五機、零戦五二型・一八機、天山艦攻・九機、九七艦攻・一八機、計九〇機。

合計すると四三九機となる。

小沢はほかに、戦艦・巡洋艦に搭載する三六機の零式水上偵察機や観測機を持っていた。

ミッチャーの九〇二機に対し、約半数という劣勢であった。

この劣勢を補《おぎな》うべきものは、もちろん角田の基地航空部隊である。

しかし、角田の航空部隊は、マッカーサー・ラインによるアメリカの上陸作戦が、ニューギニア北西のビアク島に及んだとき（五月二七日上陸開始）、同方面に対する航空攻撃や移動作戦のためかなり消耗し、マリアナへの空襲が開始された六月一一日現在では、四三五機に減少していた。

さらに、マリアナでの戦闘でも消耗を続け、小沢の決戦に策応できる兵力は、六月一八日現在で一五六機となっていた。

さて、マリアナへ進攻する小沢は六月一六日午後、ビアク方面に別動していた「大和」「武蔵」などの部隊と合同し、一七日午後までに最後の燃料補給を完了した。

小沢は索敵機により一八日午後、マリアナ西方海域にミッチャーの空母群を発見し、第三航空戦隊「千代田」は空中攻撃隊を発進させるまでになった。

しかし小沢は、翌一九日に全力で攻撃することを決意し、この日の空中攻撃を取りやめた。

一八日午後九時、小沢は、第三航空戦隊を含む戦艦・巡洋艦群などの前衛部隊を、第二艦隊司令長官・中将・栗田健男《くりたたけお》に指揮させて分離し、敵の方向に進出させた。自身は第一・第二航空戦隊などの本隊を直率して、一九日朝にミッチャー空母群との間合いが三〇〇カイリになるよう、行動した。

小沢のかねてからの計画は、アウト・レンジ戦法の採用である。

日本の艦載機はアメリカと比較すると、はるかに軽い。したがって航続距離が大きい。

アメリカの空中攻撃隊の攻撃距離の限度が二五〇カイリ前後であるのに対し、日本の空中攻撃隊は四〇〇カイリの攻撃もできる。

小沢はこの特性を生かして、アメリカ空母の航空攻撃圏外から、昼間に大兵力でアウト・レンジ戦法により、アメリカ空母群の大部を撃破するのが、最良の方法だと信じていたのである。

決戦

一九四四（昭和一九）年六月一九日、小沢の索敵は慎重そのものであった。

ミッドウェー海戦やそれ以後の空母戦の教訓が取り入れられて、三段にわたる航空索敵が実施された。

第一段索敵は水上偵察機・一六機により、第二段索敵は第三航空戦隊の九七艦攻・一三機（水偵一機を加える）により、第三段索敵は第一航空戦隊の彗星・一〇機、天山・二機（水偵二機を加える）により、行なわれた。

索敵の結果により三群の敵空母群が発見され、小沢はつぎの五群の空中攻撃隊を発進させることができた。

第三航空戦隊第一次攻撃隊
○七二五発進、計六四機。
第一航空戦隊第一次攻撃隊
○七四五発進、計一二八機。
第二航空戦隊第一次攻撃隊
○九○○発進、計四九機。
第一航空戦隊第二次攻撃隊
一○二○発進、計一八機。
第二航空戦隊第二次攻撃隊
一○一五～一一○三○発進、計六五機。

発進した五群の空中攻撃隊のうち、敵艦隊を発見して攻撃できたのは、第三・第一航空戦隊の第一次攻撃隊だけであり、ほかの三群の空中攻撃隊は敵艦隊を発見できなかった。

航空索敵が発見した三群の敵空母群のうち、二群は位置の誤差がきわめて大きかった。

空中攻撃隊が予定位置に到達しても敵を見なかった主要な理由は、この位置誤差であったと思われる。

索敵機の偵察員に航法上の錯誤があった可能性もあり、その及ぼした悪影響は大きい。

ミッチャーはレーダーで日本側の空中攻撃を知ると、全艦載機を発艦させ、戦闘機で日本機の要撃とグァム島の制圧に当たらせ、爆撃機でグァム島の滑走路を爆撃させた。

敵艦隊を発見した二群の日本の空中攻撃隊は、目標の五〇カイリ前方で戦闘機群の要撃を受けて約半数が撃墜され、しかも攻撃したのは空母群ではなく、リーの指揮する新式戦艦群であった。

艦隊上空に到達した日本機も、VT信管の威力により多くが撃墜され、戦果としては戦艦「サウス・ダコタ」に爆弾一発が命中し、重巡「ミネアポリス」に至近弾一発があり、一機が戦艦「インディアナ」の舷側に激突して被害を与えたに過ぎなかった。

空母群の上空に到達できた日本機はわずか数機で、第二空母群に属する正規空母「バンカーヒル」と「ワスプ」を、急降下爆撃により小破《しょうは》させただけであった。

小沢には空中攻撃隊の実情がほとんどわかっていなかったが、航空機のほか空母に大損害を被《こうむ》った。

「大鳳」は、第一次攻撃隊を発進させた直後に米潜「アルバコア」の魚雷一本が命中し、ガソリン・タンクに破孔が生じたのが原因となって、午後二時三十分ごろ、突然ガソリン爆発を起こし、同四時二十八分に沈没した。

小沢は、駆逐艦「若月《わかつき》」を経て重巡「羽黒《はぐろ》」に移乗して指揮を続け、翌二〇日に「瑞鶴」に移る。小沢はのちに、次席指揮官の栗田に艦隊の指揮権を譲《ゆず》った方が良かったと述べている。

つぎに「翔鶴」は、第一次・第二次攻撃隊を発進させたあと、米潜「キャバラ」の魚雷四本を受け、「大鳳」に先んじて午後二時十分、沈没した。

この日の朝、第一次攻撃隊が発進したときには、小沢の司令部でも豊田の司令部でも、計画どおりのアウト・レンジ戦法が成功したとして、航空戦の勝利を疑わない者が多かった。ところが、一九日の太陽がマリアナ海に沈んだとき、小沢が持つ艦載機は一〇二機に過ぎなかった。

小沢は翌日の後方の補給点に向かった。

結末

一九四四(昭和一九)年六月二〇日、小沢がマリアナ海のほぼ中央で、タンカー群から艦隊に燃料補給を行なっているとき、追撃に転じたミッチャーの艦載機の攻撃を受けた。

アメリカの空中攻撃隊の攻撃限度を越えた距離からで、八〇機が空母に帰りつけずに不時着水している。

しかしこの攻撃で、「飛鷹」とタンカー二隻が沈没し、「瑞鳳」「隼鷹」「龍鳳」「千代田」が損害を受け、ほかに戦艦「榛名」、重巡「摩耶」、タンカー一隻も小破した。

二〇日の戦闘が終わったとき、小沢の残存機数は第一航空戦隊・七機、第二航空戦隊・三三機、第三航空戦隊・二一機、ほかに戦艦・巡洋艦に搭載する水上機・一二機であった。

意外な大敗のあと、小沢が沖縄の中城《なかぐすく》湾に帰着したのは六月二二日、柱島泊地に回航したのは同二四日であった。

サイパン島にあって潜水艦部隊を指揮した高木は、敵上陸により指揮が困難となり、トラックにいた第七潜水戦隊司令部・少将・大和田昇《おおわだのぼる》に指揮権を譲った。

潜水艦部隊は航空戦が終わると、マリアナ周辺の敵艦船の攻撃に任じた。

しかし連日、点呼通信《てんこつうしん》に応答しない潜水艦が増加し、作戦が終了したとき一八隻の潜水艦が失われた。

小沢が決戦に敗退すれば、マリアナ各島の運命は窮《きわ》まる。

南雲は七月六日、サイパン島から陸海軍大臣・統帥部長（陸軍大将・東条英機、海軍大将・嶋田繁太郎）に最後の電報を打電し、前日に決別の電報を出していた高木も、南雲と最期の運命をともにした。

南雲の指揮下で陸軍部隊を統一指揮した小畑は、アメリカ軍がグァム島に上陸したあと、同地から七月二四日、陸海軍統帥部長に最後の電報を発した。

サイパン島への上陸が始まったとき小畑は、現地視察のためパラオにあったが、サイパン島に帰ろうとして果たさず、グァム島で指揮を執《と》っていた。

豊田はテニアン島にある角田に対し、指揮を続けるためダバオに移動するよう命じた。はじめは潜水艦により、あとではトラックから夜間テニアンに着陸する航空機により、角田の救出が計《はか》られたが、いずれも成功しなかった。

角田の最後の電報は七月二八日、陸海軍大臣・大東亜《だいとうあ》大臣あてに発せられた。

そのときにはすでに、マリアナ沖海戦の敗退の衝撃により東条内閣が倒れ、陸軍大臣は陸軍大将・杉山元、海軍大臣は海軍大将・米内光政となっていた。

豊田の下にいた四人の主要指揮官のうち、海戦のあと生き残ったのは小沢だけであった。

評価と教訓

ミッドウェー海戦とマリアナ沖海戦は、日本とアメリカにとって裏返しの海戦であったと言える。

二つの海戦では、それぞれの海軍の空母を中核とするほぼ全艦隊が出撃し、敵艦隊との決戦生起を考え、厳重に防備された島の航空基地を奪取しようとした。

しかし、戦闘に先んじた情報と偵察の戦いにおいて、格段の相違があった。

ミッドウェーのときにはアメリカは、暗号解読により占領の目標を確実に知っていたのに対し、マリアナのときには日本は、パラオ方面が第一の目標であろうとの考えを、最後まで捨てきれなかった。

ミッドウェーのときにはアメリカ空母群は、敵の空襲が始まったとき、すでに所要の海域にあって攻撃の機会をねらっていたのに対し、マリアナのときには日本の空母群は、まだ待機泊地にあって、攻撃開始までには八日を必要とした。

ミッドウェーのときには日本の輸送船団は、上陸予定の三日前に発見されて航空攻撃を受けたのに対し、マリアナのときにはアメリカの輸送船団は、上陸の朝まで発見されなかった。

さらにマリアナのときには、さきに連合艦隊司令長官・古賀峯一が殉職したとき、別の飛行艇に乗っていた参謀長・中将・福留繁《ふくとめしげる》がフィリピンに不時着水し、「あ」号作戦計画の前身であるZ作戦計画書をゲリラに奪われていた。Z作戦計画書はアメリカ軍の手に渡り、スプルアンスは日本の艦隊編成や攻撃計画のほぼ全容を知っていた。日本は、この重大な事故に気付いていなかった。

日本側は、戦闘に先んじた情報戦と偵察戦で、完全に敗北していたのである。

空母戦はどうであったか。

ハワイ海戦のとき空中攻撃隊の主力は、二三〇カイリの地点から発艦したが、マリアナ沖海戦のときには三八〇カイリの地点から発艦している。

アウト・レンジ戦法は、索敵機や空中攻撃隊が遠距離の飛行をしなければならないので、航法誤差が大きくなり、乗員の疲労も加わる。

とくに、タウイタウイにおける在泊が一カ月にも及んだので、航空機の磁気羅針儀《じきらしんぎ》の誤差修正が不完全で、航法誤差が大きくなるという重大な欠陥が生じた。

また、目標の空母群発見から空中攻撃隊の到達までに、目標が大きく移動するので、触接機の存在が不可欠となるが、小沢の航空機も角田の航空機も、触接行動にほとんど失敗している。

それは、零戦を上まわる優秀なF6F戦闘機の出現によって、制空権を奪われたことに関係する。さらにレーダーの能力と組み合わされたF6Fの活躍によって、日本の空中攻撃隊は目標到達までに敵戦闘機群に要撃されて、大きく勢力を失った。

マリアナ沖海戦の日本の空中攻撃隊の指揮官は、ハワイのときよりもはるかに若くて搭乗員の練度も低く、とくに新機種を使いこなすだけの訓練期間がなかった。

日本側は、アメリカの対空砲弾であるVT信管の存在を知らなかった。

「敵を知り、おのれを知れば百戦危うからず」と言われるが、「あ」号作戦を計画し指揮した豊田や小沢、それにその幕僚たちは「敵を知らず、おのれを知らず」にアウト・レンジ戦法で空母戦を戦い、当然のこととして大敗したと言えよう。

要するに一九四四（昭和一九）年になってからは、日本の空母群はアメリカの空母群に、決戦を行なうだけの能力を持たなかったのである。

日本として採るべき手段は、時と場所を選定し、伸縮自在な奇襲戦法の連続した実行ではなかったか。

小沢はのちに、自身が連合艦隊司令長官として現場にいたのであれば、六月一九日の夜間に全艦隊で進撃して、夜戦をやったであろうと語っている。

夜戦が成功した公算は少ないが、小沢が進撃すれば、一九日夜から二〇日にかけてサイパン西方海域で、両艦隊の激しい乱戦が生起したことは確かである。

その方が、連合艦隊の歴史としてはふさわしかったのかもしれない。

天皇のマリアナ沖海戦に対する関心は、ことさら深かった。七月一七日には嶋田に、

「国家の興隆に関する重大な作戦であるから、日本海海戦のようなりっぱな戦果を挙げるよう、作戦部隊の奮起《ふんき》を望む」

と激励し、翌一八日には東条に、

「万一サイパンを失うようなことになれば、東京空襲もしばしばあることになるから、ぜひとも確保しなければならぬ」

と言明した。

このような経緯もありマリアナ沖海戦の敗退を知ると軍令部は、海軍の練習航空部隊や陸軍の航空機をも含む使用可能な日本の全航空部隊をかき集め、特設航空母艦をも含む出動可能な残存航空母艦の全部と、「大和」「武蔵」などの全水上部隊を、ふたたびサイパンに向けて進撃させ、これと同時にサイパン島に逆上陸する陸軍一個師団を八万総トンの輸送船団で運び、同島を奪回しようと計画した。逆上陸決行予定日は七月八日であった。

嶋田はとくに計画に熱心であった。しかしこの計画には多くの無理があり、参謀本部が否定的であった。陸軍航空機を投入する意向がなかった。

サイパン奪回の作戦計画は流れ、東条と嶋田は六月二四日、計画の断念を上奏《じょうそう》している。

天皇の東条内閣に対する信任は、去りつつあった。

前年八月からすでに、海軍大将・岡田啓介《おかだけいすけ》を中心とする東条内閣打倒の計画が潜行していた。重臣《じゅうしん》の近衛文麿《このえふみまろ》とも気脈が通じている。

東条はマリアナ沖海戦敗退後の困難な時局を、内閣改造により乗り切ろうとしたが、天皇の内心を知る内大臣《ないだいじん》・木戸幸一《きどこういち》は、重臣が内閣交代を天皇に上奏するよう、ひそかに近衛に働きかけた。こうして表面的には重臣会議の上奏という形式で、さしもの東条内閣が倒れたのである。

マリアナ沖海戦の大敗が、内閣の生命を奪ったことになる。

マリアナ諸島失陥《しっかん》の影響は、すぐに証明された。

一九四四年一一月一日、マリアナ基地を発進したB–29一機は、千葉県勝浦《かつうら》から東京上空に侵入して偵察した。

ゆうゆうと一万メートルの高空を飛ぶ敵機を、日本の陸海軍の戦闘機はどうすることもできない。当時日本の航空機は、発動機のスーパーチャージャー（過給器《かきゅうき》）の技術が劣り、高空飛行ができないのである。

偵察を終わるとB–29八〇機が同月二四日、伊豆半島を北上して富士山《ふじさん》上空に達し、そこから偏西風《へんせいふう》に乗って高速力と高々度で、三鷹《みたか》地区の中島飛行機工場を爆撃した。

やがて四五年三月九日の深夜から一〇日にかけて、東京湾を北上したB–29多数機によって、江東《こうとう》地区が一〇〇〇〜三〇〇〇メートルの低高度から焼夷弾《しょういだん》攻撃を受け、烈風にあおられて一〇万に近い死者を出して、壊滅的打撃を受けたことは、よく知られている。

ところでこのような無差別攻撃は、戦時国際法に公然と違反するものである。

アメリカが日本に対し経済制裁を加え始めたのは、一九三八（昭和一三）年六月一一日の国務長官ハルの要請に基づくいわゆる対日道義的輸出禁止からである。

その理由となったのは、日本の航空機の中国爆撃であった。日本機は細心の注意を払って軍事目標だけを攻撃していたのだが、どうしても爆弾がそれて民間施設に被害を与えることがある。

アメリカ人やアメリカ施設に被害があった場合には、アメリカ政府はきびしく日本政府に抗議してきた。

道義的輸出禁止は段階を追って強化され、やがてはドイツの西部戦線における勝利や日本のフランス領インドシナ進出に伴って、日本は全面的な経済制裁を受けるようになる。

この経済制裁が理由となって日本は太平洋戦争に突入したのだが、マリアナを失ってみると日本自身が、アメリカからの意識的な国際法違反の無差別爆撃に苦しむことになったわけである。

戦争とはこのようなものなのである。

開戦まえに日本の政府と大本営は、戦争となったとき日本内地がどのような爆撃を受けるかについて、かなり慎重に検討した。

天皇親臨の軍事参議官会議（一九四一年一一月四日）では、海軍大将・百武源吾《ひやくたけげんご》が、軍需工業の受ける被害予想について質問している。

東条英機は陸軍大臣の資格で、空母により攻撃され、また沿海州から空襲される可能性があるが、「ときどき空襲される程度であろう」と答えている。

これについで参謀総長・杉山元は「防空は絶対ではなく空襲は覚悟しなければならない。しかし最近の防空施設や訓練は、相当顕著に進歩している」とかなりの自信を示した。マリアナ失陥後のB-29の戦略爆撃の激しさは、当時の日本の戦争指導者のまったく考慮のそとにあったのである。

このようにマリアナ沖海戦は、明白に日本の敗戦を決定づけた海戦となった。

第10章

比《ひ》島《とう》沖海戦

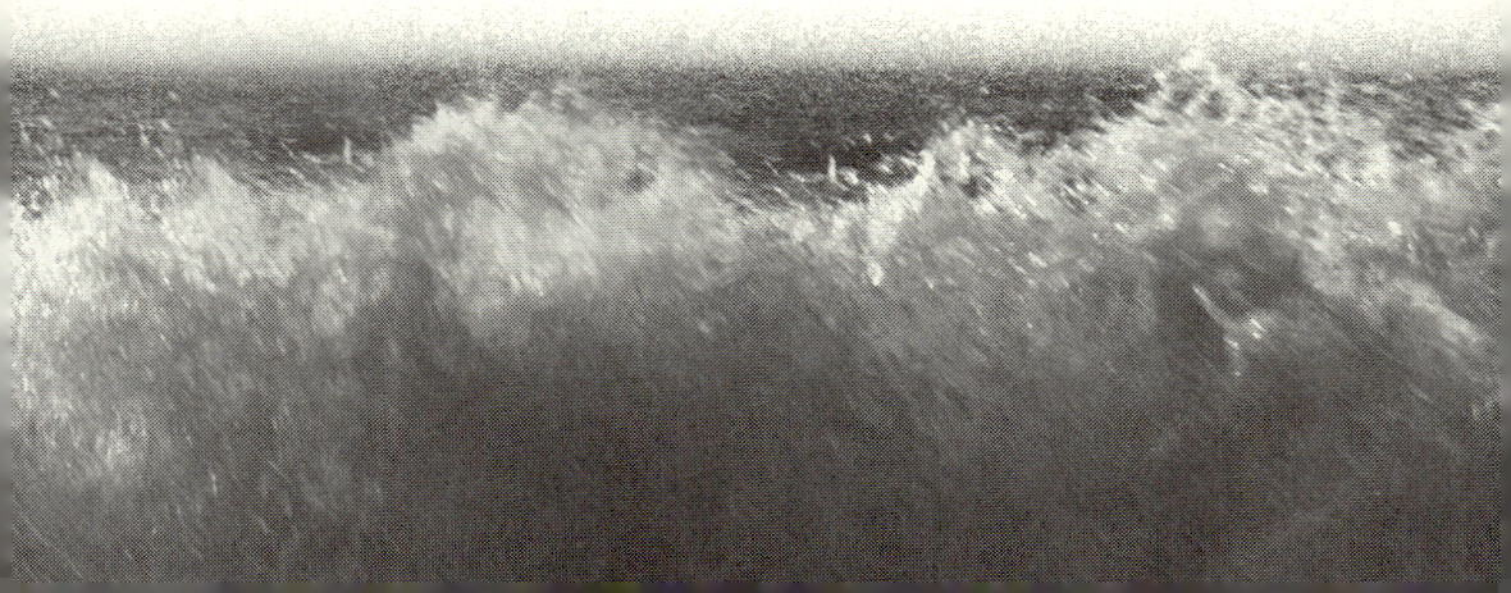

陸海軍共通の捷号《しょうごう》作戦

マリアナ沖海戦までの洋上決戦は、いずれも連合艦隊司令長官の指揮する日本海軍独自の決戦であったと考えてよい。

しかし、この海戦に大敗すると日本海軍は対米作戦に自信を失い、次期決戦には陸軍兵力、とくに陸軍航空兵力が全面的に参加することを切望した。

はなはだ遅《おそ》きに失《しっ》したけれども、大本営陸軍部（参謀総長・大将・梅津美治郎《うめづよしじろう》）と大本営海軍部（軍令部総長・大将・嶋田繁太郎）は一九四四（昭和一九）年七月二四日、開戦以来はじめての陸海軍共通の「作戦指導大綱」を決定した。

これにより日本の陸海軍は、アメリカ軍主力が北海道・本州・四国・九州・南西諸島・台湾・東南シナ・比島方面の防衛線に来攻した場合に、決戦を行なって連合軍の企図を破砕《はさい》しようとした。

なお、この日に大本営陸海軍部は、航空兵力の配備や運用についても細部を協定し、敵空母攻撃は主として海軍機が担当し、陸軍機は主として敵輸送船を攻撃することに定めた。

また、本土から比島にわたる次期決戦を、勝利の祈願をこめて「捷号作戦」と呼ぶこととした。そして南方から順次、地域ごとに一号から四号までに区分した。さらに、陸海軍の決戦は、大本営が、捷号作戦地域を明示したあと発動されることに決定した。

海軍兵力の決戦配備

日本海軍はマリアナ沖海戦で、空母に搭載する飛行機隊のほぼ全力を失ったので、空母機動部隊の再建が必要であったが、その完全な再建は捷号作戦には時間的に間に合いそうになかった。

したがって日本海軍は、航空部隊の再建について、陸上基地を使用する基地航空部隊を最優先させ、空母機動部隊を次等に置いた。

捷号作戦における海軍の第一の決戦兵力となるべき基地航空部隊の配備は、第一航空艦隊が主として比島方面に、第二航空艦隊が台湾・南西諸島方面に、第三航空艦隊が本土方面に展開することとなった。

「捷○号作戦発動」が令された場合には、その正面の航空艦隊が全力攻撃を実施し、他の航空艦隊の大部も移動のうえ、決戦に参加するのである。

捷号作戦における海軍の第二の決戦兵力は、まだかなりの勢力が残っている戦艦と重巡洋艦の砲戦力であった。

戦艦は「大和」「武蔵」以下で九隻（うち二隻は航空戦艦）があり、重巡は一四隻が健在であった。

次期決戦ではこれらの水上部隊は、遊撃部隊となって基地航空部隊の制空権下に、敵の上陸地点になぐり込みをかけ、敵艦隊と輸送船団を撃滅するのが任務となった。

訓練待機海域は、水上部隊の大部である第二艦隊を基幹とする兵力が第一遊撃部隊と呼ばれて、シンガポール南方のリンガ泊地であり、第五艦隊を基幹とする兵力が第二遊撃部隊と呼ばれて、瀬戸内海西部であった。

空母機動部隊の再建は、新造空母「雲龍《うんりゆう》」「天城《あまぎ》」を加えて計画されたが、作戦可能となるのは四四年一二月末と考えられたので、早期使用が期待できる訓練済みの空母だけで第三航空戦隊を編成し、それに航空戦艦二隻の第四航空戦隊を加えて、機動部隊本隊とされた。

機動部隊本隊は訓練が終われば、リンガ泊地に進出することが期待されていたが、現実には捷一号作戦となった比島沖海戦では、瀬戸内海から出撃することとなる。

マリアナ沖海戦で大被害を受けた潜水艦部隊に対しては、必死になって被害防止対策がとられた。レーダーや逆探《ぎやくたん》が未装備の潜水艦には至急装備し、諸機械の下に防振《ぼうしん》ゴムを取りつけ、また艦体に塗《ぬ》る防探塗料の改良などが、被害防止対策の主要なものであったが、決定的な対応策はついに発見できなかった。

捷号作戦に参加が期待できる潜水艦は、一五〜二〇隻であった。一部が敵情偵察、大部が要撃作戦と奇襲作戦に使用される。奇襲作戦では人間魚雷「回天」の使用が考慮されていた。

大部の潜水艦は瀬戸内海西部にあって整備・訓練に従事し、一部が中部太平洋方面（基地はトラック環礁）にあった。

潜水艦は「先遣部隊」に所属し、指揮官は呉軍港内の筑紫丸に座乗していた。

なお、以上の潜水艦のほか、捷号作戦への参加は期待できないが、ペナンを基地としてインド洋の連合軍シーレーン攻撃に従事する約五隻の潜水艦があったことを付記しておこう。

上陸に先んずる航空撃滅戦

一九四四（昭和一九）年九月九日から一四日にかけて、太平洋方面軍指揮官・大将ニミッツ指揮下の第三艦隊司令長官・大将ハルゼーの高速空母機動部隊が、比島中南部の日本軍航空基地や船舶を猛攻した。九月一五日から始まるペリリュー島（パラオ諸島）・モロタイ島（ハルマヘラ諸島）への上陸作戦に先行する航空撃滅戦である。

ハルゼーの空襲によって比島の日本陸海軍の航空部隊は大損害を受けた。中将・寺岡謹平《てらおかきんぺい》の指揮する第一航空艦隊は、九月一日には実働が二五〇機であったのが、九月一二日には一挙に九九機に落ちている。

しかもこの結果、ハルゼーの意見具申《ぐしん》により、それまで四四年一二月二〇日に上陸開始と計画されていたアメリカ軍のレイテ島作戦が、二カ月早められて一〇月二〇日上陸開始と改められる。

日本軍は、捷号作戦兵力の有力な一翼を早くももがれ、さらに訓練・整備のための貴重な二カ月を失う結果となった。

南西太平洋方面軍指揮官・大将マッカーサー指揮下のレイテ攻略部隊は、一〇月一〇日から一五日にかけて、マヌス島（アドミラルティー諸島）とホーランジア（ニューギニア北岸）の泊地からぞくぞくと出港した。

レイテ島上陸に先んじてハルゼーは、ふたたび南西諸島・台湾・比島北部の航空撃滅戦を実施する。

ハルゼーは戦艦「ニュージャージー」に座乗し、中将ミッチャーの指揮する第三八機動部隊は、正規空母九隻・軽空母八隻から成る四群の空母群である。

二群の空母群はアドミラルティー泊地から出撃し、他の二群の空母群はウルシー環礁から出撃した。

ウルシーは、マリアナ諸島とパラオ諸島の中間に位置する環礁で、大艦隊が入泊することができる。日本はここに守備兵を置いていなかったので、ニミッツ指揮下の部隊によって四四年九月中旬、無血占領された。

これによりアメリカ艦隊は、マーシャル諸島のメジュロ、クェゼリン、エニウェトクの各環礁から、その前進基地を千数百カイリ西方に進めることができたのである。

一〇月六日にウルシーを出撃したハルゼーは、一〇月一〇日に沖縄本島ほかの南西諸島を空襲することから航空撃滅戦を開始した。攻撃は完全な奇襲となった。

空襲は一一日に比島北部、一二・一三日には台湾と続いた。

当時、連合艦隊司令部は陸上に位置し、神奈川県日吉台《ひよしだい》（慶應義塾大学校舎）にあった。司令長官・大将・豊田副武は前線視察の帰路にあって台湾（新竹《しんちく》基地）にあり、日吉には参謀長・中将・草鹿《くさか》龍之介《りゅうのすけ》が残っていた。

日吉司令部はハルゼー部隊に対して航空総攻撃を決意し、一〇日に「基地航空部隊捷一号及び捷二号作戦警戒」を令したあと、一二日午前十時三十分、「基地航空部隊捷一号及び二号作戦発動」を下令した。

比島にある第一航空艦隊兵力を除いて、第二航空艦隊司令長官・中将・福留繁が航空総攻撃を指揮する。機動部隊本隊の空母搭載機も福留の指揮下に入り、陸上からの攻撃に参加した。

台湾沖航空戦

福留は台湾の高雄《たかお》に位置し、航空部隊は主として九州南部の鹿屋《かのや》基地、または沖縄本島から発進して、台湾東方の第三八機動部隊（高速空母機動部隊）を猛攻した。

大戦果が報告された。

大本営海軍部は現地からの報告により一〇月一六日、空母一〇・戦艦二・巡洋艦三・駆逐艦一を轟撃沈《ごうげきちん》し、ほかに多数の敵艦を撃破したと発表した。

軍令部総長から天皇にも、ほぼ同様に報告され、大戦果に対し勅語《ちょくご》が下賜《かし》された。

実際の戦果は、空母二隻（正規空母「フランクリン」同「ハンコック」）に自爆機と爆弾が命中し、重巡「キャンベラ」と軽巡「ヒューストン」に魚雷が命中したほか、軽巡「レノ」に自爆機が当たり、駆逐艦が機銃掃射により若干の被害を受けただけで、沈没艦はなかった。

戦果報告の大部分は、T攻撃部隊の薄暮《はくぼ》または夜間攻撃に関連するものであった。T攻撃部隊とは、マリアナ沖海戦の戦訓から、⑴敵戦闘機の活動不十分な夜間、⑵荒天で艦の動揺が激しく航空機の発着艦が困難な昼間、に航空攻撃ができるよう特別に訓練された部隊であった。

暗黒のなかにおける自爆機の炎上が、爆弾命中と誤認されたり、敵艦の大口径砲の発砲の火炎が、魚雷命中と誤認されることは、おおいにありうる。ハルゼー自身も、日本の自爆機の火炎のなかの米艦のシルエットを見て、米艦炎上と思ったほどなのである。

大戦果を信じた日吉司令部は一〇月一四日、台湾東方にある敵損傷艦の撃滅と味方搭乗員の救助を目的として、瀬戸内海西部にある第二遊撃部隊の出撃を下令した。中将・志摩清英《しまきよひで》の指揮する第二遊撃部隊は一〇月一五日午前七時、豊後水道《ぶんごすいどう》を出撃し、敵を求めて南下した。しかし実際は、第三八機動部隊はまだ健在なのであり、志摩はやがて、奄美大島《あまみおおしま》方面へ避退するほかなかった。

一〇月一六日になると、日本海軍の索敵機は台湾東方に三群の敵空母群を発見し、日吉司令部はこの事態に対し、水上決戦を考慮して一六日午後、リンガ方面にある第一遊撃部隊にも「至急出撃準備」を命じた。

このようなとき一〇月一七日早朝、アメリカ軍は突如としてレイテ湾口のスルアン島へ上陸してくる。

ここで戦局は急転する。

一〇月一日現在で、海軍の捷号作戦正面の実働機数は一二五一機であったが、一二日から一五日までの「台湾沖航空戦」での航空総攻撃で大損害を受け、スルアン島へアメリカ軍が上陸してきたときには、実働機数は三〇〇機程度に急減していた。

日本海軍は比島沖海戦へ、最重要の第一決戦兵力である基地航空部隊を消耗して立て直す時間もないまま、引きずり込まれる運命に陥った。

作戦発動と基本命令

スルアン島からの敵上陸の報告を受け取ると、台湾にあって新竹基地から高雄基地に移動していた豊田連合艦隊司令長官は同日午前八時九分「捷一号作戦警戒」を令した。

作戦発動には前記の「作戦指導大綱」により、天皇の裁可を必要とする。

参謀総長・梅津美治郎、軍令部総長・及川古志郎の両大将は一〇月一八日午後、皇居で戦局を上奏して裁可を受け、大本営は同日夕刻、南方軍総司令官・大将・寺内寿一《てらうちひさいち》ほか関係陸軍司令官と豊田に対し、「捷一号作戦発動」を指示した。

第七艦隊司令長官・中将キンケードの指揮する旧式戦艦六隻を含むアメリカ艦隊は一〇月一九日、レイテ島各地に激しい艦砲射撃を加えたあと、上陸部隊が一〇月二〇日朝、レイテ湾内奥深くのタクロバンなどに上陸してきた。

日吉司令部は二〇日〇八一三、捷号作戦全般の基本命令を発出した。

そのときにはすでに、第一遊撃部隊はリンガを出てブルネイに進出中で、第二遊撃部隊は奄美大島で補給のあと馬公に向かっていた。潜水艦四隻は台湾沖航空戦のとき敵艦隊に向かって瀬戸内海を出撃しており、ほかに「回天」搭載を中止して出撃または出撃予定の潜水艦が一〇隻あった。

基本命令の核心を要約すると、

1、第一遊撃部隊は二五日早朝、タクロバン方面に突入して、所在の敵艦隊と攻略部隊を撃滅する。

2、機動部隊本隊は第一遊撃部隊の突入に策応して、ルソン海峡東方に機宜《きぎ》行動して敵を北方に牽制するとともに、好機に敵を攻撃撃滅する。

3、基地航空部隊は比島に集中し、第一遊撃部隊の突入に策応して敵空母群と攻略部隊を撃滅する。総攻撃は二四日で、南西方面艦隊司令長官（中将・三川軍一《みかわぐんいち》、在マニラ）が航空作戦を指揮する。

4、先遣部隊は、四隻で敵空母群を「追撃」し、あとの一〇隻はレイテ湾口の散開《さんかい》配備に就く。

というものである。第二遊撃部隊の任務については、混迷していた。

ながらく前線視察のため最重要の時機に不在であった豊田は、基本命令が発出されたあと、ようやく日吉に帰着することができた。将旗が上がったのは二〇日正午である。

日本艦隊の出撃

第一遊撃部隊はブルネイに入泊して補給のあと、優速の主隊（第一・第二部隊、中将・栗田健男直率）はサンベルナルジノ海峡を突破してレイテ湾に突入すべく、一〇月二二日〇八〇五、ブルネイを出撃した（以下栗田艦隊と呼ぶ）。

劣速の支隊（第三部隊、中将・西村《にしむら》祥《しょう》治《じ》直率）はスリガオ海峡を北上してレイテ湾に突入する計画で、二二日一五〇〇、ブルネイを出撃する（以下西村艦隊と呼ぶ）。

機動部隊本隊（中将・小沢治三郎直率）の搭載機は台湾沖航空戦に投入されてしまい、その航空戦能力は骨抜き同然になっていた。しかし、訓練途上の航空機をもかき集めて空母群に搭載し、同隊は一〇月二〇日一七〇〇、豊後水道を出撃して戦場に向かった（以下小沢艦隊と呼ぶ）。かき集められた航空機は一一六機である。

第二遊撃部隊（中将・志摩清英直率）の任務は、たびたび変更された。最終的にスリガオ海峡からレイテ湾に突入することが決まって、コロン湾を出撃したのは二四日〇二〇〇である（以下志摩艦隊と呼ぶ）。

先遣部隊は二三日までに、合計一一隻（計画より二隻減）の潜水艦が洋上にあり、レイテ湾を中心とする比島中南部東方海面の新しい配備地点に急行していた。

マリアナ沖海戦のときの配備は、洋上の一点が指定されたが、比島沖海戦のときはマリア

図表23 比島沖海戦概見図

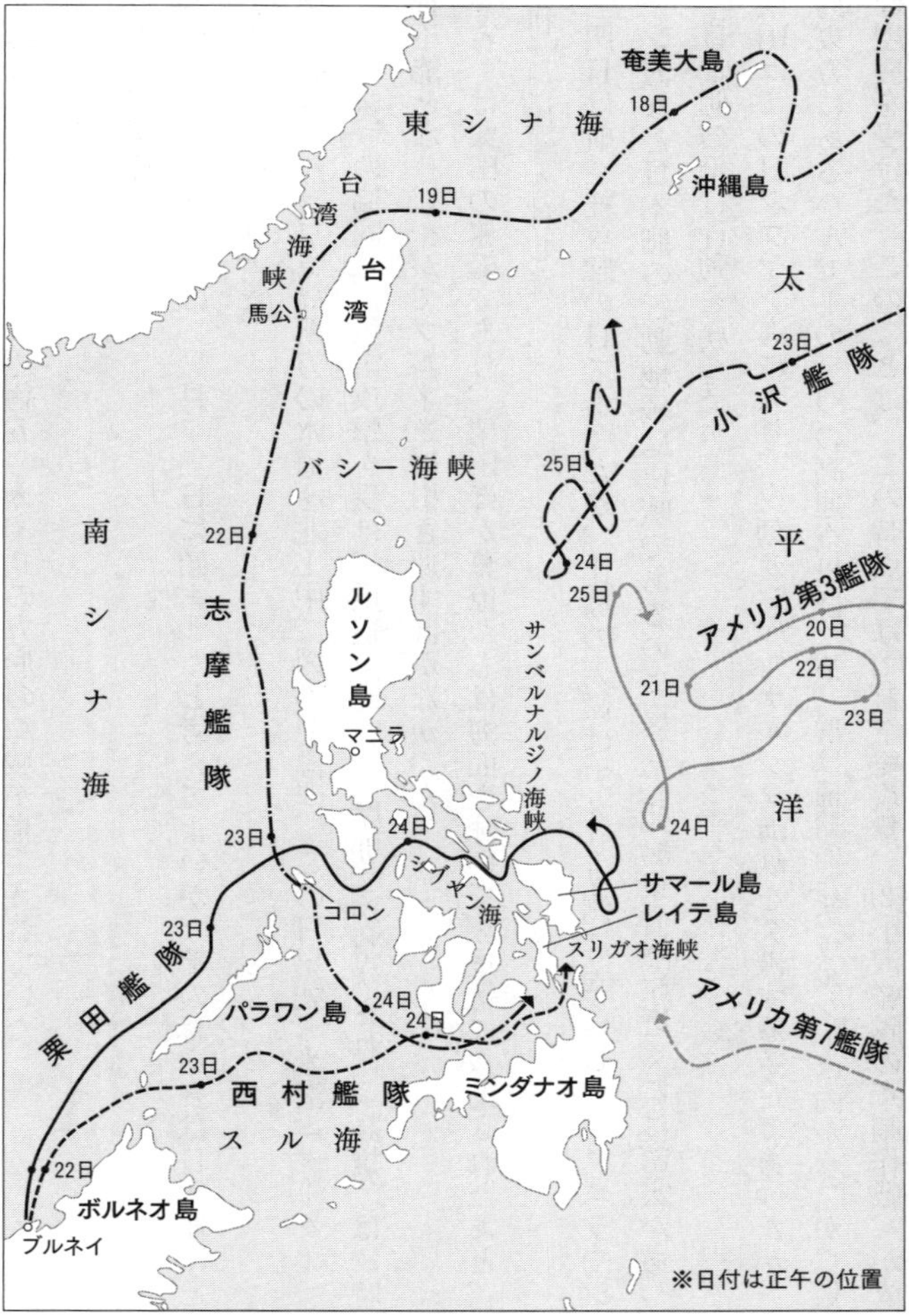

ナ沖海戦の戦訓により、一辺約五〇カイリの方形の海域が指定されていた。

シブヤン海海戦

本格的な比島沖海戦は一〇月二三日に始まったと考えてよいが、その幕《まく》あきは日本側にとって不吉なものであった。

栗田艦隊がパラワン島西方の水道を北上中（図表24参照）、この日早朝、米潜「ダーター」と「デース」の協同した魚雷攻撃を受け、重巡「愛宕」「摩耶」が撃沈され、「高雄」は一時航行不能となり、やがてブルネイに引き返すほかなかった。

「愛宕」は栗田の旗艦であり、栗田ほか幕僚たちは海面を泳いで駆逐艦に救助されたあと、「大和」に旗艦を移した。

二四日は航空総攻撃の日であったが、比島の天候はアメリカ側に幸《さいわ》いした。マニラやシブヤン海など日本側の行動地域は快晴であるのに反し、比島東方陸岸近くには密雲《みつうん》があって、日本側の飛行行動を妨《さまた》げた。

栗田はこの日シブヤン海に入り、夕刻サンベルナルジノ海峡を突破する予定であったが、比島東方にあるハルゼーの三つの高速空母群（第一群は補給のためウルシーに向かう）から猛烈な空襲を受けた。このことは、この時点では(1)航空総攻撃、(2)小沢艦隊の牽制作戦、が成功していないことを示していた。

栗田は図表25の陣形で進撃した。〇八三〇から一五三〇にかけ、五次にわたり延《の》べ二五〇機の雷爆撃を受け、「妙高《みょうこう》」が落伍し「武蔵」は被雷と被爆が累積して一九三五、ついに沈没した。

「大和」ほかにも被害があり、栗田は一五三〇に反転して針路二九〇度とし、再起を計ろうとしたが、そのあと空襲が中絶したのを見ると一七一四、再反転して東方に向かった。

図表24 対潜警戒航行序列

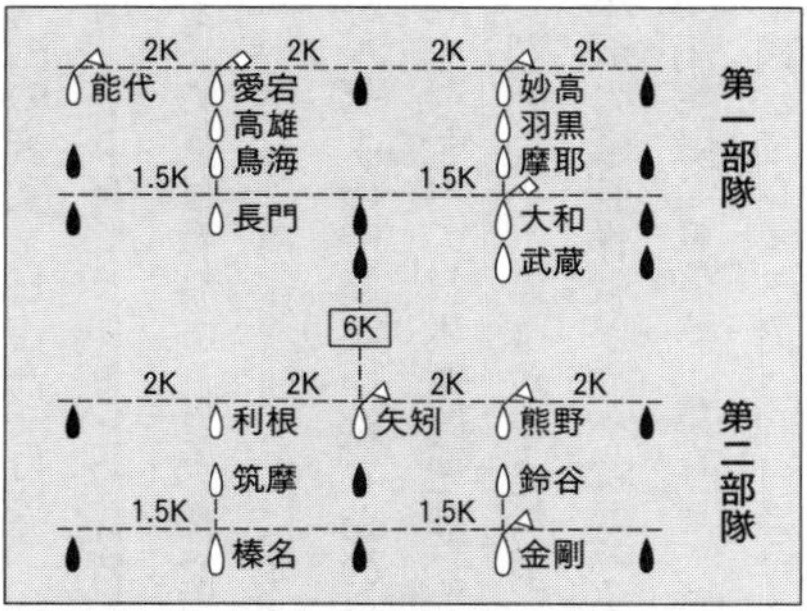

図表25 第一遊撃隊主隊対空陣形

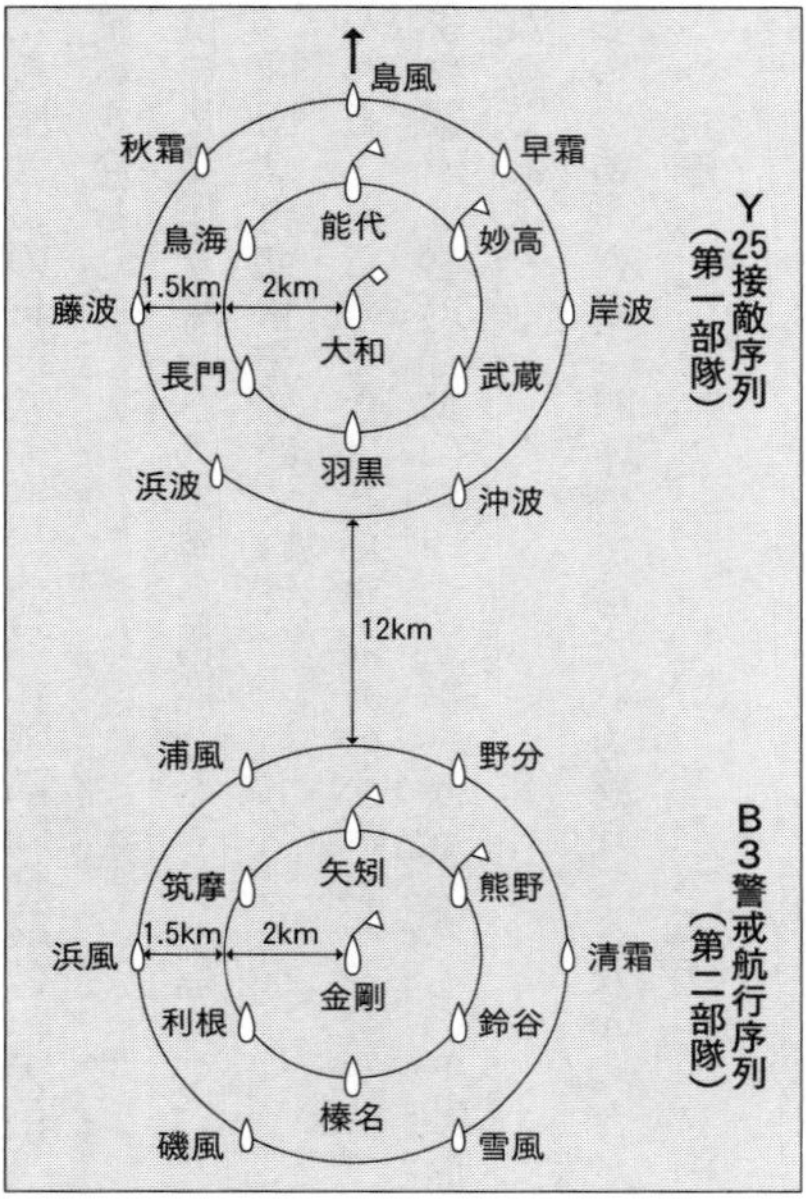

栗田の苦戦を日吉台で見守っていた豊田はこの日一八一三、捷号作戦部隊全般に「天佑《てんゆう》ヲ確信シ全軍突撃セヨ」との有名な激励電を発した。

多くの人は戦時中、この激励電を受けて栗田が東方への進撃を再開したものと信じていたが、現実には電報着信まえにすでに、栗田は再進撃を始めていた。

ハルゼーの空襲が中絶したのは、ハルゼーがこのときはじめて北方の小沢艦隊を発見し、それを最強力の日本艦隊と誤認し、また栗田は避退行動に移って進撃を断念したものと即断し、翌朝の小沢艦隊攻撃を検討したためである。

小沢の牽制作戦がやや遅れて奏効《そうこう》しつつあったが、日本側ではだれも感知できなかった。

栗田艦隊（戦艦四・重巡六・軽巡二・駆逐艦一一）は二五日〇一〇〇、サンベルナルジノ海峡を抜けてレイテ湾へ向け進撃を続けた。

スリガオ海峡海戦

栗田・西村・志摩の三艦隊がほぼ同時にレイテ湾へ突入するのが、日本側にとっては理想的である。しかし、シブヤン海海戦により栗田が遅れ、同時突入の希望は崩れた。

スリガオ海峡からレイテ湾へ突入する西村・志摩の間にも指揮系統がなく、バラバラの行動となった。西村の指揮系統は、豊田↓栗田↓西村であり、志摩の指揮系統は、豊田↓三川

（南西方面艦隊司令長官）→志摩であった。

西村は栗田の苦戦を知りつつ勇敢に前進した。一〇月二四日深夜から敵魚雷艇と交戦しつつ、二五日〇一二〇スリガオ海峡南口を通過、図表26の陣形で突入を開始した。

しかし、はじめはアメリカ第七艦隊の魚雷艇・駆逐艦群の雷撃、ついで戦艦・巡洋艦群の砲撃により、〇四一三までにほぼ全滅し、生き残ったのは駆逐艦「時雨《しぐれ》」のみであった。重巡「最上《もがみ》」は大破して避退したが、翌二五日一三〇七、志摩艦隊の駆逐艦「曙《あけぼの》」の魚雷で処分される。

志摩が西村に続いて図表27の陣形でスリガオ海峡南口に達したのは、二五日〇三二〇であった。その直後、軽巡「阿武隈《あぶくま》」が敵魚雷艇の魚雷を受けて落伍した。

図表26 第二索敵配備

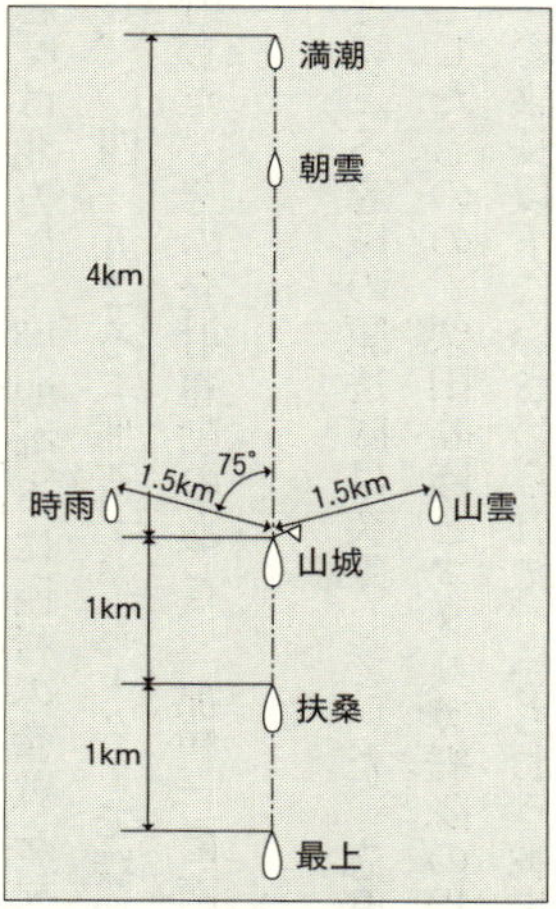

図表27 第四接敵序列

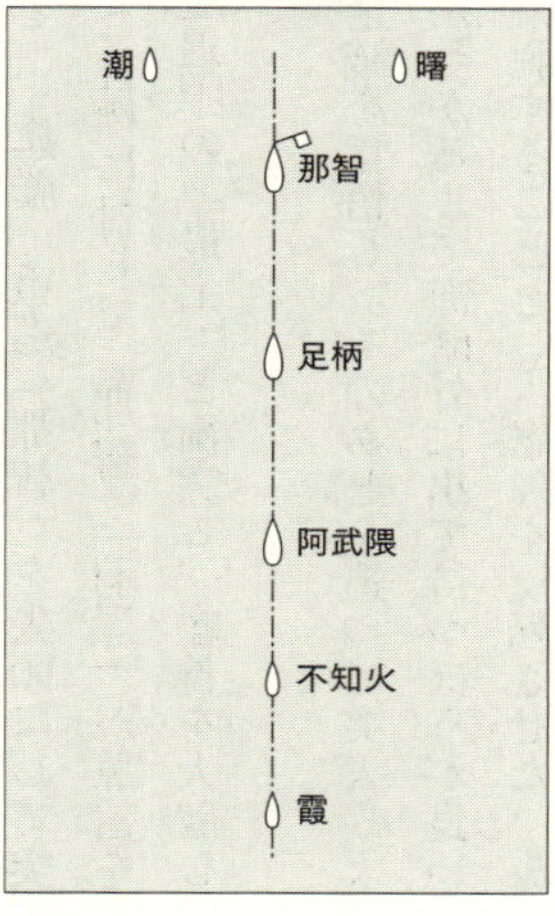

志摩は北方に、照明弾《しようめいだん》下に西村の奮戦を見ながら、旗艦・重巡「那智《なち》」を先頭にして突入し、〇四一五ころ「那智」がレーダーで探知した目標に対して「那智」「羽黒」が魚雷を発射した。その発射運動のあと、「那智」は南下避退中の「最上」と衝突し、艦首を大破した。

そのころ志摩の駆逐隊は突撃していた。志摩は全滅を覚悟し、そのあとを追って突入しようとしたものの、栗田艦隊とアメリカ艦隊の現状がわかるまで海峡外に出て待つほうが良いと、参謀長以下にいさめられて、いちおう戦場を離脱することとし、艦隊を反転させた。駆逐隊はまだ敵を見ていなかった。

「那智」のレーダーが探知した場所には、敵がいなかった。島を敵と見誤った可能性が大きい。志摩は再度突入する機会が得られず、結局、同艦隊はほとんど戦《いくさ》を交えることなく、コロン湾に引き返した。

サマール島沖海戦

サンベルナルジノ海峡を抜けてレイテ湾に向かっていた栗田は、一〇月二五日の日出《ひので》（〇六二七）直後、スルアン島灯台の北方八〇カイリの地点で、突如としてアメリカ空母群と遭遇した。

敵味方とも不時の会敵で、当時の海戦の常道《じょうどう》を越えるものであった。

栗田は敵を、比島東方に展開しているハルゼーの高速空母機動部隊（第三八機動部隊）の最南端に占位している空母群と判断した。

したがって栗田は、優速の敵空母群が栗田から離脱して、一方的な航空攻撃を加えることを恐れ、全速で敵に接近して、まず敵空母の発着艦機能を封殺しようとした。

攻撃は〇六五九、「大和」の初弾《しょだん》発砲から始まった。射距離は三万二〇〇〇メートル。

栗田の追撃戦は約二時間にわたり、戦艦群（第一・第三戦隊）の砲撃、重巡群（第五・第七戦隊）の砲撃、駆逐艦群（第二水雷戦隊・第一〇戦隊）の魚雷攻撃・砲撃と続いた。

敵空母群はスコールと煙幕《えんまく》のなかを航空機を発艦させつつ南方へ必死に逃げ、護衛の駆逐艦は勇敢に反撃してきた。

追撃戦中に重巡「熊野《くまの》」「鈴谷《すずや》」「鳥海」「筑摩」が被害を受けて落伍し、「熊野」のほかはふたたびサンベルナルジノ海峡を越えて帰ることができなかった。

栗田は追撃戦の戦果を一〇〇〇、空母二・重巡二・駆逐艦一撃沈と報告した。実際の戦果は護衛空母「ガンベア・ベイ」と駆逐艦二・護衛駆逐艦一の撃沈であった。

第一〇戦隊は右のあと、雷撃による戦果を空母一・駆逐艦三撃沈と報じたが（ほかに空母一大破）、これは誤認であった。そのときにちょうど、敵の反対側から重巡「羽黒」「利根《とね》」

が空母群を砲撃しており、二〇センチ砲弾の水柱を魚雷命中と見たのである。

栗田がハルゼーの高速空母群とばかり思っていた敵は、現実にはキンケード指揮下の少将スプレイグの三群の護衛空母群（第七七・四任務群、護衛空母計一六隻）の最北端に占位していた第三群であった（護衛空母六・駆逐艦三・護衛駆逐艦四）。

高速空母は三〇ノットの速力が出るのに、護衛空母はせいぜい一八ノットである。栗田の誤判断は結果的に、艦隊行動や攻撃手段に大きな欠陥をもたらした。砲撃には多く徹甲弾が使われたので、弾丸は貧弱な空母の艦体を突き抜けて反対側に出てしまい、撃沈に至らなかったのである。

栗田艦隊は追撃戦のため広く分散し、かつ栗田は各隊の実情がよくわからなかったので〇九一一、追撃戦の中止と集合を命じた。実際はそのとき「羽黒」「利根」は敵空母群を追いつめ、有効な砲撃を加えていたのである。

栗田が態勢をととのえ、レイテ湾への進撃を再開したのは一一〇〇であった。従うものは戦艦四・重巡二・軽巡二・駆逐艦八。

栗田は、朝から七次にわたって対空戦闘を戦い、ハルゼー艦隊の重囲のなかにあるものと考えていた。実際にはハルゼーはこのとき、はるか北方にあって小沢艦隊を全力で攻撃していたのだが、栗田は知らなかった。

レイテ湾への進撃を再開して一時間余の一二二六、栗田はスルアン島灯台の五度一一三カイリにあると報ぜられた敵空母群を攻撃しようとして、レイテ泊地突入を中止して北上を開始した。栗田はその理由を戦闘詳報中で、

1、敵艦隊の要撃配備は洋上機動部隊を含めて完全で、突入すると敵の好餌《こうじ》となるおそれがある。

2、レイテ泊地の状況が不明である。

と述べた。

栗田が北上して攻撃しようとした敵機動部隊は、現実には存在しなかった。おそらく日本機が味方を敵艦隊と見誤り、それが位置誤差を含んで情報として流れたものと推定される。

栗田艦隊が北上してからは対空戦闘のみで水上戦闘はなく、夜戦《やせん》の望みも消え、二五日二一三五、ふたたびサンベルナルジノ海峡を西航してコロン湾（のちブルネイ）に向かった。

エンガノ岬沖海戦

一〇月二四日にシブヤン海の栗田艦隊を痛打したハルゼーの高速空母機動部隊は、午後遅

く小沢艦隊を発見すると夜どおし北上し、二五日朝から三群の空母群全力で小沢の攻撃を開始した。その時の小沢の陣形を図表28で示しておこう。

小沢艦隊は、二四日に空中攻撃隊をハルゼー艦隊に向けて発進させ、その大部が比島の航空基地に着陸していた。そこで空襲に先んじて小沢は、わずかに残っていた零戦を上空直衛として発艦させ、〇七一三には敵艦上機の触接を受けていることを第一報として打電し、〇八一五には敵艦上機八〇機と交戦中である旨の第二報を打電した。

重要な第二報はどこにも届かず、ほかに不達の電報も多く、関係艦隊は小沢の戦闘状況をほとんど知ることができなかった。

この日終日、小沢は六次にわたって延べ五二七機の攻撃を受け、夜になると敵巡洋艦部隊の追撃を受けた。

四隻の空母は全滅し、ほかに軽巡「多摩《たま》」と駆逐艦二隻（「秋月《あきづき》」「初月《はつづき》」）を失った。小沢は旗艦を「瑞鶴」から「大淀」に移し、敵水上部隊の追撃を知ると、一時反転して南下し夜戦を企図したが果たさなかった。

ところで、サマール島沖海戦の護衛空母群の苦戦の情報は、小沢を攻撃する直前にハルゼーのもとに届いた。

小沢艦隊を最強力と信じるハルゼーは、キンケードの救援要請を無視して小沢に対する攻撃を続けたが、ニミッツも介入するに及んで、ついに新式戦艦群と空母一群（第二群）を率いて、一一一五、反転して南下した。残った二群の空母群（第三・第四群）が小沢への攻撃を続行した。

南下するハルゼーがサンベルナルジノ海峡に達したのは、栗田が同海峡を西航した直後であった。

図表28 第四警戒航行序列

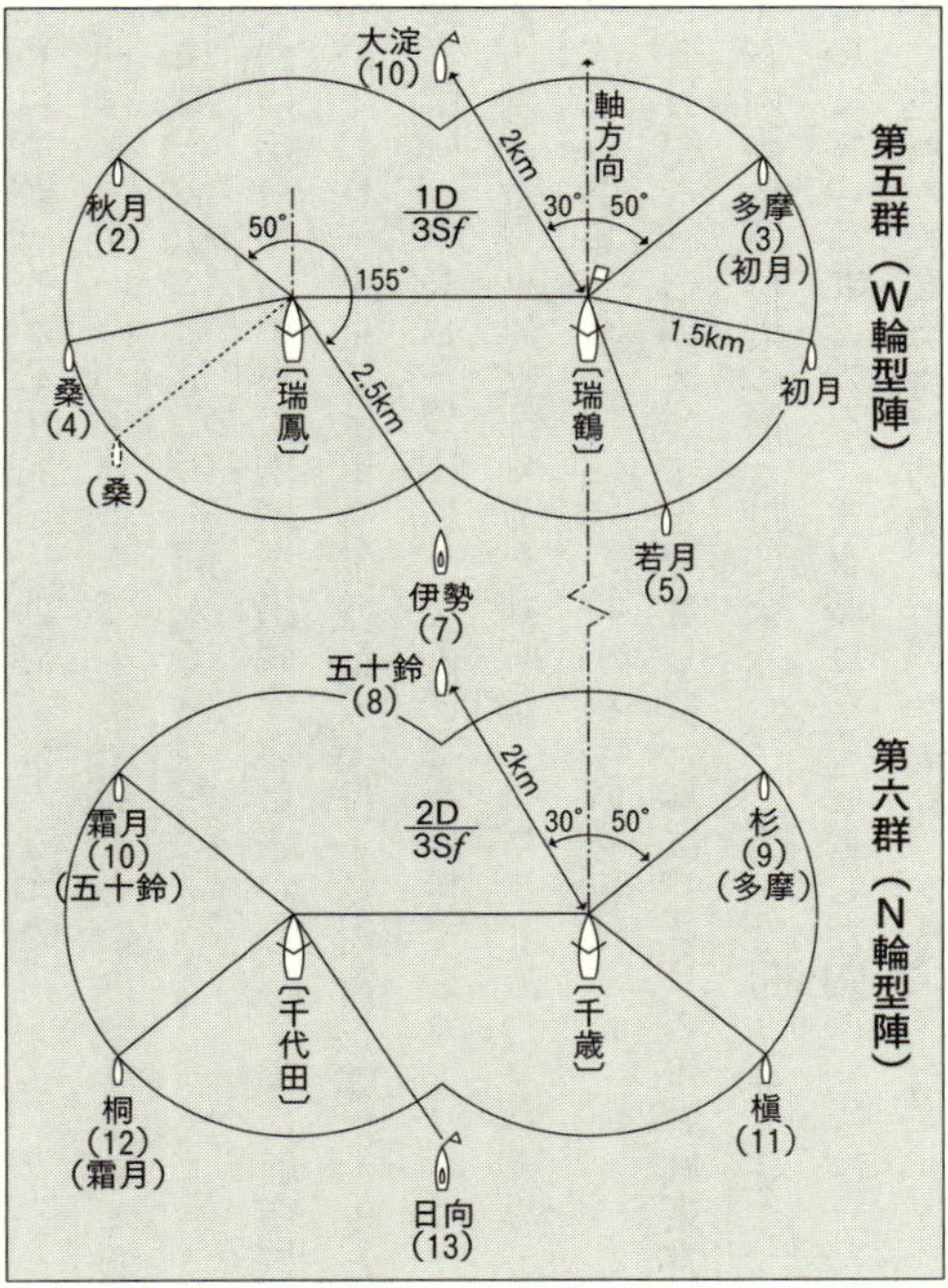

二六日夜明けの小沢の位置は宮古島南方で、そのまま東シナ海に入り、補給のため奄美大島に向かった。

神風特別攻撃隊

捷一号作戦が発動され、アメリカ軍がレイテ島上陸を開始した一〇月二〇日、第一航空艦隊司令長官は寺岡謹平から中将・大西瀧治郎となった。

大西はきっすいのパイロットで、搭乗員たちの人望を集めており、山本五十六がハワイ作戦の検討を最初に命じたのも同人であった。

大西は司令長官予定で内地を出発するときから、すでに航空機による体当たり攻撃の決意を固めており、東京では軍令部総長・大将・及川古志郎に、また台湾（新竹）では同地にいた連合艦隊司令長官・豊田に、その決意を告げていた。

大西は司令長官に就任すると同時に、マニラ北方のマバラカット基地で、大尉・関行男《せきゆきお》を長とする二四名をもって四隊の特別攻撃隊を編成した。

二五日〇六三〇にダバオを発進した一隊は、スリガオ海峡東方四〇カイリの位置で、スプレイグの護衛空母群の第一群に突入し、二隻の空母（「サンチー」「スワンニー」）を撃破した。ついでマニラ北方のクラーク基地から発進した関の一隊は一〇四五、栗田の追撃戦からようやく逃れた護衛空母群の第三群に突入し、一隻の空母（「セントロー」）を撃沈し、三隻の空母（「キクトンベイ」「ホワイトプレーンズ」「カリニンベイ」）を撃破した。

関のかかえた爆弾は不発であったが、これらの攻撃はアメリカ軍を恐怖のどん底に陥れた。

台湾からマニラに進出してきた第二航空艦隊司令長官・福留は、最初、特別攻撃に反対であった。しかし、福留の通常攻撃が不振で、大西の特別攻撃が成功したのを知ると、大西の説得に応じ第二航空艦隊も特別攻撃に踏み切ることとなった。

最初は栗田艦隊突入のための臨時的な手段と考えられていた特別攻撃は、やがて常続的な攻撃手段となっていった。

評価と教訓

捷号作戦計画の基本は、基地航空部隊の制空権下に水上部隊を敵上陸地点に突入させることであった。

ところが上陸作戦に先行するハルゼーの航空撃滅戦により、基地航空部隊は大打撃を受け、捷号作戦計画の基本が崩れたまま水上部隊が突進する結果となった。その結果、水上部隊の大多数が撃沈または撃破され、日本海軍はその機能の大半を失った。

この海戦は、水上艦船が航空機に対抗することの至難さを改めて証明することとなったが、海戦のあと軍令部は連合艦隊司令部に対して、

「味方の航空兵力いちじるしく劣勢なる場合、戦艦・巡洋艦をもって局地戦に参加せしめることは適当と認めざるにより、大本営としては連合艦隊司令長官がかかる兵力行使を行なわれざるよう希望す」

と申し入れている。

小艦艇はともかく、日本海軍は大艦の使用法にとまどっているわけである。作戦に錯誤はつきものだが、この海戦でもその例が多い。主要なものをみておこう。

1、小沢艦隊は豊後水道を出たとき、敵潜水艦に発見され、二二日には「雷跡《らいせき》」まで見たことになり、敵に行動を知られているものと誤判断していた。もし、情勢を正しく知れば、艦隊行動や電波発射により存在を敵に知らせ、実際よりは早く牽制作戦が成功した公算がある。そうすればシブヤン海の栗田の被害が局限できたであろう。

2、ハルゼーが小沢艦隊を発見して、最強力の日本艦隊と誤判断したのはやむを得ないとしても、栗田の再進撃の可能性を無視したのは軽率と言えるだろう。もし、サンベルナルジノ海峡東方に見張りの駆逐艦一隻でも残しておけば、サマール島沖海戦は生起しなかったはずである。

3、栗田がサマール島沖海戦で、遭遇しているのが劣速の護衛空母群であると知れば、もっと陣形を組んで敵を追いつめ、その大部を撃滅できたと思われる。ただ当時日本海軍では、護衛空母群についての認識がうすく、あのように整々《せいせい》とした作戦行動は行なえないと考えていたことを、付記しておく必要があろう。

それにしてもこの海戦は、通信能力について日本海軍がアメリカより、かなり劣っていることを示した。

無線電信について言うと、小沢の通信がさらに有効であれば、栗田や基地航空部隊の行動は、かなり異なったものになったと信じられる。

無線電話について言うと、栗田艦隊内の通話がさらに有効であれば、サマール島沖海戦の追撃戦がもっと統制のとれたものになり、重巡群が近迫しているのに追撃を中止したり、第一〇戦隊が戦果をまったく誤認するようなこともなかったであろう。

栗田の任務はレイテ湾のタクロバン方面に突入して、敵艦隊と輸送船団を撃滅することであったが、レイテ湾口まであと一時間のところに迫《せま》りながら、北方に報ぜられた「敵機動部隊」を攻撃しようとして反転した。それは栗田の独断専行であった。

独断専行は、上司の命令を受ける時間的余裕がなく、その行動が上司の意志に合致《がっち》するものと信じられ、かつ効果が確実なときに許される。

北方の「敵機動部隊」との戦闘はきわめて不確実な要素を含んでいたし、豊田の意志はやはりレイテ湾突入であったと認められるので、この独断専行が正しかったと言うことはできない。

「敵機動部隊」は結果的に虚報であったので、栗田は北方に「逃げた」とする説があるが、それは正しくない。情報が実在したことはかなりの史料で確認できるし、栗田はハルゼー艦隊に囲まれていると信じていたのであるから、北行が必ずしも「安全」とは言えない状況判断であったはずである。

ただ、レイテ湾に突入すれば、敵第七艦隊との戦闘は百パーセント確実なのであり、サマール島沖海戦に続くこの「レイテ湾口海戦」に対する潜在的な恐怖心があったことは、栗田が自覚していたと否《いな》とにかかわらず、否定できそうにない。

レイテ湾に突入すれば輸送船団を壊滅させて、大戦果が挙がったとの説もあるが、これも誤りである。栗田は船団に取りつくまでに、戦艦六隻を含む敵と「レイテ湾口海戦」を戦わなければならないのであり、レイテ湾東方にまだ健在な一〇隻の護衛空母を持って制空権を握っていたアメリカ第七艦隊に、栗田艦隊が打倒されたことは確実なのである。

栗田は敵の制空権下にあって、陣形を組んで砲戦を行なうことができず、栗田艦隊はほぼ全滅し、約二万名の軍人のほぼ全部が戦死したであろう。

その方が、日本海軍の最後を飾るのにふさわしかったのであろうか。

ここで一つ、陸海軍の問題に触れておこう。栗田が独断専行した理由の大きな部分は、レイテ湾の状況が不明であったということである。レイテ島にいる日本陸軍は、レイテ湾内の状況を眼で見て知っており、その報告は東京にももたらされ、軍令部にも達していた。しかし、当時の陸海軍は、これらの重要な情報を作戦に活用できる態勢になかったのである。

なお、捷号作戦が発動されるときには、離《はな》れ離《ばな》れに位置する市《いち》ヶ《が》谷《や》にある参謀本部と霞ヶ関にある軍令部が、協議して状況判断や作戦指導方針の文書を作りあげ、それを両統帥部長が皇居にある天皇のもとに参上して上奏するという、複雑な手続が必要であった。

このような緩慢《かんまん》さでは、現代戦に対処できないことはもちろんであろう。

日本海軍はマリアナ沖海戦で、空母航空兵力の大部を失い、均衡《きんこう》のとれた海上兵力としての機能を失った。ついで比島沖海戦により、水上兵力の大多数も撃沈または撃破され、海軍創設以来、日本国民が誇りをもって鋭意《えいい》建設してきた大海軍も、ほぼ壊滅してしまったと言える。

この海戦の結果、比島東方海面の制空・制海権はアメリカ軍の手中に帰し、フィリピン群島内と西方海面の制空・制海権も危うくなってきた。制空・制海権のない地域での陸上戦闘がきわめて不利であることは、多くの歴史が示していた。

一〇月二〇日から始まったレイテ島の地上決戦は、陸軍兵力の増援輸送に海軍艦艇がけんめいに従事したけれども、一二月に入ると終わりに近づく。

一二月一五日にはアメリカ軍は、ルソン島南側のミンドロ島に上陸作戦を敢行《かんこう》し、ついで一九四五（昭和二〇）年一月九日にはリンガエン湾北岸に上陸し、地上の戦闘もルソン島に及ぶ。アメリカ軍のマニラ市内への突入は二月三日であった。

こうして比島沖海戦の結末は、日本が戦争を続行するうえで最《もっと》も必要な南方資源地域と日本内地とのシーレーンを、完全に切断する結果となった。

日本内地が南方の石油を最後に入手したのは、比島沖海戦後に南方に進出していた航空戦艦「伊勢」「日向」をタンカーがわりに使用して、内地に帰還させたときであった。

この二隻を中核とする艦隊は二月一〇日にシンガポールを出港し、一九日にようやく下《しもの》関《せき》海峡に安着し、翌二〇日、呉軍港に入港した。輸送された重油の一部は、沖縄への戦艦「大和」の特攻出撃に使われ、ガソリンの大部は沖縄への航空特攻作戦に使用されている。

ところで、比島沖海戦を含むフィリピン方面の陸・海・空の決戦は、四四年七月二四日の開戦以来はじめての陸海軍共通の「作戦指導大綱」に基礎を置くものであったが、比島決戦の勝敗がほぼ明白になると、大本営はつぎの作戦計画の立案を迫られ、「帝国陸海軍作戦計画」を定めて、四五年一月二〇日に参謀総長・梅津美治郎と軍令部総長・及川古志郎が上奏して裁可を受けた。

この作戦計画は、沖縄本島を中心として南シナ海周辺と、硫黄島を含む小笠原諸島を前衛圏とし、終局的には本土における決戦を準備するものである。

戦争を終結させる手段としては、奇襲特攻が作戦上の要素として重要視された。日本の青年たちの百パーセント生還を期さない特別攻撃を、空中・海上・水中・陸上で連続して繰り広げ、多くのアメリカ人の生命を奪い、人命尊重の伝統のあるアメリカの戦争継続への意欲をくじこうとしたのである。

当時の日本人の多くは「天皇のために戦い天皇のために死ぬ」ことを「名誉」とする哲学のなかで生きていたので、かずかずの問題をはらみながらも、特別攻撃が日常的に採用されるようになっていく。

当時の日本軍には戦場で「降伏」することが認められていなかったので、現実にあったように国家が「降伏」するような事態は考慮のそとにあり、特別攻撃を命ずる指揮官も、いずれは自分も「あとを追って戦死する」との意識があったことを、世界の歴史でも類《るい》を見ない日本軍の異常な特攻作戦の背景として、知る必要があろう。

ちなみに、比島沖海戦の生起により、人間魚雷「回天」の攻撃が延期されていたが、最初の攻撃が潜水艦三隻により四四年一一月二〇日、決行されている。

アメリカの高速空母機動部隊の前進泊地ウルシー環礁を攻撃した潜水艦二隻（伊三六潜・伊四七潜）により、艦隊タンカー「ミシシネワ」（二万三〇〇〇トン）の撃沈が確認されている。回天搭乗員はタンカーを空母と見誤ったらしい。

「回天」の創始者である中尉・仁科関夫は、同じく創始者で訓練中に殉職した同僚の大尉・黒木博司《くろきひろし》の遺影をいだいて突入した。

比島沖海戦まえからアメリカ海軍が泊地として利用するようになったコッソル水道（パラオ諸島北部）に向かった潜水艦（伊三七潜）は、攻撃前日の一九日早朝、アメリカの護衛駆逐艦二隻にソーナー探知されて爆雷攻撃を受け、撃沈された。

なお、人間爆弾「桜花」の最初の攻撃は、アメリカ軍が沖縄に上陸する直前の四五年三月二一日、「桜花」一五基を抱く一八機の陸上攻撃機を五五機の戦闘機が援護して、九州の鹿屋基地から決行された。

大本営や連合艦隊司令部の多大の期待にもかかわらず、桜花攻撃隊は敵空母を発見するまえに全滅した。桜花搭乗員は大尉・三橋謙太郎ほかであったが、母機《ぼき》の速力が遅くて敵戦闘機の攻撃をかわすことができないのである。

戦争終結までに多くの特別攻撃がつぎつぎに決定されたが、創始のときに考えられたような戦果を挙げた特攻兵器は、ついになかった。

特別攻撃が成功するためには、時機・場所・戦局・搭乗員技倆《ぎりよう》などのすべての条件が適切でなければならず、このような機会はまれにしかなかった。

特別攻撃の戦果が、人員の犠牲を償《つぐな》うものでなかったことは、大本営などの上級司令部ほど、歴史に対して責任を負わなければならないであろう。

もちろんこのことは、国家と民族のために生命を投げ出した特攻隊員たちの尊厳をいささかも損じるものではない。

第11章

太平洋戦争のシーレーン防衛

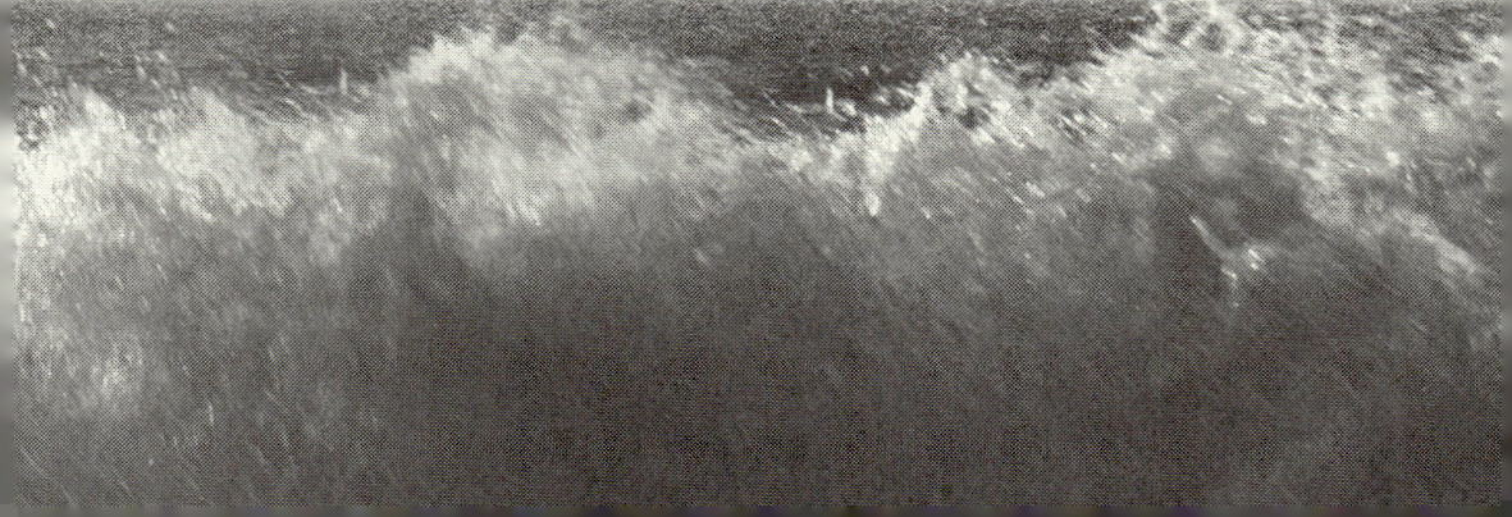

シーレーン防衛思想

かつて、日本の陸海軍の作戦計画の基本を定めるものとして「帝国軍の用兵綱領《こうりょう》」というものがあった。

最初に決められたのは日露戦争後の一九〇七（明治四〇）年で、明治天皇の裁可をうけたものである。そのなかに、シーレーン防衛についての考え方が出ている。

すなわち、日本の陸海軍は攻勢《こうせい》をもって本領としなければならず、海軍の作戦目的はまず敵の機先《きせん》を制《せい》して敵艦隊を撃滅することであり、「一般商船航路等の防護」――いわゆるシーレーン防衛は、この敵艦隊撃滅の目的に反しない範囲内で、実行しなければならないと定めているのである。

「帝国軍の用兵綱領」はその後、太平洋戦争開戦までに第一次（一九一八年）、第二次（一九二三年）、第三次（一九三六年）と改定されたが、シーレーン防衛についての基本的な考え方は、いささかも変化しなかった。

最後の一九三六（昭和一一）年の「帝国軍の用兵綱領」では、攻勢をとって敵主力艦隊を撃滅し、速戦即決を図《はか》るのが海軍の第一目標であり、シーレーン防衛については、対馬海峡の防衛がうたわれているに過ぎない。

もともとシーレーン防衛は、長期戦のために最も重要なものであり、速戦即決の場合には、その重要性が低下する。

国家の基本方針がこのようであったので、日本の海軍軍人のシーレーン防衛思想が、伝統的に低調であったことは否《いな》めない。

日本海軍は「帝国軍の用兵綱領」に基づき、毎年、年度作戦計画を策定して天皇の裁可を仰いでいた。

戦争が始まった一九四一（昭和一六）年においても年度作戦計画（昭和一五年一二月一七日裁可）によると、シーレーン防衛の対象海域は、主として台湾海峡以北の日本近海と中国大陸沿海（具体的には日本海・黄海・東シナ海・本邦《ほんぽう》太平洋沿岸）に限られ、そのほかでは南シナ海と南洋群島方面が、いちおう考慮される程度に過ぎなかった。

日本海軍の作戦計画のこのような考え方が背景にあるので、人員・艦船・兵器についても、艦隊決戦に必要なものに第一の優先権が与えられ、シーレーン防衛に関するものは二の次にされた。

シーレーン防衛を任務とする艦船では海防艦が代表的なものであるが、その第一艦「占守《しゅむ しゅ》」が竣工したのは、ようやく一九四〇年六月であった。そのあと「国後《くなしり》」「石垣《いしがき》」「八丈《はちじょう》」と四一年三月まで続くが、第五艦以下の建造が計画されるのは、戦争が始まる直前の四一年一一月である。

南西航路・南東航路

太平洋戦争は、資源の少ない日本がアメリカ・イギリス・オランダの各国から全面的な経済断交を受けたので、このままでは国家として生存していけないとの考え方に陥り、現在のマレーシア・インドネシアなどの南方の資源地域を占領して、そこの豊富な石油を中心とする原料資源を入手し、ヨーロッパにおけるドイツの優勢に期待しながら、長期戦を耐えぬこうとしたものであった。

この戦争は「帝国軍の用兵綱領」にうたわれる速戦即決を本領とする戦争とは、まったく異質のものとなった。

太平洋戦争に突入したときの「対米英蘭戦争帝国海軍作戦計画」（昭和一六年一一月五日裁可）では、シーレーン防衛を確保しなければならない海域として、日本海・黄海・東シナ海・本邦太平洋沿岸・南シナ海・ジャワ海・セレベス海を挙げ、南洋群島方面・比島東方海面・オホーツク海のシーレーンは、できるだけ確保するよう努力すべきであるとされた。

長期戦に耐えるためには、マレー半島・ボルネオ島・セレベス島・ジャワ島・スマトラ島などの原料資源を船舶で日本に運び、日本本土の国民生活・軍需産業を維持し、陸海軍の作戦基盤を保持しなければならない。

この南方資源地域と日本本土を結ぶシーレーンが、南西航路と呼ばれたもので、長期戦遂行上、最重要のものであった。

ところが日本海軍は開戦前、このシーレーン防衛について、かなり楽観的であった。それは第一に、アメリカ海軍の潜水艦作戦能力を、大きく下算《かさん》していたことである。アメリカ海軍は潜水艦作戦の経験が少なく、またアメリカ人の気質が、苦しい潜水艦作戦には不適であろうとの見方が多かった。

第二は、南西航路の通る海域の西方はアジア大陸で、東方には南西諸島・台湾・フィリピン・インドネシアの島々が連《つら》なり、南方には大スンダ列島・小スンダ列島があるので、太平洋やインド洋から敵潜水艦が南西航路の船舶を攻撃するためには、いずれかの海峡・水道を突破してこの海域に進入しなければならない。したがって日本は、これらの海峡・水道を守ればよく、南西航路は敵潜水艦の攻撃からは、かなり安全であると考えられていたのである。

この航路を守る専門の護衛部隊が編成されたのは、南方資源地域の占領が終わった一九四二（昭和一七）年四月一〇日であった。第一海上護衛隊と名づけ、旧式駆逐艦一〇隻・水雷艇二隻・特設艦船六隻から成っていた。特設艦船とは、民船を徴用して武装し、軍艦の代用として使用する船舶である。

第一海上護衛隊の司令官は中将で、司令部をシンガポールに置いた。なお護衛隊には、船団を指揮する運航統制官（のち運航指揮官と改名）が含まれていた。

南西航路に対応するシーレーンとして、南東航路があった。これは、日本本土からマリアナ諸島・トラック環礁・ラバウル方面に延びるものである。

それは作戦海面が、ビスマーク諸島・東部ニューギニア・ソロモン諸島方面に広がったので、この方面への陸海軍部隊を運び、またその必要とする兵器・弾薬・食糧などの軍需物資を送るために必要となったシーレーンである。

この航路を守る第二護衛隊が、第一護衛隊と同日に編成された。ただ兵力はきわめて少なく、発足時は特設艦船三隻にすぎなかったが、その後増勢《ぞうせい》され、四二年九月末には軽巡一隻（夕張《ゆうばり》）・旧式駆逐四隻・特設艦船二隻となった。

第二護衛隊の司令官は、トラックに位置する根拠地隊司令官（中将）が兼務し、運航統制官が発令されたのはようやく四二年六月であった。

予想外の船舶被害

一九四一（昭和一六）年一〇月に参謀本部と軍令部が、戦争となった場合の日本の船舶喪失の予想で、戦争第一年七〇、第二年六〇、第三年四〇万総トンとの数字を出したことがあるが、開戦直前の日本政府と大本営の結論は、年間八〇〜一〇〇万総トンの喪失という予想であった。

この程度であれば、日本の造船能力を考慮すると、長期戦に耐えられると考えられたのである。

さて現実の戦争経過は大約《たいやく》すると、戦争第一年一〇〇、第二年一八〇、第三年三八〇万総トンの喪失であった。

第二年以後の喪失が、予想をはるかに上回っている。

もっとも被害の大きいのは潜水艦によるもので、六〇パーセントに達する。つぎが航空機によるもので、三〇パーセント、戦争末期には航空機が投下した機雷によるものも多い。

開戦時、アメリカの潜水艦保有は一一一隻で、大西洋艦隊・太平洋艦隊・アジア艦隊に分属していた。

真珠湾に司令部を置く太平洋艦隊は二二隻、マニラ湾内のキャビテに司令部を置くアジア艦隊は二九隻を持っていた。

日本の真珠湾奇襲のあとただちに、アメリカ海軍は無制限潜水艦戦遂行の命令を発したが、キャビテ軍港は日本海軍機の爆撃を受け、魚雷格納庫が破壊されて二三三本の魚雷をいっきょに失った。これによりアメリカ海軍は最初の一年間、深刻な魚雷不足に悩んだ。

日本軍のフィリピン進入に伴い四二年二月、キャビテの潜水艦部隊はオーストラリア西岸のフリーマントルに後退した。なおこの潜水艦部隊はアジア艦隊の解隊により、四二年四月から南西太平洋方面部隊、四三年二月から第七艦隊に属することとなる。

アメリカ海軍でははじめ、魚雷不足のほかその性能に欠陥があった。磁気爆発尖《ばくはつせん》・撃発爆発尖ともに設計が不完全で、規定どおり航走《こうそう》しなかったり、早発《そうはつ》したり、命中しても不発のものが多かった。原因が究明されて欠陥が完全に除かれたのは、四三年九月である。

日本軍の南方資源地域占領のときに、日本の軍艦・船舶の敵潜水艦による被害が少なく、また戦争第一年の船舶喪失がなんとか戦前の予想の範囲内に収まったのは、このアメリカ海軍の魚雷の不足・欠陥によっている。

この不足・欠陥がなくなると、日本の船舶喪失は、うなぎ登りに増大したのである。そのほか、潜水艦のソーナー、レーダー、夜間潜望鏡、発射諸元《しょげん》算定器などの進歩や、狼《ろう》群《ぐん》戦法の採用などが、潜水艦作戦の成果に大きく影響した。

大西洋方面では太平洋戦争の始まる二年四カ月まえから、ドイツ潜水艦部隊と、アメリカ海軍の援助を受けたイギリス海軍とが、太平洋方面とは比較にならない激しい大規模の死闘を続けていたのであり、大西洋の戦訓を踏まえたアメリカ潜水艦部隊の攻撃は、日本にとっては戦前の予想を完全に覆《くつがえ》す手ごわい敵手となった。

アメリカの基地航空機による日本船舶の喪失は、ソロモン諸島と東部ニューギニア戦局が激化するに伴い、南東航路で増加してきた。また四三年九月以降には、中国に基地をもつアメリカ陸軍の航空機によっても、南西航路の船舶が被害を受けるようになった。

アメリカの空母機動部隊による最初の大損害は、四四年二月にトラック環礁が大将スプルアンスの指揮する高速空母機動部隊に奇襲され、在泊していた南東航路などの船舶が壊滅したときである。また同年九月から一〇月にかけて、戦局がフィリピンに及んだとき、大将ハルゼーの指揮する高速空母機動部隊によっても、南西航路の船舶が南シナ海などで大損害を受けた。

日本の船舶喪失の状況を、海域別に示すと図表29のようになる。

図表29 太平洋戦争における、海域別・日本の船舶喪失

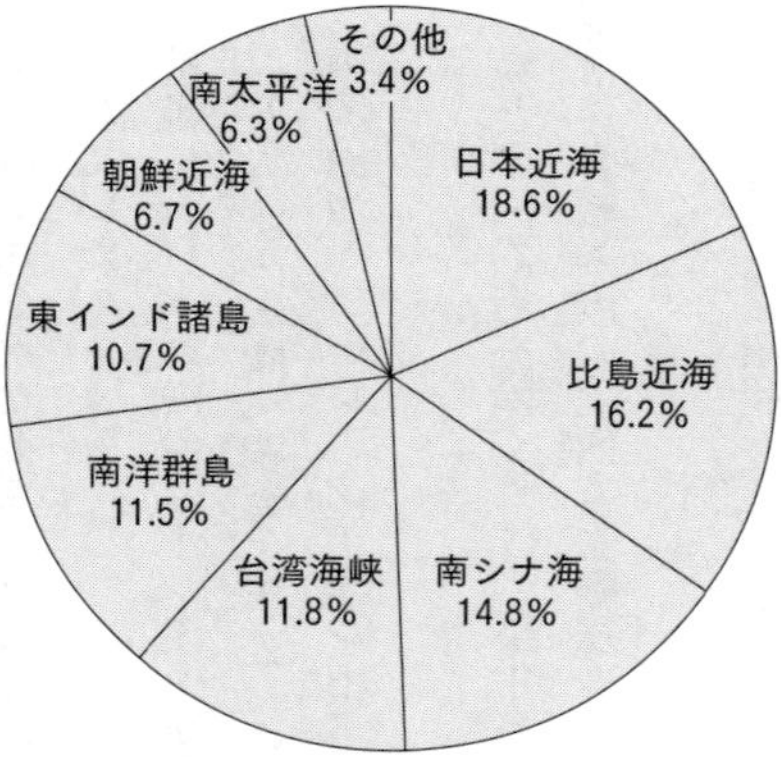

遅すぎた海上護衛総司令部

日本には太平洋戦争の前半、シーレーン防衛に責任を持つ独立した司令部がなかった。

第一次世界大戦における大西洋のドイツ潜水艦に対するイギリス海軍のシーレーン防衛戦の教訓から、戦時には日本海軍にもシーレーン防衛を統轄する独立司令部が必要であるという、少数の識者《しきしゃ》の意見が出されていたが、ながい間、無視されていた。

戦争の前半に、日本近海のシーレーン防衛に責任を持つのは、横須賀・呉・佐世保・舞鶴の各鎮守府《ちんじゅふ》と大湊《おおみなと》・大阪・鎮海・馬公（のち高雄）の各警備府《けいびふ》であった。

また、中国沿海のシーレーン防衛を担当するのは、上海に司令部を置く支那《シナ》方面艦隊であった。

日本近海と中国沿海を除く外洋のシーレーン防衛は連合艦隊の責任であり、既述の第一海上護衛隊は連合艦隊内の南西方面艦隊に所属し、第二海上護衛隊は同じく第四艦隊に所属していた。

ところが一九四三（昭和一八）年中期以降になって、船舶の喪失が急に増加するようになると、シーレーン防衛についてのバラバラな機構を改善すべきであるとの意見がようやく高まり、遅ればせながら四三年一一月一五日、海上護衛総司令部が発足した。この司令部は東京に置かれ、海軍省・軍令部と隣りあった建物に入った。

初代の海上護衛司令長官は大将・及川古志郎で、当時の連合艦隊司令長官・大将・古賀峯一よりも先任者であった。当時日本海軍は、第一に整備しなければならないのが航空戦力で、第二がシーレーン防衛兵力であると痛感したのであるが、大物司令長官の任命はその意気込みを示すものである。

海上護衛司令長官は第一・第二海上護衛隊を直率し、各鎮守府・各警備府司令長官をシーレーン防衛について指揮し、また連合艦隊・支那方面艦隊司令長官とはシーレーン防衛について協力することとなった。

海上護衛総司令部の発足により、日本海軍のシーレーン防衛態勢は、いちおう整備されたのであるが、総司令部の開庁のとき軍令部総長・大将・永野修身が、「今に至って海上護衛総司令部ができるということは、病《やまい》が危篤《きとく》に陥って医者を呼ぶようなもの……」とあいさつしているのは、事態の重大性からはすでに時機を失《しっ》していたことを示している。

さらにまた、日本海軍の連合艦隊最優先の伝統的な考え方は容易に変わらず、優秀な乗員や艦艇はいぜんとして連合艦隊に編入され、総司令部が新設されたときの兵力は、第一海上護衛隊が旧式駆逐艦九隻・海防艦六隻・水雷艇二隻・哨戒艇二隻・特設艦船三隻で、第二海上護衛隊が旧式駆逐艦三隻・海防艦四隻・水雷艇二隻・特設艦船一隻という状況であった。

シーレーン防衛には、船団を直接護衛する水上兵力のほか、航空哨戒・対潜作戦・船団護衛に従事する航空機がぜひ必要である。この目的のための航空部隊は、やや遅れて四三年一二月一五日に発足し、海上護衛総司令部部隊に編入された。

この部隊は第九〇一海軍航空隊と称され、当初の兵力は航続力の大きい陸上攻撃機（九六式）二四機、飛行艇（九七式）一二機を基幹とするものであった。

この司令部は当初、千葉県の館山《たてやま》基地に位置したが、やがて航空兵力がしだいに増勢され、四四年六月には台湾の南西岸に位置する東港《とうこう》に進出した。シーレーン防衛に重要なバシー海峡に近いからである。

なおこのころ、大西洋では商船を改造したイギリスの護衛空母がドイツ潜水艦に対して、目ざましい戦果を挙げていた。この戦訓から日本海軍は第九〇一航空隊の新編と同日に、特設空母「雲鷹《うんよう》」「海鷹《かいよう》」「大鷹《たいよう》」を、また一二月二〇日には同じく「神鷹《しんよう》」を、海上護衛総司令部部隊に編入した。

これらの特設空母はいずれも、最優秀の大型商船を改造したものであったが、搭載する航空機の対潜能力が不十分で、また護衛艦艇の数も不足するという欠陥があった。

シーレーン防衛に四隻の護衛空母を投入するのは、日本海軍の必死の努力であったものの、劣勢を立て直すきっかけとはならず、南西航路の護衛作戦に従事するに伴い、つぎのとおり空母自身がアメリカ潜水艦に撃沈される結果となったのは、日本のシーレーン防衛作戦の失敗を如実に示すものである。

「大鷹」――四四年八月一八日、ルソン島北西岸にて米潜ラシャーにより。

「雲鷹」――四四年九月一七日、南シナ海にて米潜バーブにより。

「神鷹」――四四年一一月一七日、黄海にて米潜スペードフィッシュにより。

わずかに残った「海鷹」にも、終戦直前の四五年七月二四日、別府湾《べっぷ》でアメリカ航空機により撃沈される運命が待っていた。

A船・B船・C船

海軍国であるイギリスは、戦時における船舶の国家的な運用を、海軍が一元的に行なう伝統を持っていた。

しかし日本では日清戦争以来、陸軍部隊を輸送し、その補給を維持するのに必要な船舶は、陸軍が徴用して運用し、海軍作戦に必要なタンカーや船舶は、海軍が徴用して運用する伝統があった。

太平洋戦争では、陸軍徴用船舶をA船、海軍徴用船舶をB船、そのほかの国家的な物資輸送に使用する民間船舶をC船に類別していた。

C船の運用は、一九四二（昭和一七）年四月一日に発足した特殊法人の船舶運営会が行なっていた。

南方資源地域の原料物資を日本本土に運ぶのに重要な南西航路では、主としてC船が運航され、極論すると往路は空船に近いけれども、復路は満載となる。

作戦輸送に重要な南東航路では、主としてA船・B船が運航され、極論すると往路は満載だけれども、復路は空船に近い。

このような船舶の使用は国家として不経済きわまるもので、A船・B船・C船の三元的な運用ではなく、国家としての一元的な運用が不可欠なことは当然であったが、この欠陥が改善されたのは、ようやく終戦も間近《まぢか》い四五年五月一日である。

この日に、大本営に直属する海運総監部が発足し、初代総監に海軍大将・野村直邦《のむらなおくに》が任命され、職員には陸海軍・軍需省・運輸通信省・船舶運営会から文官《ぶんかん》・武官《ぶかん》が選ばれた。

海運総監部は、A船・B船・C船のすべての輸送計画を立案して配船を決定し、シーレーン防衛や港湾運営のことを一元的に担当することとなったが、すでに完全に時機を失していたことは明白である。

シーレーンの壊滅と敗戦

日本は、およそ六五〇〇万総トンの船舶を保有して太平洋戦争に突入し、戦争中に三五〇〇万総トンの船舶を建造した。

建造と喪失を加減した日本船舶の総保有量の戦時中の推移と、その使用先をA船・B船・C船に区分してグラフにすると、図表30のようになる。

図表30 太平洋戦争における、船舶総保有量とその使用先

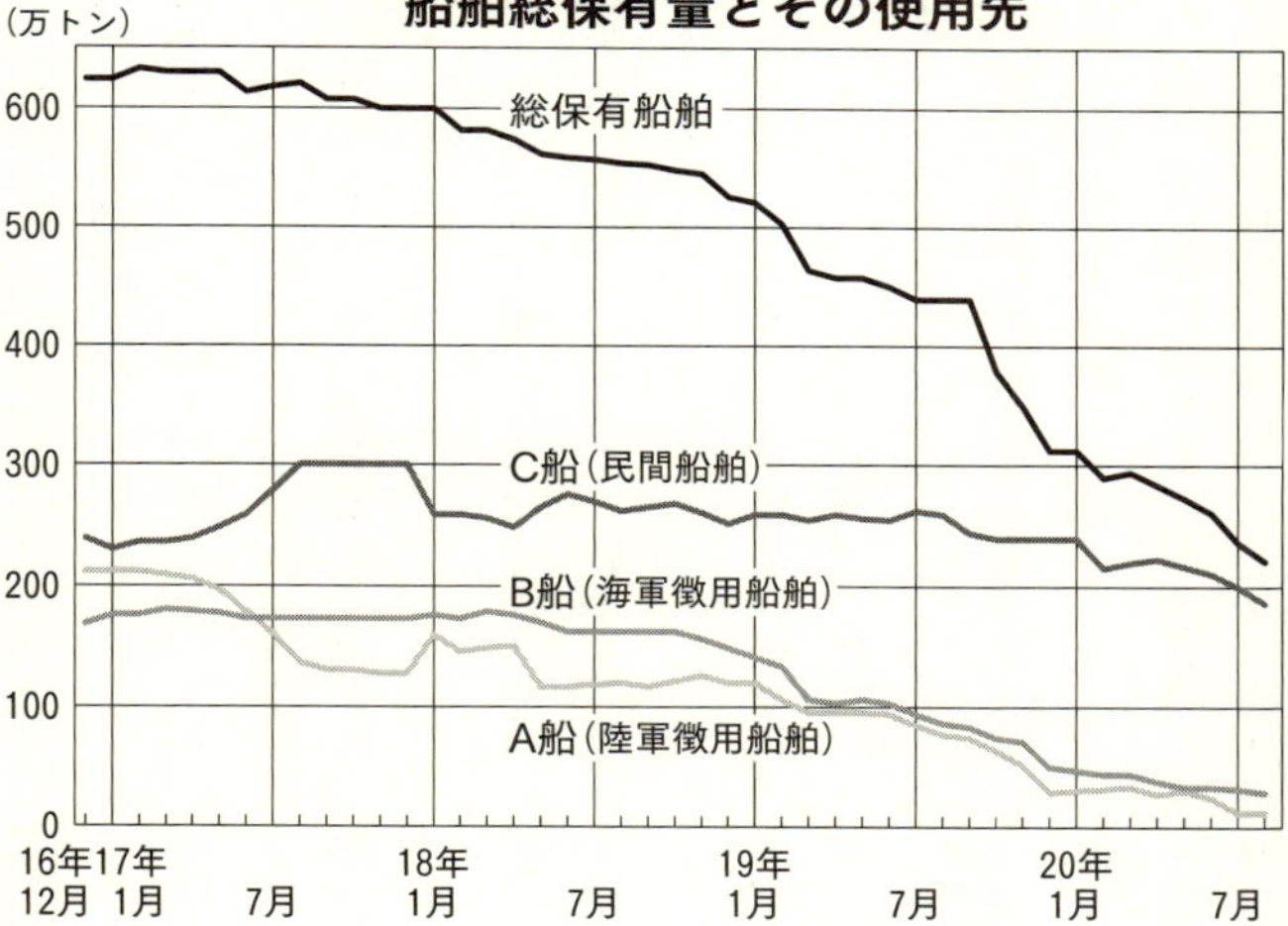

日本本土の国民生活と軍需産業を維持して長期戦に耐えるためには、常続的に三〇〇万総トンのC船を保有している必要があった。

C船の保有がなんとか必要量を満たしていたのは、一九四二(昭和一七)年秋季の短期間だけである。

戦争第二年以降の日本本土が、国民のための食糧・衣料に、また産業のための原料物資に、極度の不足をきたしたのも、当然のことなのである。

日本政府と大本営は開戦のときにボルネオ島・スマトラ島などの油田地帯から、

戦争第一年　　三〇〇万キロリットル
第二年　　二〇〇〇万キロリットル
第三年　　四五〇〇万キロリットル

の石油を日本本土に還送できると考えていた。

戦争中の実績は、

戦争第一年　一四九万キロリットル
第二年　二六五万キロリットル
第三年　一〇六万キロリットル

という結果に終わった。

第二年までは予想よりも早くかつ多量に還送できたが、日本のタンカーで敵潜水艦・航空機に撃沈されるものが多く、戦争第三年からはタンカーの不足により、南方の溢《あふ》れる石油を日本本土に運べなくなった。

その結果、日本本土では艦船・航空機の燃料が不足し、一九四四年になると、連合艦隊主力はシンガポール南方のリンガ泊地に、待機・訓練海域を移動させなければならず、四五年になると、日本本土の軍艦の多くは単なる砲台として軍港に係留するほかなく、航空機搭乗員の訓練もほとんど不可能となった。

沖縄作戦のとき戦艦「大和」が、片道燃料（実際には帳簿外の燃料が積まれて往復できたが……）の指令で特攻出撃し、航空作戦のほとんど全部が一回出撃するだけの特攻作戦となったのも、その背景にはシーレーンの壊滅があったことはもちろんである。

南東航路は、サイパン島に敵が上陸した四四年六月に壊滅し、南西航路は、四五年一月に敵がルソン島に上陸したときに実質的に終止符を打った。

そのあとは黄海・日本海・瀬戸内海・日本本土沿岸のみのシーレーンが生き残っていたが、四五年三月からはマリアナ諸島を基地とするB-29によって、下関海峡を中核とする瀬戸内海ならびに日本本土の主要港湾に、一万一〇〇〇個を越える機雷が敷設され（図表31参照）、日本のシーレーンは完全にまひしたのである。

評価と教訓

日本の開戦前の船舶喪失の予想は、第一次世界大戦のイギリスの船舶喪失の実情から類推されたものであった。

すなわち年間に、イギリスは保有船舶の約一〇パーセントを失ったので、太平洋戦争における日本の喪失もその程度であろうと軽く考えられたのである。

しかし、第一次世界大戦におけるイギリスのシーレーン防衛の必死の努力からは、学ぶところがなかった。

この判断の甘さが、戦争に突入する原因ともなり、また敗戦の原因ともなった。

日本の敗戦の最大原因は、B-29の対日戦略爆撃を防止できなかったことと、シーレーン防衛に失敗したことである。

シーレーン防衛に失敗した理由は、空母を中核とする海上の主作戦と対潜作戦に敗退したことである。そのどちらに敗退しても、シーレーン防衛を全うすることはできない。

戦争後半には、海上護衛総司令部部隊を編成し、航空部隊や特設空母を投入し、第一海上護衛隊を第一海上護衛艦隊に昇格させて固有の護衛の戦隊も編成したけれども、ついに対潜作戦に成果を挙げることができなかった。

開戦までの無準備もあり、対潜作戦に必要な兵器・艦艇・航空機・人員・戦術・組織のいずれにおいても、大西洋方面のイギリス・アメリカ海軍のレベルに達しなかったことが、日本海軍が対潜作戦に失敗した要因である。

日本海軍はもとから、重要な港湾や海峡に機雷を敷設して、敵潜水艦の侵入を防ぐ考え方を持ち、開戦前から実行していたが、これらはいずれも局地防備のためで、シーレーン防衛との考え方ではなかった。

しかし、敵潜水艦による船舶の喪失が続くようになって、一九四二（昭和一七）年一〇月からは、シーレーン防衛を目的として、東京湾口から本州北端に至る海面を手始めとして、津軽海峡・宗谷海峡・対馬海峡・黄海・東シナ海・台湾海峡・海南島沖などに、多くの機雷が敷設された。

図表31 太平洋戦争時の日本本土周辺の米国機雷敷設図

これらの機雷は、三陸《さんりく》沖などで若干の戦果を挙げたものの、大勢《たいせい》に影響を与えることができず、のちにはアメリカ潜水艦は機雷をも探知するソーナーを装備するようになり、日本海のシーレーンも敵潜水艦に攻撃されるに至った。

日本はシーレーン防衛について、対機雷戦と同じように、機雷戦においても勝利を収めることができずに、太平洋戦争の終末を迎えるほかなかった。

第12章

第二次大戦後の海戦を考える

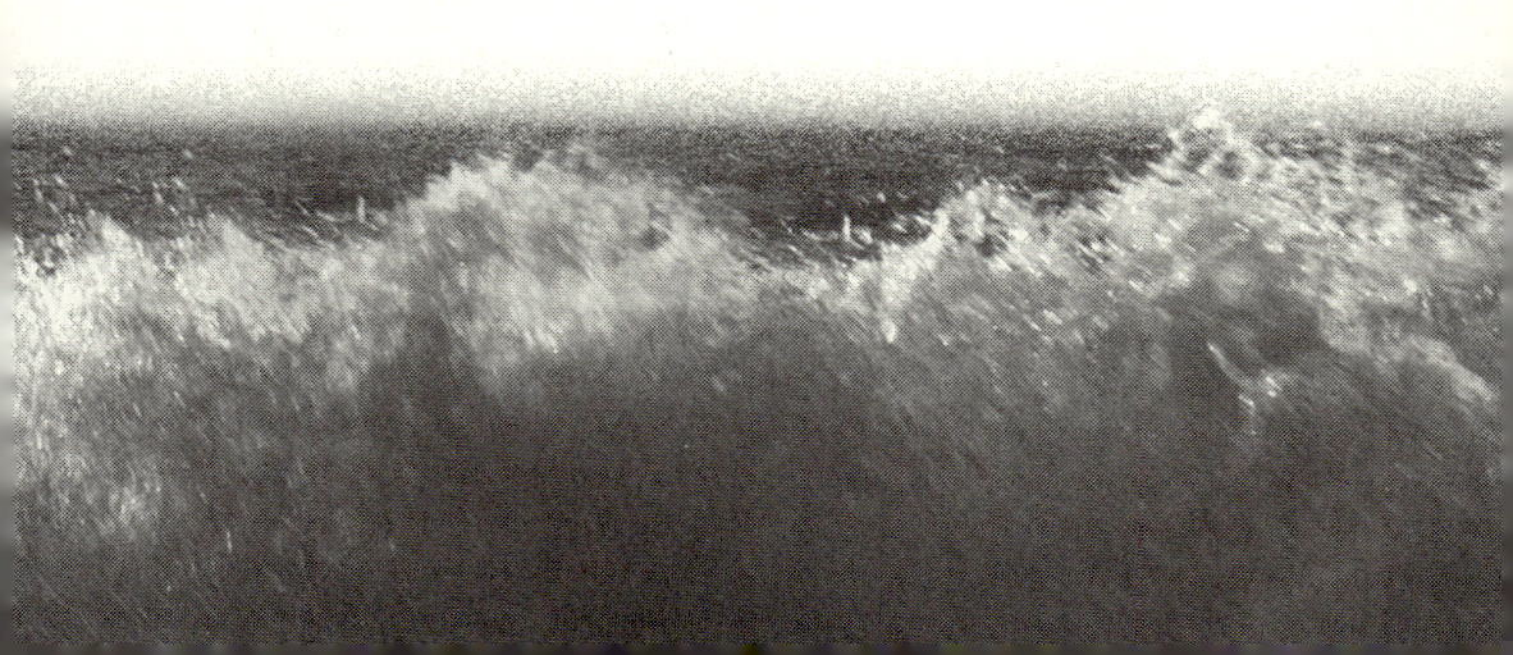

五つの戦争

第二次世界大戦のあとこの地球上では、国家対国家の多数の武力紛争が生起したが、海上兵力が組織的に行使された例としては、朝鮮戦争・ベトナム戦争・中東戦争・フォークランド戦争・湾岸戦争を挙げるのが適当であろう。

朝鮮戦争においてアメリカ軍を中核とする国連《こくれん》軍は、北朝鮮軍のため釜山橋頭堡《きょうとうほ》に追い詰められ、いまにも海に追い落とされるかに見えたが、圧倒的な制空権と海上兵力を保有していた結果、仁川上陸作戦（一九五〇年九月一五日）を決行し、補給線を断たれた北朝鮮軍を実質的に壊滅させた。

このあと国連軍は元山上陸作戦をも併用して北朝鮮に進攻し、アメリカ主導のもとに朝鮮の統一が完成するかと思われたが、最後の瞬間になって中国軍の介入があり、国連軍はたちまち窮地《きゅうち》に陥る。

しかし制空・制海権をもつ国連軍は、興南《フンナム》港から釜山への海路撤退（一九五〇年一二月一四～一五日）が可能で、再度の三八度線への進攻となる。

朝鮮戦争の結果は、第二次世界大戦のあともっぱらアメリカが重視していた戦略空軍の力が、空母を中心とする海上兵力の代用とはなり得ないことを明示した。

ベトナム戦争においてアメリカは、一方的に空母兵力を交代でトンキン湾に常駐させ、空軍と協力して北ベトナムの攻撃に従事させたが、広いジャングル内を通る敵の補給線を切断することができなかった。

空軍・空母兵力、それに戦艦「ニュージャージー」の艦砲射撃をも含む海上兵力の封鎖をもってしても、民衆の支持を受けた強力な補給線を持つ北ベトナムを屈伏させることに失敗した。

中東戦争においては、イスラエルとこれに敵対するエジプト・シリアは、それぞれ互角に近い小規模の海軍兵力を保有し、艦対艦ミサイルが登場して活躍したのが特徴的である。

第三次中東戦争のあと、イスラエルの旗艦である駆逐艦「エイラート」号が、ポート・サイド沖でエジプトのミサイル哨戒艇に撃沈されるという事件（一九六七年一〇月二一日）があったが、第四次中東戦争（一九七三年）では十数隻のミサイル哨戒艇を主力とするイスラエル海軍は、エジプト・シリアのミサイル哨戒艇一〇隻を含む一九隻の艦艇を撃沈している。

フォークランド戦争では、イギリスはアルゼンチンの予期しなかった空母を含む遠征艦隊を派遣し、水陸両用作戦により同諸島の奪回に成功したが、アルゼンチンの空対艦《くうたいかん》ミサイルと、イギリスの垂直離着陸機ハリアーが活躍したのが注目される。

この戦争では、制空権のない海域での海上兵力の作戦が極度に危険であることを改めて示し、さらに陸上における政治目的を達成するためには、最終的には陸上兵力による占領が必要であることを教えた。

湾岸戦争（図表32参照）は、イラクがクウェートに侵攻したことが起因となったが、イラクは陸軍を中核とする軍事大国であった。海軍艦艇も、主としてソ連から購入したフリゲート艦・ミサイル艇など約五〇隻を保有した。

これに対し、国際連合の支持を受けるアメリカ軍を中核とする多国籍軍は、圧倒的な空軍力・海軍力を集中し、精鋭な陸軍力を使って、きわめて短期間でクウェート全土をイラクの手から解放した。

まず航空戦が始まり（一九九一年一月一七日）、つぎに地上戦が開始されると（二月二四日）、わずか四日後には湾岸戦争の終結となった。

多国籍軍の海軍兵力は大部分がアメリカからで、イギリス・フランス・イタリアがかなりの艦艇を送った。そのほか一〇カ国以上が艦艇を参加させている。日本からは派遣されなか

図表32 湾岸戦争時の中東

った。

国際世論に押されて、日本が掃海母艦・補給艦各一隻、掃海艇四隻の、海上自衛隊の掃海部隊をペルシア湾に派遣したのは（一九九一年四月〜一〇月）、戦争が終結したあと、かなり経てからである。

ペルシア湾のシーレーンが安全であることを必要とする国家は、日本が世界の最右翼に位置する。「近代国家の血液」となる石油を大部分、この地域から輸入しているからだ。

ところで、湾岸戦争参加のアメリカ中央軍の海軍部隊指揮官は、横須賀を母港とする第七艦隊司令官であった。

航空戦開始と同時に、アメリカ海軍は空軍と協力して、イラクの戦略目標を集中攻撃して、その戦闘力の大部を破壊した。紅海・アラビア海北部・ペルシア湾に展開した六隻の空母からの艦載機と、地中海・紅海・ペルシア湾に展開した戦艦・巡洋艦・駆逐艦・潜水艦から発射される巡航ミサイル・トマホークが、中心的な攻撃兵器となった。

イラクの航空機・艦艇は戦意を失って、イランに避退しようとする。艦艇の主力はその途上、ブビヤン島沖海戦（九一年一月三〇日）で撃滅された。

地上戦が近づくと、戦艦「ミズーリ」と「ウィスコンシン」が、イラク軍が強固に守備するクウェート海岸を艦砲射撃し、上陸作戦を行なうとの陽動作戦に従事する。陽動作戦に引っかかって、海岸守備を重視していたイラク陸軍は、サウジアラビアの横あいから多国籍軍の地上部隊に奇襲されて、惨敗する結果となった。

この戦争でアメリカは、冷戦時代にソ連に備えて開発した多くのハイテク兵器を実用し、その威力を示して世界中を驚かせた。

また、従来から言われていた陸・海・空の兵力の統合運用と、兵力集中の原則が、いかに重要であるかを、改めて実証することともなった。

第二次世界大戦までは、広い洋上でほぼ同等に近い戦力をもつ艦隊の間で、雌雄《しゆう》を決する海戦がしばしば戦われたけれども、戦後五〇年を経過する現在まで、この種の海戦は生起していない。おそらく今後も、このような海戦が生起する可能性は少ないであろう。

ところで、戦後の諸海戦を検討するとき、われわれは第二次世界大戦まえの諸海戦と共通する教訓を、しばしば学ぶことができる。

ここでは代表的な例として、朝鮮戦争における仁川上陸作戦と、フォークランド戦争におけるアルゼンチン航空機のイギリス艦隊攻撃作戦について考えてみたい。

仁川上陸作戦とハワイ空襲・その一

国連軍司令官・元帥マッカーサーが仁川上陸作戦を計画して主張したとき、アメリカの統合参謀本部と作戦の中核となるアメリカ海軍が反対であり、マッカーサーにこの計画を断念させようと努力した。

これはちょうど、連合艦隊司令長官の山本五十六が太平洋戦争開戦冒頭に、空母兵力によるハワイ空襲を主張したとき、軍令部事務当局が反対し、作戦部隊である第一航空艦隊司令部にも反対の空気が強かったことと、きわめて似ている。

仁川のときの反対理由には、釜山橋頭堡を死守している部隊（第八軍）から上陸部隊（海兵旅団）を引き抜くことは、死活的に重要な釜山を失う危険がある、との主張があった。

同様にハワイのときは、戦争遂行のため絶対的な南方の資源地域を早期に占領するためには、フィリピンとマレーの上陸作戦を同時に開始する必要があり、そのためには空母を含む大兵力を南方に投入しなければならず、ハワイ作戦のため空母を割くことができないとの反対論があった。

仁川・ハワイのどちらにおいても、天象《てんしょう》・地《ち》象・海《かい》象に関係する物理的障害を心配する反対論が強かった。

仁川においては第一に、市街には海浜《かいひん》がないので直接港の岸壁に上陸用舟艇を達着《たっちゃく》させなければならない。大潮《おおしお》のときには一〇メートル以上に達するほど干満《かんまん》の差が大きく、上陸に適当な時期は大潮の前後の三日間の満潮《まんちょう》時の約二時間だけである。

第二に、船団泊地から仁川港までに、三〇カイリに及ぶ飛魚水道があり、潮流の早い狭い水道内に機雷を敷設され、もし一隻でも触雷すれば、水道が閉鎖されてしまう、との反対論があった。

ハワイにおいては第一に、攻撃当日にアメリカ艦隊が在泊しない場合には、空母の索敵能力では敵艦隊を発見できない可能性が大きい。

第二に、攻撃当日に天候が不良な場合には空襲ができず、さりとて開戦日を変更することは不可能である。

第三に、日本の艦艇はもともと航続力が少なく、途中で燃料の洋上補給をしなければならない。企図を秘するため一般商船の航行しない北太平洋航路を採用する必要があるが、この航路は荒天が多く、燃料補給ができない場合には計画全体が流れてしまう、との反対論である。

両作戦とも秘密の保持が絶対的条件であったが、作戦が実行されたとしてもその成果を疑う反対論もあった。

仁川の場合には、上陸兵力は二個師団（第一海兵師団・第七師団）だけで予備兵力がなく、北朝鮮軍に各個《かっこ》撃破される恐れが大きいとの論である。

ハワイの場合には、真珠湾は狭くて水深が浅いので魚雷攻撃の実行が困難である。水平爆撃は命中率が低く、しかも雲があれば十分の高度がとれない。急降下爆撃によっては戦艦はもちろん、空母に対しても致命傷を与えることができない、との論であった。

仁川上陸作戦とハワイ空襲・その二

これらの反対論はいずれも、根拠のあるもっともなものであった。

しかし、マッカーサーも山本五十六も、あまりにも投機的で危険であるという周囲のほとんど全部の反対論にもかかわらず、自説を撤回する気はまったくなかった。

マッカーサーは、天象・地象・海象に関する反対論はもっともであるが、克服《こくふく》できないほどではない。味方の大部分が反対するような危険な作戦は、敵も予期していないだろうから奇襲成功のチャンスが大きい。いまこそ敵がもっとも弱点とする補給線をその集束点《しゅうそくてん》で切断し、積極的に決定的な勝利を収める必要がある、と主張した。

山本五十六は、秘密の保持は注意さえすれば可能であり、天象・地象・海象に関する物理的な障害と技術的な困難さはもちろん存在して冒険を伴う作戦ではあるが、冒険を恐れていては戦争ができない。ハワイ空襲で大成功を収めるのでなければ、順調な南方資源地域の占領も望めず、戦争そのものの前途にまったく見込みが立たない、と言った。

とにかく確固とした信念を持ち、カリスマ的な空気を身辺にただよわせるマッカーサーと山本を説得できる人物は、誰ひとりとしていなかった。

このような状況で仁川上陸作戦・ハワイ空襲作戦が遂行され、歴史的な大奇襲作戦が成功するのである。

仁川上陸作戦とハワイ空襲・その三

多くの反対論を押しきって遂行した仁川上陸作戦が成功した結果、第二次世界大戦の英雄であるマッカーサーの威信はさらに上昇する。その解任後の後継者となった大将リッジウェイが言うように、「マッカーサーは無誤謬《ごびゅう》だという、迷信的ともいえる尊敬」が拡大したのである。

もともとマッカーサーは、強烈な自我をもつ孤高・尊大な人物で、自己の軍事的信念で独善的な作戦を行なう傾向があったが、この作戦成功後はますますその傾向を助長した。

しかし、その後のマッカーサーの計画や決定に対しては、彼の幕僚や部下指揮官は必要な意見具申を行なわず、彼の上官である統合参謀本部も当然なすべきいろいろな疑問の解明や指導・助言をためらうこととなった。

そしてマッカーサーの予想に反する中国軍の介入となり、その後の彼は統合参謀本部の指導を無視する態度を採り、ついに大統領トルーマンによる解任（一九五一年四月一一日）に発展する。

第一次世界大戦のとき、師団長であるマッカーサーの部下のなかに、下級将校としてトルーマンがいた事実が、両者の心理的対立に影響したという説は首肯できるが、参謀総長・大将コリンズの意見のように、マッカーサーの威信に圧倒された統合参謀本部も「北朝鮮における敗北について、いくらかの責任をマッカーサーと分《わ》かたなければならない」わけである。

仁川上陸作戦の成功がもたらしたマッカーサー周辺の微妙な悪影響は、アメリカの確固としたシビリアン・コントロールの伝統により、マッカーサー解任という劇的な結末によって解決されたが、ハワイ空襲作戦の成功がもたらした影響はどのようであったか。

ハワイの成功によって、山本五十六の威信はマッカーサーと同じように上昇した。ただこの場合は、山本自身への心理的影響よりも、日本の陸海軍や国民に与えた影響の方がはるかに大きい。

アメリカ太平洋艦隊戦艦群の壊滅と南方資源地域占領作戦の急展開により、長期不敗態勢の確立は確実と考えられ、戦争の勝利が眼の前にあるかのような錯覚に、高級軍人を含む多くの日本人が陥ってしまった。

開戦前の緊張・慎重・精密さは、その後の作戦の計画や実行において、ややもすれば、弛《し》緩《かん》・軽率・粗雑となり、その傾向はとくに連合艦隊司令部の幕僚や実行部隊であった第一航空艦隊において顕著となった。

ハワイ空襲で撃ちもらしたアメリカ太平洋艦隊の空母（三隻）と、大西洋からパナマ運河を通って太平洋に回航された空母（二隻）が、太平洋の占領地の前線で機動空襲戦を繰り返すのに手を焼き、これら空母群をいっきょに撃滅しようとした山本のミッドウェー作戦着想の動機は、十分に首肯しうるものであるが、その計画・実行はいかにも粗雑であった。

そして、山本が戦死したあとに残された太平洋の戦場は、だれもが統制し整理できないほど、広くて至るところで弱点をもつ一条の線に囲まれているに過ぎなかったのである。

フォークランド戦争のアルゼンチン空軍

つぎは、フォークランド戦争におけるアルゼンチン航空機のイギリス艦隊攻撃について考えてみよう。

この戦争でアルゼンチンは航空攻撃で、六隻のイギリス艦艇を撃沈した（図表33参照）。

まず一九八二（昭和五七）年五月四日、アルゼンチン南部の空軍基地から発進したシュペール・エタンダール機が、ポートスタンレー南方でレーダーピケット任務についていた駆逐艦「シェフィールド」を、エクゾセ・ミサイルで撃沈したことは、有名となった。

そのあとアルゼンチン空軍は、エクゾセまたはスカイホーク機・ミラージュ機を使用した爆弾やロケットによって、フリゲート艦「アーデント」（五月二一日）・同「アンテロープ」（五月二三日）・駆逐艦「コンベントリー」（五月二五日）・徴用貨物船「アトランチック・コンベアー」（五月二五日・空母代用船）・揚陸艦「サーガラハット」（六月八日）を撃沈している。イギリス艦隊にとっては、かなりの打撃である。

ところでアルゼンチン空軍は、もうすこし慎重に作戦を実施すれば、さらに多くのイギリス艦艇を撃沈して、イギリスのフォークランド諸島奪回を失敗に終わらせた可能性が考えられる。

それは、スカイホーク機・ミラージュ機による攻撃で、命中したのに爆発しなかった爆弾がきわめて多いことである。

イギリスの駆逐艦「グラスゴー」が五月一二日、ポートスタンレー飛行場を砲撃中、スカイホーク機が一〇〇〇ポンド爆弾を命中させたが不発であった。

スカイホーク機はその翌日の五月一三日、こんどは駆逐艦「アントリム」を爆撃して命中弾を得たが、これも不発で同艦は任務を継続している。

さらに、ほかのスカイホーク機は、イギリス軍が東フォークランド諸島のサンカルロスに上陸作戦を決行した五月二一日、対空防御任務についていたフリゲート艦「アルゴノート」に、一〇〇〇ポンド爆弾二発を命中させたが、どちらも爆発せず、一発は不発弾処理班によって処理され、ほかの一発は海中に投棄された。

さらにこの五月二一日、ミラージュ機をも加えたアルゼンチン空軍が、サンカルロスのイギリス上陸部隊を空襲したとき、駆逐艦「アントリム」とフリゲート艦「ブリリアント」に直撃弾を与えたのだが、どちらも不発である。

この上陸作戦では、そのすぐあとにも類似の例がある。五月二五日にフォークランド海峡入口でレーダーピケット艦として行動中のフリゲート艦・「ブロードワード」が、アルゼンチン機に爆撃され、爆弾が甲板上で跳躍したけれども爆発はしなかった。

さらに極端なこともあった。アルゼンチン機は六月八日、サンカルロス沖においてフリゲ

図表33 フォークランド戦争

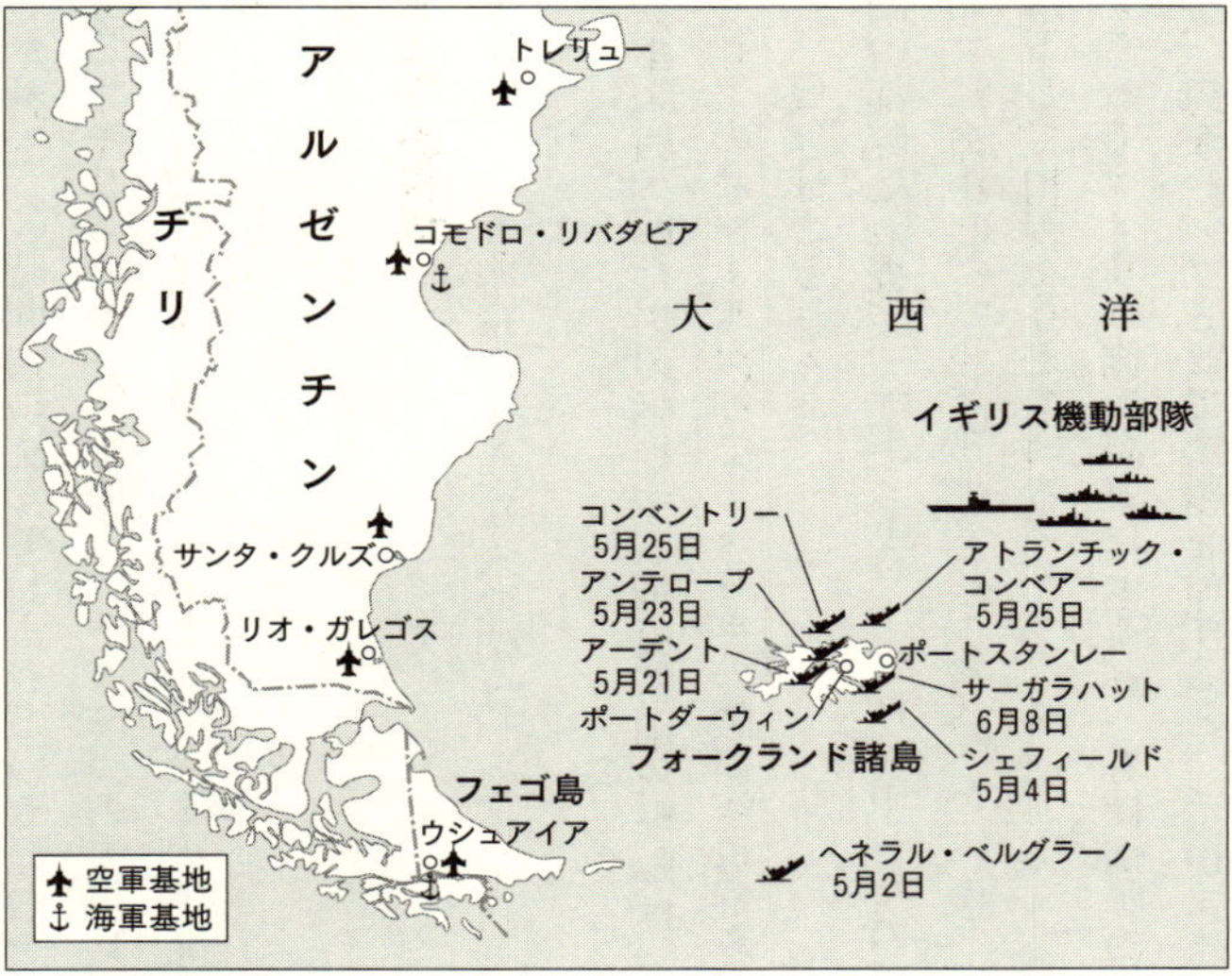

ート艦「プリマス」に爆弾四発を命中させた。なんと爆発したのは一発だけで、三発が不発となり、同艦は南ジョージア島で工作船によって修理のあと、四日後には作戦に復帰している。

これらの多くの不発弾がもし爆発しておれば、イギリス艦隊がさらに多くの艦艇を失って窮地に陥ったことは確実である。げんに、撃沈された六隻のうちの一隻であるフリゲート艦「アンテロープ」は、サンカルロス沖において対空防衛中、五〇〇ポンド爆弾二発の命中弾を受け、はじめは不発であったのでサンカルロス水道に移動して、不発弾処理班が来艦して信管を取りはずしているときこの作業に失敗して爆発した結果、数時間後に沈んでしまうという経過をたどっているのである。

あるイギリスの海兵隊中佐は、アメリカの海軍兵学校で「アルゼンチン航空兵力はわれわれの想像を超えてよく戦った。しかし、大量の不発弾がイギリスにとって幸運であった」と回想するのである。

日本海軍の経験

アルゼンチン空軍のような失敗例は、戦史をひもとけば見つけるのにそれほど苦労しない。

海軍大尉・関行男の指揮する神風特別攻撃隊は一九四四（昭和一九）年一〇月二五日、フィリピンのサマール島沖でアメリカの護衛空母群を攻撃し、空母「セントロー」を撃沈し、あと三隻に被害を与えた。

関の部隊は五機で、「セントロー」に命中したのは一機であり、ほかの二機が「カリニンベイ」に命中し、「ホワイトプレーンズ」と「キクトンベイ」にそれぞれ一機が、舷側至近《しきん》に落下して損害を与えている。

ところでアメリカ側の調査によると、五機編隊の先頭にあった零戦はこの日午前十時四十九分、翼をバンクさせて突撃を命ずると、そのまま編隊を離れまっすぐ「カリニンベイ」に向けて突っ込んでいった。「セントロー」が攻撃されるより前である。

この零戦は飛行甲板に命中し、甲板に数個の穴をあけ、横すべりして左の艦首から海中に落ちた。爆弾は爆発せず、多数発生した小火災はすぐに消しとめられた。

関は当然、編隊の先頭にあってまっさきに急降下したものと信ずるほかないので、彼の爆弾は不発に終わったものと判定するほかない。

この結果は、関の評価に変更を強いるものではないが、その無念さはいかばかりか。

ちなみに、ほかの四機の爆弾はいずれも正常に爆発している。

太平洋戦争中、人間魚雷「回天」が作戦に使用されたとき、第一回目の攻撃目標はアメリカ空母群の在泊地になっていたウルシー環礁とパラオ諸島北部のコッソル水道であった。

第二回目の作戦の攻撃目標の一つに、ニューギニア北岸にあるホーランジア軍港が含まれていた。

攻撃は一九四五年一月一二日、伊号第四七潜水艦によって決行された。四基の「回天」が発進した。午前四時十五分。

目標を見つけて命中したのは一基である。命中したのは港の入口から二キロメートルの泊地に停泊していた商船「ポンタスロス」の水線下四メートルの個所であった。頭部に装備された一五五〇キロの爆薬は爆発しなかった。

やや斜《なな》めに命中したので、「回天」は舷側に直径二〇センチのくぼみを残して海面にとび出す。そのあと「ポンタスロス」の前方三〇〇フィートで爆発した。起爆装置の作動が不良だったのであろう。敵になんの損害も与えることができなかった。

関の場合にはまだ救いがある。彼の指揮した部下が大きな戦果をあげている。しかしこの「回天」の場合には、誰がその搭乗員の無念さを償うことができるのであろうか。

アメリカ海軍の経験

この「不発」問題については、アメリカにも苦《にが》い思い出がある。

太平洋戦争が始まってから一九四二（昭和一七）年中は、日本の軍艦・船舶でアメリカ潜水艦に沈められるものは比較的少なく、被害が増加するようになったのは一九四三年九月ころからである。

その理由の大きな部分は、アメリカが魚雷の起爆装置に使用していた磁気爆発尖の不完全な設計にあった。

この爆発尖は、魚雷が目標の艦底を通過するとき、艦体による磁場の変化により爆発するように設計されていたが、魚雷がやや深く艦底を通過すると爆発せず、深度を浅く調定《ちょうてい》して魚雷を発射した場合には、目標の数十メートルぐらいの手前で爆発することがたびたびあった。

この欠陥に気付いたアメリカ海軍は一九四三年六月以降、磁気爆発尖の使用を禁じ、かわりに予備の撃発爆発尖を使用することに改めた。

この爆発尖は、魚雷が目標に命中したときの衝撃力により、魚雷の爆薬が爆発するようになっている。しかし、この爆発尖にも欠陥があったが、なかなかわからなかった。

ハワイの真珠湾から出撃したアメリカ潜水艦「ティノサ」は一九四三年七月二四日、トラック環礁西方海域で、日本の一万九〇〇〇トンの巨大タンカーを攻撃した。

艦長、中佐ダスピットはまず第一回目に、遠距離から、しかもあまり有利でない方角から魚雷四本を発射した。二本はうまく目標（タンカー第三図南丸）に命中して船尾近くで爆発し、タンカーは停止した。そのあと左舷後部にさらに二本が命中して爆発するのが認められた。

ダスピットは第二回目にタンカーに十分接近して、目標の正横の理想的な位置から合計九本の魚雷を射《う》ち込んだ。九本全部が確実に命中した。しかし、一本も爆発しなかった。

ダスピットは残った一本の魚雷を真珠湾に持ち帰り、実地検査を要求した。

それまでも潜水艦長の苦情が出されていたが、兵器担当官憲はこれを認めようとしなかったのである。ダスピットが持ち帰った魚雷により、爆発尖の徹底的な検討が行なわれた。

その結果、爆発尖の発射ピンの組立部品は、魚雷が目標に四五度以内の斜めの角度で命中した場合には、うまく作動して魚雷が爆発するけれども、それよりも直角に近く「見事に命中」した場合には、機構の強度が不足して、爆発前につぶれてしまうことが判明した。「ティノサ」の発射した第一回目の四本が爆発し、第二回目の九本が爆発しなかった理由が、これでようやく論理的に確認されたのである。

この欠陥が取り除かれたあと、アメリカ潜水艦はその猛威を発揮し、日本の軍艦・船舶をつぎつぎに撃沈し、日本のシーレーンを切断して日本本土の海上封鎖を完成し、マリアナ諸島からのB-29の戦略爆撃の効果とともに、原爆の投下やソ連の参戦まえに、日本の敗戦を決定づけていたのである。

教訓の活用

フォークランド戦争において、アルゼンチンのスカイホーク機・ミラージュ機の投下した爆弾に、不発弾がきわめて多かったことは、信管の作動不良・整備不良か、または投下高度が低すぎて信管の安全装置が解除されないうちに、目標に命中してしまったからである。

アルゼンチンはそれまで実戦の経験がない。太平洋戦争中の日本・アメリカの教訓からしても、アルゼンチン空軍当局が戦史に関心を持つなどして周到な注意をはらい、実用兵器の実験・教育・訓練を積み重ねているのでなければ、フォークランド戦争における爆弾の不発問題などは当然起こるべくして起こるのである。

ミサイル・爆弾・魚雷などの実用兵器の実用実験には、広い実験場と安全な設備と多くの予算を必要とする。

しかし、平時においてこれらの実施を惜《お》しんだり怠《おこた》ったりしていては、有事《ゆうじ》におけるこれらの兵器の有効性が保証されないことを、多くの戦史が教えている。

人間はだれでも、出生《しゅっしょう》からあといろいろの経験をかさねることにより、成長し進歩していく。しかし短い人生で、経験できることはきわめて制限されているので、他人の経験を見たり、聞いたり、読んだりして、自分の経験の不足を補うわけである。

この他人の経験を自分の経験として取り入れることができるかどうかが、その人の価値をおおきく左右すると考えてよいだろう。

戦争や戦闘をじっさいに経験することは、たまたまその時局に遭遇しなければ不可能である。それで実戦の経験を補う手段として、図上における演習や、実兵のかわりにコマを使用する兵棋《へいぎ》演習や、現実の人員・兵器を使用する演習などが行なわれる。

しかし、これらの演習によって得られた結論を、現実に実戦に適用してみると、はなはだしく食い違うことが多いのを、日本海軍は太平洋戦争において経験した。

その主要な例を二つだけ挙げておこう。

日本海軍は戦前も戦中も、アウト・レンジ戦法を重要視して推進していた。戦艦「大和」「武蔵」の建造も、その四六センチ主砲の射距離が、アメリカ・イギリスの戦艦が装備する四〇センチ主砲の射距離よりも大きく、敵をアウト・レンジできる利点がおおきな理由となった。

戦争中、「大和」「武蔵」の敵戦艦に対する砲撃戦は生起しなかったけれども、重巡洋艦対重巡洋艦の砲撃戦はいくつか生起している。スラバヤ沖海戦（連合国ではジャワ沖海戦という。一九四二年二月二七日）・アッツ島沖海戦（連合国ではコマンドルスキー諸島海戦。一九四三年三月二七日）がそれである。

この両海戦で日本の重巡洋艦は、おおむね二万メートルの遠距離からの砲戦をつづけたので、敵艦は、日本側の発砲から弾着までの弾丸の空中飛行時間中に、弾着点を予測して命中を避けるよう針路・速力を変更し、いわゆる避弾《ひだん》運動を行なって、日本側はなかなか戦果を挙げることができなかった。

「大和」「武蔵」が四万メートルの射距離でアウト・レンジ戦法を行なう場合には、弾丸の飛行時間は八九秒にもなる（三万五〇〇〇メートルでは七〇秒）。重巡洋艦の砲戦の場合よりも敵艦が避弾運動を行なう時間的余裕はさらに大きく、「大和」型が期待されていたとおりの艦隊決戦の機会を得られたと仮定しても、その結果がみじめなものであったのは明らかである。

日本海軍のアウト・レンジ戦法は、水上艦艇の魚雷戦や空母の航空戦にも取り入れられた。マリアナ沖海戦で日本の空母群がアウト・レンジ戦法でアメリカ空母群を先制攻撃したけれども、その結果が悲惨なものであったのは、すでに第9章でみたとおりである。

このアウト・レンジ戦法の欠陥などは、演習だけでは判明せず、実戦に臨んではじめて明白になったのであった。

演習の結論と実戦の結果が食い違ったもう一つの適例は、日本海軍の潜水艦の用法である。

日本の潜水艦は太平洋戦争中、空母・戦艦・巡洋艦などを主要な攻撃目標とし、水上の艦隊決戦に寄与することを最大の目的として使用された。これも長期間にわたる多くの演習から得られた結論であったと考えてよい。ところでこれらの大艦は警戒が厳重なので、日本の潜水艦は勇敢であったけれども、戦果を挙げるまえに敵の護衛艦艇に発見されて攻撃を受け、自滅するものが多かった。

もし、警戒のよりゆるやかなタンカーや貨物船を主攻撃目標としておれば、戦果は挙がり、これによりアメリカ艦隊は後方の補給部門をおびやかされて、戦争によりよく貢献できたはずである。

アメリカの太平洋軍指揮官であった元帥チェスター・ニミッツは、

「古今の戦争史において、主要な兵器がその真の潜在威力を少しも理解されずに使用されためずらしい例を求めるとすれば、それはまさに第二次世界大戦における日本の潜水艦の場合である」

とさえ極論している。

武力がまだおおきな意味を持つ現実の世界に生きていくためには、過去の戦争や戦闘の経過を知り、考え、自分の経験の一端として体内に取り入れて見識《けんしき》を高めることが必要なことを、第二次世界大戦後のいろいろの戦史も、教えていると思う。

第13章

戦後の日本海上兵力を考える

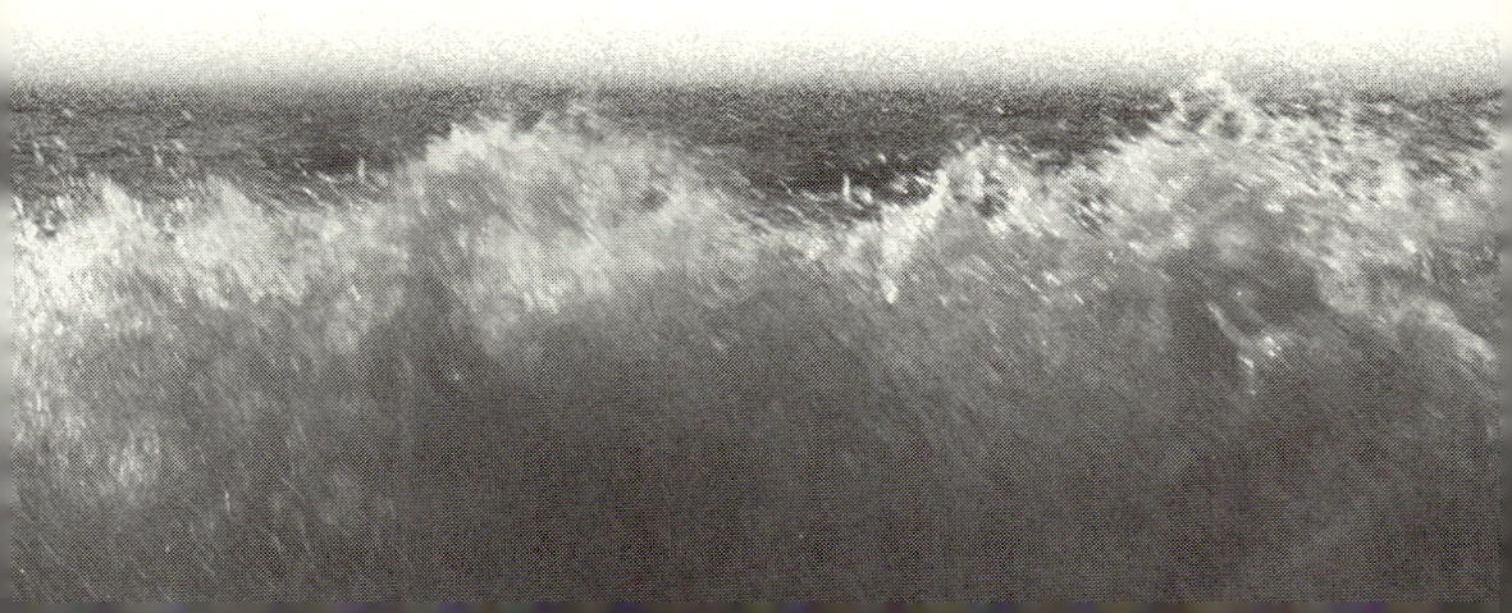

非武装国家

一九四三（昭和一八）年一月一四日から二五日にかけて、モロッコのカサブランカでアメリカとイギリスの連合国戦争会議が開かれた。その最後の記者会見においてルーズベルトは、日独を含む枢軸国に「無条件降伏」を要求する旨を発表した。統合参謀本部とは相談しない政治家の一方的決定であった。

当時、太平洋ではガダルカナル、ヨーロッパではスターリングラードで戦闘中で、ようやく戦争の峠が見えてきたときであり、アメリカは兵器・軍需品をソ連に送り続け、必死にソ連の戦争努力を援助していた。

かつて日本は、中国東北部（満州《まんしゅう》）・蒙古《もうこ》・北中国で共産主義に悩まされた苦しい経験があり、コミンテルンの攻勢に対してドイツと防共協定（一九三六年）を締結したりしたこともある。

第二次世界大戦中のアメリカやイギリスの共産主義についての認識は、きわめて浅かったと言えるだろう。一例をあげると、極東国際軍事裁判（東京裁判）において弁護側が、日本の政策の背景として国際共産主義についての証拠を法廷に提出すると、イギリスやアメリカの検事は、

「共産主義は一国の国内問題であり、けっして国際問題ではない」

と真顔《まがお》で主張し、証拠は判事団によって却下されるのが常《つね》であった。ルーズベルトなどが、共産主義の国際性をよりよく理解していれば、あれほど徹底的に日独を打倒したかどうか疑問である。

さて、戦争に敗れて日本が降伏したとき、日本海軍は戦艦四隻・空母六隻・巡洋艦一一隻・その他の軍艦六隻・駆逐艦三九隻・潜水艦五九隻・海防艦一〇〇隻・その他の小船艇三〇八隻、合計五三三隻を持っていた。「軍艦」というのは当時、艦首に「菊の紋章《もんしょう》」が取りつけてあり、艦長はふつう大佐で、駆逐艦以下を含まなかった。

これらのうちには撃破されて動けないものが多かったが、空母二隻・巡洋艦三隻・その他の軍艦三隻・駆逐艦三〇隻・潜水艦五〇隻・海防艦八〇隻、合計一六八隻は燃料さえあれば即時《そくじ》航行が可能であった。

終戦のため力を尽くした海軍大臣・米内光政は、アジアにおいて力の真空地帯が生じるのを避けるため、日本が小海軍の保有を許されるものと考えていた。残存する艦艇と海軍軍人だけで、それは容易なことであった。

しかし、アメリカを中心とする連合国が突きつけてきたものは、完全な陸海軍の解体であった。

残在艦艇は武装を解除され、引揚《ひきあげ》輸送艦・掃海船艇として利用されるもののほかは、ビキニ環礁の原爆実験（一九四六年七月一日）に使用されたり（戦艦「長門」・巡洋艦「酒匂《さかわ》」）、撃沈または解体された。

敗戦時、七二〇万の陸海軍人・軍属・民間人が広く在外各地に残っていた。一三八隻の残存艦艇が引揚輸送艦となり、日本本土への輸送に当たった。はじめはこの復員《ふくいん》輸送に四年を必要とすると計算されていたが、連合国船舶も加わり、一九四六年末には大部分の五一〇万の輸送を終わり、一九四九年八月までに六〇七万を運んだ。残りの大部分はソ連の支配地域に残留していた。

戦争中、日本の周辺海域には日本海軍によって五万六〇〇〇個の機雷が敷設され、ほかにアメリカのB-29によって約一万個が敷設されていた。主として外洋航海に適しない小型の残存船艇でもって、海軍軍人の手で掃海作業が始められた。約一万の人員と三五〇隻が充当され、はじめは一九四六年中に完了すると考えられていた。現実には人員・隻数を減らしながらも、さらにえんえんと続く結果となったが……。

引揚輸送と掃海作業は一九四六年中に峠を越したので、残存海軍艦艇のほとんどすべてが賠償の対象として、アメリカ・イギリス・ソ連・中国に引き渡されることになった。

駆逐艦・海防艦・輸送艦・駆潜艇・掃海艇など、合計一二八隻がその対象となる。

アメリカに渡す艦艇は大部分が山東半島の青島に、イギリスに渡すそれは大部分がシンガポールに、ソ連に渡すそれは全部がナホトカに、中国に渡すそれは全部が上海と青島に、それぞれ日本海軍軍人の手により、一九四七年七月から九月の間に、最後の航海を行なった。

陸軍と同じように海軍も完全に解体され、日本は非武装国家になったように見えた。

参戦した日本部隊

朝鮮戦争においてアメリカが中核となる国連軍は、仁川上陸作戦に成功したあと元山への上陸作戦を決行することになった。仁川には北朝鮮軍が、機雷を敷設していた。元山にはさらに多くの機雷、とくにソ連製の複雑な感応《かんのう》機雷が敷設されている可能性が高かった。

戦争が突発《とっぱつ》したとき、アメリカ極東海軍には鋼船《こうせん》四隻・木造船六隻の掃海艇しかなかった。戦後、アメリカの機雷戦部隊は予算の削減によって解散され、就役している掃海艦艇は本国方面においても貧弱であった。

これに反してソ連海軍はアジア水域に、大戦中にアメリカの好意によって供与された五〇隻の旧アメリカ海軍掃海艇を含めて、約一〇〇隻の掃海艇を保有して、北朝鮮に機雷を供給していたのである。まったく皮肉な事態と言うほかない。

国連加盟の諸国家で、アメリカに掃海艇を提供しようと申し出た国は一つもなかった。アメリカの勢力の及ぶところで感応機雷をも処理する能力をもつ掃海部隊は、旧日本海軍の残存船艇を掃海艇とし、復員を延期された旧日本海軍軍人によって運航されている、日本の海上保安庁の部隊だけであった。

瀬戸内海や日本の沿岸で掃海に従事していた海軍残存の掃海艇は、海軍省から第二復員省・復員庁・運輸省・海上保安庁と順次に所管《しょかん》が変わり、当時はまだ一五〇〇人の隊員と約八〇隻の規模をもっていた。

海上保安庁は、日本海軍の解体により不法出入国・密貿易・密漁・人身傷害《じんしんしょうがい》・海難・触雷などでほとんど無法状態に陥った日本周辺の秩序を維持するため、連合軍総司令部の指示により一九四八（昭和二三）年五月一日に発足していたもので、問題の時点で掃海部隊は航路啓開本部で管理され、本部長は元海軍大佐・田村久三《たむらきゅうぞう》であった。

このような事態に対しアメリカは、日本の掃海部隊を対馬海峡に集合させ、元山沖の掃海を援助し、仁川の機雷掃海を完了するよう、日本側に要請し、首相・吉田茂はしぶしぶながらこれに応じた。

この結果、アメリカ極東海軍司令官・中将ターナー・ジョイの命令で、二〇隻の日本掃海艇が対馬海峡に集合を命ぜられ、田村の直率する八隻が元山沖の掃海に従事することとなる。

元山沖の掃海は、一九五〇（昭和二五）年一〇月一〇日から二五日まで、アメリカ第七艦隊司令官・中将A・D・ストラブルの全般指揮下に、掃海部隊指揮官・大佐R・T・スポフォードが指揮して行なわれた。

スポフォードの指揮下には、田村の八隻のほか、一二隻のアメリカ掃海艇と駆逐艦二隻ほかがあったが、この掃海作戦中、アメリカ掃海艇二隻・日本掃海艇一隻が触雷により沈没した（ほかに韓国掃海艇一隻が感応機雷によりこの海域で沈んでいる）。

日本で沈没したのは第一四号掃海艇で、一〇月一七日午後三時三十分、第六号掃海艇と共同して対艦式係維《けいい》掃海具を展張《てんちよう》して元山のある永興《えいこう》湾に進入しようとしたとき、北朝鮮の敷設した係維機雷に触れて、二〇メートル以上の水柱をあげ、一分とたたないうちに沈んだ。乗員二三人中、死者一人、負傷者一八人を出した。

当時の占領下で日本掃海隊員の身分は、アメリカ軍に雇用されたものとみなされ、給与はほぼ二倍にされたが、はなはだ不鮮明であった。上司の命令でやむなく元山沖にやってきた掃海隊員の多くは、第一四号掃海艇の沈没を契機として、うっせきした不満を爆発させた。

隊員たちは、危険を避けるため掃海法についていくつかの条件をアメリカ軍に提示した。この条件提示は、敵前で戦闘中と意識するアメリカ軍を激怒させ、アメリカ指揮官（上陸部隊指揮官・少将O・P・スミス）は、

「日本掃海艇三隻は十五分以内に日本に帰れ！　さもなければ十五分以内に出港して掃海に

かかれ！　出港しなければ撃つ！」

と厳達《げんたつ》したと言われる（掃海部隊指揮官付・田尻正司《たじりただし》の手記）。

この言明により日米の現地会談は決裂し、一〇月一八日午後から日本の掃海部隊は内地に帰投を始めた。軍隊とは何か、軍人と民間人の差違《さい》は何か、について教える一つのエピソードである。

朝鮮戦争中の一九五〇年一〇月二日から一二月一二日までの間に、一二〇〇人の旧海軍軍人により、四六隻の日本掃海艇と一隻の大型試航船《しこうせん》（水圧機雷の掃海を行なう）でもって、元山・群山・仁川・海城《かいじょう》・鎮南浦《ちんなんぽ》の掃海が行なわれた。これにより三二七キロメートルの水道と六〇七平方マイル以上の泊地が掃海されている（ジェイムス・アワー著、妹尾作太男訳『よみがえる日本海軍』）。

太平洋戦争後、日本人が部隊として実戦に参加したただ一つの例である。一九九一年に海上自衛隊の掃海部隊がペルシア湾に派遣されたのは、湾岸戦争中ではなかった。

再軍備

朝鮮戦争により生じた日本国内の力の空白を埋めるため、マッカーサーが日本に七万五〇〇〇人の警察予備隊の創設を指示し、これがやがて防衛庁の発足（一九五四年七月一日）とともに陸上自衛隊に発展したのであるが、特殊の海上技術を必要とする海上自衛隊の創設までには、陸上関係とはかなり異質の経過をたどった。

日本の海上兵力の再建には、二本の柱があったと考えてよい。

一本の柱は、元海軍大将・野村吉三郎《のむらきちさぶろう》を頂点とする組織的で統一された海軍再建計画の存在であった。計画の母体となったグループは、海軍省から第二復員省・復員庁・総務庁・厚生省・引揚援護庁と順次に所属が変わり、旧海軍の事務のあと始末をしていた第二復員局残務処理部の元海軍将校のエリートたちであった。

第二の柱は、日本の港湾に出入りし、日本人をその国の「主人公」と考え、戦争中は好敵《こうてき》手《しゅ》であったとして日本海軍に敬意をもち、旧日本海軍将校たちと同僚意識を共有する、アメリカ海軍将校たちの友情であった。そのなかでは当時の極東海軍司令部参謀副長・少将アーレイ・バーク（のち大将・海軍作戦部長）が目立っており、日本の海軍再建計画を支援し尽力した。

アメリカは戦争中ソ連に、フリゲート艦（PF）を貸与していたが、戦後にソ連から返還されたPF一八隻が横須賀港に係留されていた。本国のアメリカ海軍はバークの進言もあり、このPFと本国にある五〇隻の大型上陸支援艇（LSSL）とを日本に貸与し、日本海軍を再建しようとした。

対日講和条約調印直後の一九五一（昭和二六）年一〇月一九日、マッカーサーのあとを継いだ連合軍総司令官リッジウェイは、この艦艇貸与を吉田首相に申し入れ、吉田はこれを応《おう》諾《だく》した。

海上保安庁で掃海作業に従事していたり、引揚援護庁で海軍の残務処理に従事していた公務員の身分を保有する旧海軍軍人のほか、すでに民間にあった旧海軍軍人も呼び集められ、一九五二年四月二六日、明らかに海軍再建を予期して海上警備隊が、海上保安庁内に発足した。

はじめ、運輸官僚と旧海軍将校との間に主導権争いがあったが、アメリカ海軍の支援を受ける旧海軍将校たちは、発足時に中央人事で譲歩したあと、総理府内の「保安庁警備隊」の時代を経て防衛庁発足とともに海上自衛隊となるまでに、隊内に不動の主導権を確立した。

陸・海と異なって、発足までになんらの歴史をもたない航空自衛隊も、防衛庁発足と同時に創設された。これら三自衛隊はこれまでに、四次にわたる防衛力整備計画を遂行し、現在は一九七六年一〇月に国防会議と閣議が決定した「防衛計画の大綱」に基づく兵力の整備に向かって進んでいるわけである。

八・八艦隊

防衛計画の大綱が定める海上自衛隊の主要装備は、対潜水上艦艇約六〇隻・潜水艦一六隻・作戦用航空機二二〇機である。

一九九三（平成五）年度予算の計画が完成すると、対潜水上艦艇五七隻・潜水艦一五隻・作戦用航空機二〇〇機となり、航空機・艦艇とも大綱水準の達成にかなり近づく。

自衛艦隊は旧海軍の連合艦隊に相当すると考えられやすいが、その性格はむしろ太平洋戦争中期に創設されてシーレーン防衛に従事した海上護衛総司令部部隊に近似《きんじ》する。対潜水上艦艇部隊として護衛隊群四個と、陸上基地にある対潜機部隊として航空群七個のほか、潜水隊群二個・掃海隊群二個をもつ。

自衛艦隊の護衛隊群は、ハワイ方面に派遣されてアメリカ海軍との環太平洋共同演習（リムパック）に参加して知られるように、広い洋上を機動運用されるが、旧海軍の鎮守府に相当する海上自衛隊の五個の地方隊（横須賀・呉・佐世保・舞鶴・大湊）には、より局地的な対潜作戦を任務とする護衛隊一〇個がある（大綱水準は一〇個）。

海上自衛隊では旧海軍とまったく同じ「八・八艦隊」との言葉がある。

旧海軍でのこの言葉は、戦艦八隻・装甲巡洋艦八隻（明治時代）か、または戦艦八隻・巡洋戦艦八隻（大正時代）を意味したが、いまは護衛艦八隻・ヘリコプター八機を意味する。

対潜戦・防空戦・対水上戦・電子戦などの分野を含めてもっとも精鋭な部隊は、一九八五（昭和六〇）年当時は横須賀を母港とする第一護衛隊群であった。この部隊は特徴をもつ三種の護衛艦で編成された。

旗艦・ヘリ搭載護衛艦（ＤＤＨ）
「しらね」五二〇〇トン、対潜ヘリコプターＨＳＳ２・三機搭載
対空ミサイル護衛艦（ＤＤＧ）
「あまつかぜ」「あさかぜ」各三八五〇トン、ヘリコプターなし
汎用護衛艦（ＤＤ）
「はつゆき」「しらゆき」「さわゆき」「いそゆき」「はるゆき」各二九五〇トン、各対潜ヘリコプターＨＳＳ２・一機搭載

これで八隻・八機となり、海上自衛隊最初の「八・八艦隊」となった。
第二次大戦まえの各海軍国では、ロンドン海軍軍縮条約（一九三〇年調印）の規定によって、基準排水量一八八〇トンを境《さかい》として以上を巡洋艦、以下を駆逐艦に類別していた。したがってこれらの八隻はすべて、旧海軍では駆逐艦ではなく軽巡洋艦に相当する。

またこれら各艦は、情報処理能力が強化されており、指揮・統制・通信・情報の各能力がシステム化され、護衛隊群内だけではなく、海上自衛隊の対潜哨戒機P3Cや、航空自衛隊の早期警戒管制機E2Cとも、データリンクが可能である。

海上自衛隊の護衛艦はまえに、対潜用ホーミング魚雷を装備する無人ヘリコプターの「ダッシュ」を搭載したことがあるが、性能に問題があり、もともとアメリカ・シコルスキー社製で三菱重工においてライセンス生産された有人のHSS2を搭載するようになり、最近は国産のSH-60Jを搭載するようになった。

この有人機は、ソーナーを海中につり下げたり、またはソノブイ（聴音ブイ）を海面に散布したりして、潜水艦を捜索・探知し、ホーミング式の短魚雷で攻撃する能力をもっている。

この「八・八艦隊」は、シーレーン防衛のため特定の海域を機動哨戒したり、重要船団を直接護衛することになるが、いちおうよく装備され訓練された戦術単位と言うことができよう。

第一護衛隊群に準じてほかの三個の護衛隊群も「八・八艦隊」化を完成したあと、現在は、対空ミサイル護衛艦をイージス艦に代替《だいたい》する努力が払われている。

佐世保を母港とする第二護衛隊群は一九九三（平成五）年、イージス艦の第一艦を編成に入れ、海上自衛隊で最精鋭の部隊となった。
その編成を前例に準じて示しておこう。

旗艦・ヘリ搭載護衛艦（DDH）
「くらま」五二〇〇トン、対潜ヘリコプターHSS2・三機搭載
対空ミサイル護衛艦（DDG）
イージス艦「こんごう」七二〇〇トン、「さわかぜ」三八五〇トン、各ヘリコプターなし
汎用護衛艦（DD）
「やまゆき」「まつゆき」各二九五〇トン、各対潜ヘリコプターHSS2・一機搭載
「あさぎり」「やまぎり」「さわぎり」各三五五〇トン、各対潜ヘリコプターSH—60J・一機搭載

三自衛隊と旧軍の二元統帥

海上自衛隊は創設から現在まで、つねにアメリカ海軍とともにあった。
アメリカからの貸与艦艇によって海上警備隊が発足し、旧海軍将校たちが隊内で運輸官僚との主導権争いに勝利を収めたのも、アメリカ海軍の支援によったことは、すでに述べた。

防衛庁の前身である「総理府保安庁」が、陸上の警察予備隊と海上の警備隊を合わせて発足するとき（一九五二年八月一日）、日本政府内には旧陸海軍の対立や二元統帥の教訓から、単一の統合司令部を設置すべきであるとの意見が強かった。人数や力関係から必然的に陸主海従となるこの司令部の設置に、野村元大将を頂点とする旧海軍将校たちは、バークを中心とするアメリカ海軍の支援を受けて、吉田首相に、別々の幕僚長・幕僚監部を設置することを認めさせるのに成功した。

三自衛隊が発足したあと防衛庁内では、すべての航空機は航空自衛隊に所属すべきであるとの考えが強かった。これに対し海上自衛隊は、独自の海上航空部隊が必要であると考えて抵抗し、アメリカ海軍はいち早く二〇〇機を越える対潜航空機を海上自衛隊に供与するとともに資金援助も行なって、現状のような対潜航空部隊を海上自衛隊が保有する基礎を作った。

アメリカ海軍はその後も、駆逐艦などの貸与を続け、のちには貸与艦艇を実質的に供与する。また「域外《いきがい》調達資金」により日本で護衛艦を建造させて、これを供与したこともある。さらに、艦艇乗員・航空機搭乗員ほかを、顧問団により日本国内で、さらにはアメリカ本国に招いて教育・訓練した。後者の伝統は現在まで続いている。

海上自衛隊とアメリカ海軍との共同演習は、一九五七（昭和三二）年から毎年、定期的に行なわれている。相手はアメリカ第七艦隊で、通信などはもちろん英語が使われる。一九八〇年からは艦艇・航空機がハワイ方面に派遣されて、カナダ・オーストラリア・ニュージーランド海軍も加わって、リムパック演習が行なわれている。主となる相手はアメリカの第三・第七艦隊である。

このような経緯を知れば、海上自衛隊とアメリカ第七艦隊との間が、密接不可分の関係にあることは、容易に理解できよう。

アメリカ第七艦隊は、横須賀基地内に陸上司令部を持ち、司令官はときに応じて旗艦に乗って、太平洋・インド洋方面に出動する。そして、ハワイにあるアメリカ太平洋軍司令官の指揮を受けている。

陸上自衛隊と航空自衛隊では、海上自衛隊のようなアメリカとの友情関係は、まだ薄いようである。

近年はしばしばアメリカとの共同演習が行なわれているが、陸上自衛隊は座間《ざま》にある在日米陸軍司令部と協議し、航空自衛隊は横田《よこた》にあるアメリカ第五空軍司令部と協議する。そして形式上は、さらに上部の在日米軍司令部との接触となる。

在日米軍司令官は第五空軍司令官が兼務し、第七艦隊司令官と同じようにハワイにある太平洋軍司令官の指揮下にある。

陸上自衛隊と航空自衛隊の関心は、主として日本本土の地上と上空に注《そそ》がれ、海上自衛隊の関心はさらに広く、日本の周辺海域から西太平洋に及んでいる。

そして有事の場合に、日本側と共同行動をとるアメリカ側の在日米軍と第七艦隊は、それぞれハワイからの指揮のもとに作戦を行ない、両者の間には指揮関係がなく協力関係にある。

したがって、たんに横田または横須賀のレベルからみると、陸・空自衛隊と海上自衛隊とでは、旧軍と同じように二元統帥の可能性があると言えるのではないか。

三自衛隊を日本のために指揮・運用する責任を負う総理大臣・防衛庁長官（註＊防衛大臣）・内部部局・統合幕僚会議は、つねに在日米軍司令部のレベルを越えて太平洋軍司令部と協調を保ち、地球的な視野から日本を眺める必要がある。

そして、責任を果たすに足る高い見識、実務的な能力、命令を遂行させる十分な威信を備えていなければならないわけであろう。

日本海海戦と太平洋戦争の教訓

日本海軍は日本海海戦の大勝によって、大艦巨砲主義と艦隊決戦主義を至上の教訓として学び、それ以後太平洋戦争まで、また戦争中も、作戦計画・艦隊編成・教育訓練・人事などのすべてにおいてこの教訓を固執《こしつ》しつづけ、あまりにこの教訓に適応し過ぎたために、太平洋戦争においては融通性《ゆうづうせい》に乏《とぼ》しく、臨機応変の行動がとれずに敗れた、というのが、内外の戦史研究の定論的な結論となっている。

この結論は、かなりの程度正しいと思う。

さて太平洋戦争の最大の教訓は、日本海軍がシーレーン防衛を軽視したために敗戦したということになっている。シーレーン防衛が万全であったとしても、艦隊決戦に敗退すれば敗戦を免れることはできないわけであるが、この教訓が半分の真理を示していることも事実である。

海上自衛隊は日本の国情を考え、太平洋戦争の教訓をも取り入れ、創設当初は対潜作戦能力の向上を目ざし、やがてはシーレーン防衛をもっとも重要視するようになって現在に至っている。

なんらかの理由で日本周辺のシーレーンが脅かされて、これを排除することができず、日本の貿易が不如意《ふにょい》になるようなことがあれば、日本国民は即日、生活必需物資の買いだめに走るだろう。売り惜しみが横行し、これら物資は隠匿《いんとく》されてやがて市場から姿を消すだろう。

日本に出入《しゅつにゅう》する船舶と貨物の保険料率ははねあがり、輸入物資の価格は急騰するだろう。民間ベースの船舶の運航はきわめて困難となり、状況によってはストップする可能性がある。

インフレーションが進み、生活必需物資については太平洋戦争中と同じように、物々《ぶつぶつ》交換が常識化するかもしれない。

とにかく日本は、周辺海域のシーレーンがかなりの程度確保されていなければ、国民と国家が生きていけない宿命にある。

ところで一国の軍事的企図は、対象となる国家の軍事的能力と相《あい》関連して変化すると考えなければならない。たとえば日本を混乱に陥れようとする国家は、日本にシーレーン防衛能力がなければシーレーンを攻撃しようとするだろうし、シーレーン防衛能力が十分であると知れば、ほかの手段を採ろうとするだろう。

人間の将来を見通す能力は、はなはだ限られている。確実なことは「明朝、太陽が東から昇る」ことだけであると言われている。日本の周辺に将来、どのような軍事的危機が降りかかってくるかを、断定できる人はいない。

日本周辺海域のシーレーンが脅かされることはあり得ない、という意見がある。しかしこれは、楽観に過ぎると思う。

シーレーンを脅かされた場合に、これを守ることは日本の国力では不可能であるので、はじめからそのような企図を放棄して断念した方がよい、との意見もある。しかしこれは、日本にとってのシーレーン防衛の死活的重要性から、きわめて乱暴な意見であろう。

冷戦時代に、将来の戦争は、もしあるとしても核兵器を使った押しボタン戦争であるから、シーレーン防衛といったのんきなことは言っておれない、との意見もあった。イラン・イラク戦争が始まったとき、ほとんどの評論家は、大国が介入して数日中に戦乱は治《おさ》まるだろう、と論じたてた。しかしこの評論は的中しなかった。イラン・イラク戦争は、八年間も続いた。

第三次世界大戦とも言える米ソ冷戦は、地球上における最後の戦いで、これが終結すれば、戦争のない世界が到来する、との評論も多かった。しかしこの見解は、湾岸戦争によっていとも簡単に打ち砕かれた。

ある一つの予測の上のみに、国家の安全の基礎を置くことはできない。

もちろん日本の海上兵力—海上自衛隊が、シーレーン防衛のみに専念し、それに適応し過ぎて、ほかに生起する可能性のある多くのシナリオに対応する能力を失ってはならないことは、日本海海戦の教訓に固執した日本海軍の失敗が教えているところである。

冷戦終結・湾岸戦争後も、地球上には各所に不安定要素がみなぎっている。世界の新しい秩序が、いつ、どのように成立するのかは、霧のかなたにある。国際連合の権威が確立されたとは言い難い。

アメリカは、世界の警察官の任務を果たそうとしているかに見えるが、国内には伝統的な孤立主義を目指そうとの意見もある。

日本とは北方領土問題を抱えるロシアは、民主主義革命に成功するのかどうか分からないし、旧ソ連の各共和国との関係も不安定だ。

中東地域・バルカン半島には戦火が残っているし、アジアには中国・北朝鮮・ベトナム・ラオスの共産主義国家がある。

個人や国家は、自分の生死が懸《か》かっているときには、何事をもやってのける性質をもっている、というのが、歴史の示す結論なのである。

朝鮮半島で紛争が起こり、韓国が不利になって韓国軍が半島から撤退を余儀なくされるような場合には、対馬海峡や九州方面は大混乱となるだろう。かつての朝鮮戦争においてアメリカ軍と韓国軍が釜山橋頭堡に追い詰められたとき、もし日本へ撤収というようなことが起こったとすれば、当時の無防備の日本は、韓国軍に国土の一部を占領される危険すらあったことを、知らなければならない。

冷戦時代に一般に言われたように、北海道方面で陸・空自衛隊がロシアと戦うようなシナリオの場合には、海上自衛隊がこれを眺めているだけでは許されず、上陸軍やその補給路を海上で阻止・撃破する責任を負わなければならないのは当然であろう。

冷戦の再来というシナリオは、可能性が少ないとしても、絶無であるとは断言できない。とにかく、将来起こりうる可能性のあるシナリオをつねに研究して、これに対処する方法を検討してこれに備え、もしシナリオに含まれない事態になった場合には、臨機にこれに応ずる心構えが必要なわけである。

南西航路・南東航路

日露戦争において遠征してきたロシアのバルチック艦隊が、最後の寄港地としてカムラン湾を望んだが、日英同盟があったためフランスにうとまれ、やむなく同湾北方四〇カイリのバン・フォン湾を最後の寄港地としたことは、さきに述べた。

太平洋戦争まえ、日本軍がサイゴンを中心とする南部フランス領インドシナに進駐し、アメリカ・イギリス・オランダから全面的経済断交を受けたことが、日本の開戦への動機となったことは常識となっている。このとき日本海軍は同時に、カムラン湾に進駐して、太平洋戦争中おおいにこれを活用した。

ベトナム戦争においてアメリカの海軍と空軍は、カムラン湾にすぐれた海軍基地と空軍基地を建設し、北ベトナム軍と戦い、ベトナムから撤退するときには、そっくりそのまま北ベトナムに渡してしまった。

ロシアは現在、ベトナム共和国からその使用を許され、海軍と空軍の基地にしているわけだが、この基地が東南アジアにおいて占める軍事的価値は、絶大である。とくに南シナ海の制空権・制海権に及ぼす影響は、致命的でさえある（註＊二〇〇二年に撤退）。

ところで、ロシアのカムラン湾への補給路は、ウラジオストックから対馬海峡を通って、南西に二〇〇〇カイリにわたって延びている。

現在の日本の重要なシーレーンは、太平洋戦争中と同じように、南西航路・南東航路である。

南西航路は戦争中、南方資源地域の石油などを日本本土に運ぶため主として使用され、現在のもっとも重要な任務は、中東地域から石油を運ぶことである。

ロシアの必要とする対馬海峡からカムラン湾へのシーレーンと、日本の必要とするマラッカ海峡・スンダ海峡から日本内地へのシーレーンが、ほぼ同じ海域を通っているということになる。

南東航路は戦争中、マリアナ諸島・トラック環礁・ラバウル方面に延び、多くは軍事輸送に使われた。現在はマリアナ諸島海域までがもっとも重要視されているが、日本と南北アメリカ州・オーストラリア・ニュージーランドなどとの、輸出入貨物を運ぶのが重要な任務となっているし、同盟国アメリカと共同作戦をするときには、同国の領土であるグァム島を利用しての連携が、重要な意味をもってくる。

日本の海上防衛力でシーレーン防衛を担当しなければならない範囲は、南西航路・南東航路でそれぞれ日本本土から一〇〇〇カイリであると、同盟国アメリカと話し合われているが、制空権のないところで水上艦艇が行動するのがきわめて危険であることは、第二次世界大戦やさきのフォークランド戦争・湾岸戦争が、明示している。

航空機のスピードは艦艇のそれに対し、通常二〇~五〇倍となるので、艦艇が対空兵器だけで航空機に対抗するのは、きわめて難しい。航空機の攻撃に対してはやはり、航空機で防御するのが最良である。

このようにみると、日本の担当しなければならない海域の上空には、戦闘機のカバーが必要ということになり、航空基地としての硫黄島などの価値が、よくわかるわけである。

船舶運航統制

三浦《みうら》半島南東端の観音崎《かんのんざき》灯台にすぐ近く、木々の緑に囲まれた丘のうえに、帆船のセールを模《も》した白色の巨大な碑が建っている。眼下の浦賀水道には、太平洋から東京湾に出入する船舶が、ひっきりなしに航行する。

太平洋戦争で日本の海運水産界は、六万二〇〇〇余人の船員の生命を失った。わが国の海運水産界がふたたび隆盛《りゅうせい》をとりもどしつつあった一九七一（昭和四六）年三月、これら戦没船員の霊を慰《なぐさ》めるために、全国から募金されて建立《こんりゅう》されたものである。

日本の開国当初から、東京湾を守るための要塞地帯であったこの地域の静けさは、かれらの霊を慰め、永遠の平和を願うのにふさわしい。

さて、海洋国家であるイギリスは、有事の場合に自国の船舶を国家的に一元的に運用するながい伝統をもち、さきのフォークランド戦争でも必要な船舶をただちに徴用したり雇用することにより、統合遠征軍がフォークランド諸島をアルゼンチンの手から奪回するのに成功した。

第一次・第二次世界大戦でもイギリスは、この伝統によりドイツ潜水艦によるはげしいイギリス本土封鎖作戦を乗り越え、勝利を収めることができた。

日本の有事における船舶の運用は、イギリスに比べると、歴史的にもはなはだしく劣っている。

日本は、日清戦争・日露戦争・太平洋戦争のすべてにおいて、陸軍と海軍がバラバラに船舶を徴用して利用し、太平洋戦争では陸（A）・海（B）・民（C）と三元的な運用が行なわれ、終戦間《ま》ぎわにようやく一元的運用のための海運総監部ができたことは、すでに述べた。

ところで太平洋戦争には、海運水産界にとってさらに悪い思い出がある。日本海軍は艦隊決戦を重視したので、攻撃において軍艦を重視し船舶を軽視した裏がえしとして、防御においても同様な傾向が強かった。軍艦は駆逐艦などによって厳重に守られているのに、船舶には護衛艦が少なく、まったく丸裸ということも珍しくなかった。洋中で敵潜水艦に攻撃され、救助する護衛艦もなく職に殉じた船員たちの心情は悲壮であり、戦後において日本の海運水産界の旧海軍に対する感情がきびしいことは、容易に理解できる。

現在、防衛庁長官（註＊防衛大臣）は有事に必要がある場合には、首相の指示により海上保安庁の全部または一部を指揮できるように法律（自衛隊法）で定められているが、現実には海上保安庁側の抵抗により、具体的に必要な下部規定（政令）はまったく定められていない。これも戦時中の感情のもつれが尾を引いているようにみえる。

日本のシーレーンが脅かされるような場合に、日本の船舶はどのような行動を採るのだろうか。国家的徴用の規定はなく、まして安全運航に必要な運航統制の定《さだ》めもない。

まず国内がパニック状態に陥り、泥縄《どろなわ》式の法律が制定されて、政府の指示により出航するということになるのだろうか。国民の要望に黙《もだ》しがたく、国家への義務感に支えられて出航するのだろうか。あるいは期待できる大きな経済的利益を目的に、出航するということになるのか……。

太平洋戦争まえの日本には、不敗の日本国家、世界最強の日本陸軍、無敵の連合艦隊などなどの言葉が、ちまたに満ち満ちていた。

現在の日本では、非軍事の日本、平和の日本、不戦の日本などなどが、戦争まえの言葉に替わっている。

いずれにしても人間や国家は、最新の強烈な衝撃の経験から抜け出ることは、きわめて困難のようにみえる。

しかし「治《ち》に居《い》て乱《らん》を忘れず」のことわざのとおり、国家に責任を負う者は、それぞれの立場で、将来への検討を怠ることは許されない。

将来、不幸にして有事の事態が生起するような場合にも、日本はその国民の英知により、そのときどきの情勢に応じて困難を克服し、人類の進歩とともに発展することを信じたい。

あとがき（一九九四年刊行の文庫より）

私は永年《ながねん》にわたり、防衛庁防衛研究所において軍事史・戦史の研究に従事してきたが、一九八三年に防衛大学校教授として着任してみて、現在の青年たちが歴史についてうといことを、しみじみと感じた。

『月刊朝雲』から戦史について連載を依頼されたとき、日本にとってとくに重要と考えていた海戦史を、予備知識のほとんどない人びとにもよく理解できるように、正しくわかりやすく執筆しようと考えた。

本書のはじめの原稿は、一九八四年四月から八五年三月まで『月刊朝雲』に連載したものである。

たまたま私に対するヒァリングに来訪された文藝春秋の中井勝氏が、連載内容を見て単行本になるのではないかと、出版部長・新井信氏にご紹介いただいた。

そのあと新井氏のご示唆に基づき、論評の部分をかなりふやし、第13章を追加して一九八五年に単行本として出版に至ったものである。

刊行については出版部次長・斎藤宏氏のおせわになった。

文庫本として刊行されるに際し、改めて全章を見直し、所要の改定を加えた。

この本に示した史実の大部分の記述は、私の研究と検討の結果によるもので、その責任はすべて私にある。史実について出所《しゅっしょ》を示す必要があると感じたものは、そのつど注記するように努めた。そのほかいろいろ掲記《けいき》しなかったけれども、無数の資料・論文・著書を参考にさせていただいた。関係の方がたにはふかくお礼を申し述べたい。

この本の執筆の段階で、私との論議に応じていただいた海上自衛隊の菊田慎典氏に対しても、感謝の言葉を述べたい。

解説——戦争を知り、戦争を回避するための最良の教材

呉市海事歴史科学館 館長 戸高一成《とだかかずしげ》

来年二〇一五年には、太平洋戦争の敗戦から七〇年を迎えることになる。戦後生まれの世代が七〇歳ということは、今や国民の大多数が、実体験としての戦争を知らないことになる。これは、近代国家として、一つの大きな誇りでなくてはならない。が、同時に一つの危機でもある。

日本が七〇年の長きにわたって対外戦争を回避してきた背景には、言わば肌感覚で戦争の無残さを実体験してきた世代の努力があったことは事実である。「もう戦争は嫌だ」という言葉の中の「もう」とは、戦争体験者のみが言える言葉であり、単に戦争は嫌だ、という言葉との重みの差は小さなものではない。

著者・野村實氏は一九四二（昭和一七）年一一月、海軍兵学校を第七一期生として卒業し、平時であれば、必ず経験する遠洋航海もなく、直《ただ》ちに竣工間《ま》もない戦艦「武蔵」に着任して、青年士官の道に入ることになった。以後、航空母艦「瑞鶴」乗組、軍令部附《づき》で作戦記録係などをし、終戦時は兵学校教官となっていた。

野村氏は、戦後長く防衛庁防衛研究所にあって、日本海軍史及び太平洋戦争史を中心とし

た戦史の研究に従事し、一九八三（昭和五八）年に防衛大学校の教授となった。野村氏がここで強く感じたのは、生徒の戦史に対する知識が不十分ということだった。一九八三年といえば、戦後生まれが三〇代後半に入り、海上自衛隊においても、すでに戦後教育を受けた世代が幹部指揮官となっていた。このようななかで、野村氏の危機感は大きかったと思われる。

戦争、戦闘というものは、人間にとってもっとも原始的な本能に属するものであり、計画どおり進捗《しんちょく》し、計画どおりの結果を得ることができる、といったものではない。戦闘に公式はなく、参考となるのは、過去の史実のみと言ってよい。ここに戦史研究の必要性がある。これは、軍人ばかりではなく、政治家や、さらに多くの人々にも必要な側面を持っているのではないだろうか。

野村氏は、少なくとも、海洋国家としての日本の歴史上、明治以来の海戦史の基礎的な事実を、わかりやすく説明する必要を感じ、筆を執《と》ったのが、本書『海戦史に学ぶ』だったのである。

本書の特色は、きわめて客観的に事実を記述しているが、その一言一言の背後には、野村氏の海軍士官としての経験が存在することである。海軍士官で戦争体験を書き残した例は多いが、歴史家として戦史を残した例はきわめて少ない。

今後の戦史研究は、当然ながら戦争を知らない世代によって継承されてゆくことになる。そのなかにあって、本書は、戦争体験者の眼で見た海戦史として、今後得ることのできない貴重な文献と見るべきであろう。

実のところ、戦争の歴史を知ることは、戦争を回避するための知識なのである。二度とあってはならない戦争であるからこそ、もっとも重要な教材として戦争を知らなければならないのである。本書は、海戦史の入門書としてもすばらしいものであり、新たに新書として刊行されたことは、喜ばしいことである。

今回、本書を改めて読み、スマートで温和な紳士だった野村實先生の面影《おもかげ》を、懐《なつ》かしく思い出した。

本文図表出典（参考文献を含む）

第2章　海軍軍令部編『明治二十七八年海戦史』
海軍有終会編『近世帝国海軍史要』
第3・4章　海軍軍令部編『明治三十七八年海戦史』
第5章　J・S・コルベー著『Naval Operation』（イギリス政府公刊戦史）
第6章　H・ニューボルト著『Naval Operation』（イギリス政府公刊戦史）
第7章　防衛研修所編纂戦史叢書第10巻『ハワイ作戦』
第10章　防衛研修所編纂戦史叢書第56巻『海軍捷号作戦2―フィリピン沖海戦―』
概見図は筆者作成
第11章　防衛研修所編纂戦史叢書第46巻『海上護衛戦』
『世界の艦船』一九八二年八月号
第12章　『シー・パワー』一九八三年二月号

切りとり線

★読者のみなさまにお願い

この本をお読みになって、どんな感想をお持ちでしょうか。祥伝社のホームページから書評をお送りいただけたら、ありがたく存じます。今後の企画の参考にさせていただきます。また、次ページの原稿用紙を切り取り、左記まで郵送していただいても結構です。

お寄せいただいた書評は、ご了解のうえ新聞・雑誌などを通じて紹介させていただくこともあります。採用の場合は、特製図書カードを差しあげます。

なお、ご記入いただいたお名前、ご住所、ご連絡先等は、書評紹介の事前了解、謝礼のお届け以外の目的で利用することはありません。また、それらの情報を6カ月を越えて保管することもありません。

〒101-8701（お手紙は郵便番号だけで届きます）
祥伝社新書編集部
電話03（3265）2310
祥伝社ホームページ　http://www.shodensha.co.jp/bookreview/

★本書の購買動機（新聞名か雑誌名、あるいは○をつけてください）

＿＿＿＿新聞の広告を見て	＿＿＿＿誌の広告を見て	＿＿＿＿新聞の書評を見て	＿＿＿＿誌の書評を見て	書店で見かけて	知人のすすめで

★100字書評……海戦史に学ぶ

名前

住所

年齢

職業

野村 實　のむら・みのる

1922年、滋賀県生まれ。1942年、海軍兵学校第71期卒業（次席）。戦艦「武蔵」・空母「瑞鶴」乗組、軍令部第一部勤務を経て海軍兵学校教官。終戦時は海軍大尉。東京裁判の海軍被告弁護事務に従事後、防衛庁（現・防衛省）にて戦史編纂官。慶應義塾大学大学院に出向、文学博士の学位取得。その後、戦史研究室長、防衛大学校教授、名古屋工業大学教授、愛知工業大学教授、軍事史学会会長を歴任。著作に『日本海海戦の真実』『日本海軍の歴史』など。2001年、逝去。

海戦史《かいせんし》に学《まな》ぶ

野村《のむら》 實《みのる》

2014年11月10日　初版第1刷発行

発行者……………竹内和芳
発行所……………祥伝社しょうでんしゃ
〒101-8701　東京都千代田区神田神保町3-3
電話　03(3265)2081(販売部)
電話　03(3265)2310(編集部)
電話　03(3265)3622(業務部)
ホームページ　http://www.shodensha.co.jp/

装丁者……………盛川和洋
印刷所……………萩原印刷
製本所……………ナショナル製本

Printed in Japan　ISBN978-4-396-11392-6　C0221

〈祥伝社新書〉
歴史から学ぶ

379
国家の盛衰
3000年の歴史に学ぶ
覇権国家の興隆と衰退から、国家が生き残るための教訓を導き出す！
上智大学名誉教授 渡部昇一
早稲田大学特任教授 本村凌二

361
国家とエネルギーと戦争
日本はふたたび道を誤るのか。深い洞察から書かれた、警世の書！
上智大学名誉教授 渡部昇一

168
ドイツ参謀本部
その栄光と終焉
組織とリーダーを考える名著。「史上最強」の組織はいかにして作られ、消滅したか？
渡部昇一

366
はじめて読む人のローマ史1200年
建国から西ローマ帝国の滅亡まで、この1冊でわかる！
早稲田大学特任教授 本村凌二

351
英国人記者が見た 連合国戦勝史観の虚妄
滞日50年のジャーナリストは、なぜ歴史観を変えたのか？　画期的な戦後論の誕生！
ジャーナリスト ヘンリー・S・ストークス